PROBLÈMES

sur

L'ÉLECTRICITÉ

PROBLÈMES

SUR

L'ÉLECTRICITÉ

RECUEIL GRADUÉ

COMPRENANT

TOUTES LES PARTIES DE LA SCIENCE ÉLECTRIQUE

PAR

ROBERT WEBER

DOCTEUR ÈS SCIENCES
PROFESSEUR DE PHYSIQUE A NEUCHÂTEL

Deuxième édition.

PARIS

LIBRAIRIE POLYTECHNIQUE, BAUDRY ET Cⁱᵉ, ÉDITEURS

15, RUE DES SAINTS-PÈRES, 15

MAISON A LIÈGE, RUE DES DOMINICAINS, 7

1892

Tous droits réservés

PRÉFACE

Ce recueil gradué de problèmes sur l'électricité comble une lacune que j'ai maintes fois constatée dans la pratique de mon enseignement. Afin de familiariser davantage les élèves avec les termes techniques et les formules employées dans cette branche de la physique, j'ai pensé qu'il serait utile de réunir un nombre considérable d'exercices, de les ordonner avec soin et de varier autant que possible les questions qui y sont traitées. Ainsi ce recueil permettra d'illustrer le cours théorique par de nombreux exemples, d'exercer l'intelligence des élèves et de graver dans leur mémoire les lois et les formules de l'électricité dont les applications si multiples tendent à prendre une place toujours plus grande dans notre existence. Je ne puis mieux rendre ma pensée qu'en reproduisant les lignes suivantes empruntées à sir William Thomson et parues dans *Electrical Units of Measurements* (1883) :

« On ne saurait commettre une plus grave erreur que de considérer superficiellement les applications pratiques des sciences. Ces applications sont l'âme et la vie de la science, et de même que les grands progrès des sciences mathématiques ont été provoqués par le besoin de résoudre des problèmes d'une haute utilité pratique, de même la plupart des progrès les plus importants réalisés dans les sciences physiques, depuis leur origine jusqu'à nos jours, doivent être attribués au vif désir d'appliquer la connaissance des propriétés de la matière à quelque chose d'utile à l'humanité. — Il m'arrive souvent de dire que l'on sait déjà quelque chose d'un phénomène si on peut le mesurer et l'exprimer en nombres, tandis que l'on ne possède sans cela qu'une très légère et très incomplète notion, à peine une conception scientifique du sujet, quel qu'il soit. »

Les problèmes, surtout dans le domaine des sciences mathématiques et physiques, ne servent pas seulement à donner plus de solidité à nos connaissances, à interpréter avec plus de facilité et de sûreté les formules apprises, ils prêtent encore à la branche étudiée un intérêt puissant qu'elle ne saurait avoir par l'enseignement théorique pur. Pour cela, il est nécessaire que les conditions et les mesures indiquées dans les exercices ne soient point purement imaginaires, mais qu'elles se rapprochent le plus possible de celles fournies par l'expérience. Dans ce recueil, les données numériques employées sont le plus souvent le résultat de mesures faites dans des conditions identiques à celles des problèmes proposés et je me suis toujours servi des unités électriques et des désignations fixées par le Congrès international des électriciens en 1884.

La plupart des tables ajoutées à cette collection d'exercices sont tirées des travaux des physiciens les plus estimés et présentent ainsi toutes les garanties voulues d'exactitude.

Pour la rédaction de ce recueil, je me suis inspiré de plusieurs excellents ouvrages de physique, entre autres Ganot, Jamin, Shœntjes, Cadiat et Dubost, Gariel, Kittler, Kohlrausch Wüllner, Day et surtout Serpieri, ce qui m'a permis de donner un choix d'exercices beaucoup plus varié.

Je ne me fais aucune illusion sur les difficultés de la tâche que j'ai entreprise. D'un côté, dans bon nombre d'écoles, on n'est pas fixé sur la part qu'on veut et qu'on peut faire à l'enseignement pratique de l'électricité ; de l'autre, les traités d'électricité ne sont pas encore d'accord sur l'importance relative à donner aux différents chapitres de cette branche. Malgré cela, j'espère que ce recueil rendra quelques services aux personnes qui désireront se familiariser plus complètement avec cette partie si intéressante de la physique et qu'il servira de complément aux ouvrages, qui, tout en traitant cette matière, ne peuvent donner beaucoup d'extension à des exercices et à des problèmes.

ROBERT WEBER.

Neuchâtel, juin 1888.

PRÉFACE

DE LA DEUXIÈME ÉDITION

Cette nouvelle édition a été mise en harmonie avec les dernières décisions prises par le Congrès international des électriciens en 1889. Je l'ai complétée en y ajoutant quelques définitions des unités pratiques adoptées par ce Congrès, ce qui m'a obligé à modifier l'énoncé de certains problèmes et même à en ajouter d'autres; ainsi à la première partie et surtout aux chapitres traitant des machines dynamo-électriques et de la télégraphie. Le nombre des problèmes a été porté ainsi de 559 à 683.

Les deux premières tables terminant la première édition de cet ouvrage ont été refondues, développées et sont remplacées par les six premières tables de cette nouvelle édition; elles contiennent en plus les définitions abrégées des unités mécaniques, calorifiques, magnétiques et électriques. Elles pourront, je crois, être consultées utilement sous cette nouvelle forme.

Les tables concernant l'électrolyse ont été également corrigées et remaniées. Pour éviter l'incertitude, j'ai indiqué en regard des chiffres donnés les formules des combinaisons correspondantes.

La table XVI que j'ai ajoutée à cette seconde édition est la reproduction de celle qui a été dressée par M. S.-P. Thompson.

En publiant la première édition de ce recueil de problèmes, je m'étais demandé s'il n'était pas préférable de séparer les solutions des problèmes, et même s'il ne valait pas mieux les omettre simplement. D'après certaine s observations qui m'ont été faites, je crois au contraire que ces solutions sont quelquefois trop abrégées et que la marche à suivre pour résoudre ces problèmes n'est pas suffisamment facilitée, même pour des personnes auxquelles cette branche de la physique paraît être familière. Malgré cela, je n'ai pas cru devoir sensiblement modifier et développer les solutions de ces problèmes ; je me suis surtout attaché à les rendre plus précises et à en éliminer un certain nombre d'erreurs qui s'y étaient glissées dans la première édition.

Je n'ai pas la prétention de croire que cette seconde édition soit parfaite, je me rends trop bien compte des difficultés de toute nature que soulève la rédaction d'un recueil de problèmes sur l'électricité, cette branche de la physique dont les progrès, durant ces dernières années, ont été si rapides et les applications si remarquables. Je me suis efforcé de combler les lacunes qui m'ont été signalées, de corriger certaines imperfections et j'espère

1.

qu'avec toutes les corrections et remaniements apportés, cette seconde édition remplira avec succès le but que je me suis proposé.

R. W.

Neuchâtel, septembre 1891.

RECUEIL GRADUÉ DE PROBLÈMES

SUR

L'ÉLECTRICITÉ

A. — ÉLECTRICITÉ STATIQUE

I. — Idée de l'unité de force et de travail.

1. — Combien faut-il de dynes pour contrebalancer l'effet de la pesanteur sur 1 gramme de matière ?

RÉPONSE : — Par définition, la dyne ne devant produire qu'une accélération de 1 cm par seconde et la pesanteur produisant sur 1 gramme une accélération de 981 cm par seconde, cette force équivaut à 981 dynes.

2. — Deux conducteurs chargés s'attirent avec une force de 9,81 dynes, combien faut-il de grammes pour équilibrer cet effet ?

RÉPONSE : — 0,01 gramme.

3. — Quelle fraction la dyne est-elle de la

force qu'exerce la pesanteur sur une masse de 1 kilogramme ?

Réponse : — Puisque 981 dynes équivalent à 1 gramme, la fraction demandée est 1 dyne $= \dfrac{1}{981.10^3}$ kg.

4. — Combien faut-il de dynes pour soulever 100 grammes ?

Réponse : — 98 100 dynes.

5. — Quelle est en dynes la force qu'exerce la terre sur 376,23 grammes ?

Réponse : — Cette force est égale à 376,23.981 dynes $= 369081,63$ dynes.

6. — Exprimer en dynes la pression qu'exerce 1 milligramme ?

Réponse : — La pression de 1 gramme étant de 981 dynes, celle d'un milligramme sera de 0,981 dyne, soit environ de 1 dyne.

7. — Quel rapport y a-t-il entre la pression d'un kilogramme et la force d'une mégadyne ?

Réponse : — La force attractive de 1 kilogramme est égale à 1000.981 dynes ou 981000 dynes $= 0,981$ mégadyne, soit environ 1 mégadyne.

8. — Quelle force en dynes faut-il pour soulever une masse-gramme au pôle, à Paris, à l'équateur ?

Réponse : — Suivant la valeur de g en ces lieux, 1 gramme vaut 983,11 ; 980,94 ; ou 978,10 dynes.

9. — Quelle est en dynes la différence entre le poids d'un cm³ d'eau au pôle nord et le poids d'un cm³ d'eau à l'équateur ?

Réponse : — 983,11 — 978,10 = 5,01 dynes.

10. — Exprimer en dynes la pression barométrique moyenne au niveau de la mer, cette pression étant de 760 mm.

Réponse : — Le poids d'une colonne de mercure de 760 mm est de 1033 masses-gr., soit de 1033.981 dynes = $1,013.10^6$ dynes par cm².

11. — Trouver l'effet de la force centrifuge à l'équateur sur une masse de 6 grammes.

Réponse : — La formule donnant la force centrifuge est $f = m \dfrac{v^2}{r} = m\, r \left(\dfrac{2\pi}{T} \right)^2$; et, dans le cas spécial,

$$f = 6 \times 6,38.10^8 . \left(\frac{2\pi}{86164} \right)^2 = 20,34 \text{ dynes} \left[\frac{\text{cm. gr}}{\text{sec}} \right]$$

12. — La densité moyenne de la terre étant supposée égale à 5,6, quelle serait la force attractive d'une terre semblable à la nôtre, mais en vapeur d'acide iodhydrique sur un cm³ d'eau ?

Réponse : — Cette nouvelle terre aurait la densité
4,416. 0,001293 = 0,005710 ;

elle serait donc 5,6 : 0,005710 ou 981 fois plus faible que la densité actuelle. La force attractive, le poids des corps diminuerait dans le même rapport, et un cm³ d'eau pèserait une dyne.

13. — Une dyne fait déplacer de 1 cm par seconde son point d'application ; quel est le travail accompli ?

RÉPONSE : — D'après la définition, le travail accompli est de 1 erg.

14. — Une force, égale au poids d'un gramme, déplace un point de $\frac{1}{981}$ cm ; quel est le travail fait ?

RÉPONSE : — Le travail est $981 . \frac{1}{981} = 1$ cm. dyne $= 1$ erg.

15. — 981 dynes déplacent un corps de $\frac{4}{3}$ cm en une seconde ; quel est le travail accompli ?

RÉPONSE :

Ce travail est $= 981 . \frac{4}{3}$ Unités $\left[\dfrac{cm. \ gr}{sec} \right] = 1308$ ergs.

16. — Quel est le travail en ergs que font 981 grammes en déplaçant un point de 981 cm ?

RÉPONSE : — 981.981 dynes $\times 981$ cm $= 94,41 . 10^7$ ergs $(= 94,41$ joules).

17. — Un homme qui pèse 80 kilogrammes monte en une heure et demie de l'altitude de 400 mètres à l'altitude de 1,420 mètres. Quel est

le travail fait? Quel est le travail moyen et quel est l'effort (l'énergie, la puissance) moyen ?

RÉPONSE : — Cet homme a élevé 80 kilogrammes à la hauteur de 720 mètres; le travail fait est donc de 80.720 mkg $=$ 57600 mkg $=$ 565056.10^7 ergs $=$ 565056 joules (équivalent à 13561 cal. gr. degré).

Le travail ayant été fait en $\frac{3}{2}$. 60.60 $=$ 5400 secondes, le travail moyen est de 565056 : 5400 $=$ 146,3 joules (équivalent à 35,1 cal. gr. degré par seconde).

L'effort moyen est 146,3 watts $=$ 14,92 kilogrammètres par seconde $=$ 0,2 cheval-vapeur.

18. — Un train pesant 160 000 kilogrammes et marchant à la vitesse de 15 mètres par seconde a pu être arrêté au bout de 8 secondes. Quel est le travail fait par le frottement? Quelle était l'énergie moyenne dépensée pour l'arrêt ?

RÉPONSE : — La vitesse initiale du train étant 15 mètres, la vitesse finale zéro, le chemin parcouru par le train en 8 secondes est

$$s = \frac{c + v}{2} . t = \frac{15 + 0}{2} . 8 = 60 \text{ mètres.}$$

La vitesse moyenne est $\frac{15 + 0}{2} = 7,5$ mètres par seconde. La masse du train est :

$$m = \frac{160\,000\,000}{981} = 163\,100 \text{ gr.}$$

L'énergie totale mise en jeu, ou le travail produit par le frottement est :

$$W = \frac{1}{2}\,m\,v^2 = \frac{1}{2} . 163\,100 . 7,5^2 = 4587,2 \text{ mkg.}$$

L'énergie moyenne est

$$\frac{W}{t} = \frac{4587,2}{8} = 573,4 \text{ mkg par seconde} = 7,65 \text{ HP.}$$

19. — La masse-gramme tombe d'une hauteur de 1 cm sous l'action de la pesanteur ; quelle est l'énergie dépensée ?

Réponse : — La force étant de 981 dynes, l'énergie

$$= 981 . 1 \text{ Unités} \left[\frac{cm. \ gr}{sec} \right] = 981 . \text{ ergs.}$$

20. — La masse-gramme tombe d'une hauteur de 1 cm dans une seconde sous l'action de la pesanteur ; quelle est l'énergie dépensée ?

Réponse : — Si la masse-gramme tombe de 1 cm seulement dans une seconde, dans ce cas l'accélération de pesanteur ne sera pas 981 cm, mais d'après $s = \frac{1}{2} a \ t^2$, soit d'après $1 = \frac{1}{2} a \ 1^2$ elle sera de 2 cm, et elle doit provenir d'une force (pesanteur) égale à 2 dynes. Ainsi l'énergie dépensée sera

$$2 \text{ dynes} \times 1 \text{ cm} = 2 \text{ ergs.}$$

21. — Quel est le travail de x gr-cm en ergs ?

Réponse : — 1 gr-cm faisant 981 ergs, x gr-cm feront 981 . x ergs.

22. — Exprimer en ergs le travail de 267 gr-cm.

Réponse : — Le travail de 1 gr-cm étant de 981 ergs, celui de 267 gr-cm sera de 267.981 ergs $= 0,262$ mégaergs.

23. — Exprimer en ergs et en joules le travail de : $a)$ 1 mgr. ; $b)$ 1 mkg. ; $c)$ 562 mgr. ; $d)$ 4,2 mkg. ; $e)$ 76 mkg.

Réponse : — On a :

a) 1 mgr = 100 cm-gr = 98100 ergs. = 0,00981 joules ;

b) 1 mkg = 100.1000 cm-gr = 98100000 ergs = 98,1 mégaergs = 9,81 joules ;

c) 562 mgr = 562.100 cm-gr = 55,13 mégaergs = 5,513 joules ;

d) 4,2 mkg = 4,2.100.1000 cm-gr = 412,02 mégaergs = 41,2 joules ;

e) 75 mkg = 75.100000 cm-gr = 7357,5 mégaergs = 735,7 joules.

24. — Combien 1 erg vaut-il d'U.E.M. ?

Réponse : — 1 erg = 1 U. E. M. parce que l'erg étant l'unité de travail, il est indépendant des systèmes électrostatique ou électrodynamique.

25. — Combien 1 erg vaut-il en U. E. S. ?

Réponse : — 1 erg = 1 U. E. S.

26. — Si 424 kgm peuvent produire une quantité de chaleur de 1 calorie (kg-degré), quel est l'équivalent d'un erg en cal-gr et en cal-kg ?

Réponse :

1 mkg = 981.10^5 ergs, 424 mkg = 424.981.10^5 ergs, lesquels produisent 1 calorie. kg ; 1 erg produira donc une quantité de chaleur $= \dfrac{1}{424.981.10^5}$ cal. kg. = 24,0417.10^{-12} cal-kg ; d'autre part, la cal-gr étant la millième partie de la cal-kg, 1 erg = 1000.24.10^{-12} cal-gr. = 24.10^{-9} cal-gr.

27. — Combien 1 cal-gr. produit-elle de travail ?

RÉPONSE : — Le numéro précédent donne :

$$1 \text{ cal-gr} = \frac{10^9}{24} \text{ ergs} = 0{,}418.10^8 \text{ Unités} \left[\frac{\text{cm. gr}}{\text{sec}}\right]$$
$$= 4{,}18.10^7 \text{ ergs} = 4{,}18 \text{ joules}.$$

28. — Un kg de charbon produit en brûlant complètement 76.10^5 cal-gr. ; à quel travail ce pouvoir calorifique correspond-il ?

RÉPONSE : — Ce travail sera de $76.10^5 \times 0{,}418.10^8$ ergs
$$= 3238{,}3.10^3 \text{ mkg.}$$
$$= 32383.10^7 \text{ ergs} = 32383 \text{ joules.}$$

II. — De l'électricité.

29. — Le conducteur d'une machine à frottement contient $0{,}0025$ coulomb ; on le met en communication avec une sphère métallique non chargée. Quelle sera la quantité d'électricité que contiendront les deux corps ensemble ?

RÉPONSE : — $0{,}0025$ coulomb.

30. — Deux sphères métalliques, chargées l'une de $0{,}0015$ coulomb, l'autre de $0{,}0057$ coulomb, sont mises en contact. Quelle est la charge résultante : 1° si les deux sphères sont chargées d'électricité de même nom ; 2° si elles sont chargées d'électricité de nom contraire ?

Réponse : — Dans le premier cas, rien n'est détruit ou compensé, donc Q = 0,0072 coulomb ; dans le second cas, il y a destruction partielle et Q = ± 0,0042 coulomb.

31. — Des deux conducteurs d'une machine Winter, l'un contient 0,00008 coulomb d'électricité positive, tandis que l'autre contient 0,00012 coulomb d'électricité négative ; quelle sera la quantité d'électricité qui reste sur les deux conducteurs quand on les fait communiquer ensemble ?

Réponse : — 0,00004 coulomb.

32. — Trois corps à surface métallique sont chargés le premier de $0,0123 \times 3.10^9$ U. E. S., le second de $0,0075 \times 3.10^9$, le troisième de $0,0048 \times 3.10^9$. Quelle est la charge résultante, si l'on met les trois corps en contact et si l'on suppose que l'électricité sur le premier corps est de nom contraire à celle des deux autres ?

Réponse : — On a $Q = + 0,0123 \times 3.10^9 - 0,0075 \times 3.10^9 - 0,0048 \times 3.10^9 = 0$.

III. — Idée de l'unité de quantité d'électricité.

33. — Deux petites boules à surface métallique, pesant chacune 1 gramme, sont suspendues par deux fils (sans poids) de 490,5 cm de

longueur, de manière qu'elles se touchent juste ; on charge également les deux jusqu'à ce qu'elles s'éloignent à la distance de 1 cm. Quelle est la charge nécessaire ?

RÉPONSE : — Les fils ayant 490,5 cm de long et la boule étant à 0,5 cm de la verticale, l'angle du fil avec la verticale est de 3'30". La force horizontale, qui donne avec le poids de 1 gr ($= 981$ dynes) une résultante dirigée comme le fil, sera $x = 981.$ tang $3'30" = 1$ dyne. La force répulsive étant 1 dyne et la distance 1 cm, la charge sera, par définition, égale à l'unité électrostatique de quantité.

34. — Une sphère de rayon R $= 9$ kilomètres est en communication avec l'un des pôles d'un élément Daniell (1 volt), tandis que son autre pôle est à la terre ; quelle est la quantité d'électricité que recevra cette sphère ?

RÉPONSE :

Comme $Q = C V$, on aura $Q = 900000$ cm. $\times$ 1 volt $=$
$$= 900000. \frac{1}{3.10^2} \text{ U. E. S.} = 3000 \text{ U. E. S.} = \frac{3000}{3.10^9} \text{ coulomb}$$
$$= 10^{-6} \text{ coulomb.}$$

35. — Un corps conducteur dont la capacité est de 0,05 microfarad est mis en communication avec une machine électrique qui donne de l'électricité à 10 000 volts. Quelle est la charge que ce corps peut prendre ?

RÉPONSE :
$$Q = \frac{1}{20} . 9.10^5 \times 10000. \frac{1}{300} = 10^6 . \frac{3}{2} \text{ U. E. S.} =$$
$$= 0,0005. \text{ coulomb.}$$

36. — 1 500 éléments Daniell (1 volt) sont accouplés en série ; l'un des pôles est en communication avec le globe terrestre, l'autre pôle laisse s'écouler l'électricité qui est absorbée d'une manière quelconque ; quelle est la quantité d'électricité que le globe terrestre finira par contenir ?

Réponse : — $Q = C\,V = 636{,}3.\,10^6\ \mathrm{cm} \times 1500\ \mathrm{volts}$

$$= 6363.10^5 \times \frac{1500}{3.10^2}\ \mathrm{U.E.S.} = 31815.10^5\ \mathrm{U.E.S.} =$$

$$= \frac{31815.10^5}{3.10^9}\ \mathrm{coulomb} = 1{,}0605\ \mathrm{coulomb}.$$

37. — Une boule de 1 cm de rayon a été mise en communication avec un élément Daniell ; quelle charge a-t-elle pu prendre ?

Réponse :

$$1\ \mathrm{volt} = \frac{1}{300}\ \mathrm{U.\ E.\ S.} ;\ Q = 1.\ \frac{1}{300}\ \mathrm{U.\ E.\ S.} = \frac{1}{300}\ \mathrm{U.\ E.\ S.}$$

IV. — Idée de l'unité de capacité.

38. — L'une des armatures d'un condensateur est en communication avec la terre, l'autre est chargée de 5 400 U. E. S. La différence de potentiel entre les deux armatures est de 15 U. E. S. Quelle est la capacité du condensateur (Thompson)?

RÉPONSE : — La capacité étant le rapport de la charge au potentiel, on aura :

$$C = \frac{5400}{15} = 360 \text{ U. E. S.}$$

39. — Pour un disque circulaire de densité électrique uniforme, on a la formule $V = \frac{2}{R} Q$, ou $Q = \frac{R}{2} V$, expression dans laquelle le facteur de V représente la capacité ; quelle est la capacité d'un tel disque si le potentiel V et la quantité Q sont égaux chacun à l'unité ? et quel doit être le rayon du disque pour que sa capacité soit égale à 1 U. E. S. ?

RÉPONSE : — La formule nous donne : $1 = \frac{R}{2} . 1$; ce qui ne peut être que si $C = \frac{R}{2} = 1$; — puis comme $\frac{R}{2} = 1$, $R = 2$ cm, c'est-à-dire que le disque circulaire, dont la capacité est 1, a un rayon de 2 cm.

40. — Quel doit être le rayon d'un disque circulaire homogène pour que sa capacité soit de 1 farad ?

RÉPONSE : — Puisque $C = \frac{R}{2}$, on a 2 farads $= R$, ou 2×9.10^{11} U. E. S. $= R$; donc $R = 18.10^{11}$ cm $= 18000000$ km.

41. — La capacité d'une sphère étant égale à son rayon, quel doit être le rayon d'une sphère pour que sa capacité soit de 1 microfarad ?

Réponse : — On a $R = 1$ microfarad $= 9.10^5$ U. E. S.
$$R = 9.10^5 \text{ cm} = 9 \text{ km.}$$

42. — Trouver la capacité du globe terrestre?

Réponse :

Le rayon du globe terrestre étant $R = \dfrac{4000000000}{2\pi}$ cm.
la capacité sera $C = 6363.10^5$ U. E. S. $= \dfrac{6363.10^5}{9.10^5}$ microfarad $= 707$ microfarads $= 0,00071$ farad.

43. — Quelle est la capacité électrostatique de la lune ?

Réponse : — Le rayon de la lune est de 1 787 kilomètres, on a donc $C = 1\,787.10^5$ U. E. S. $= 198,6$ microfarad, soit environ 200 microfarads, ou 0,0002 farad.

44. — Quel est le rayon de la sphère dont la capacité est de 1 farad ?

Réponse : — Le rayon étant égal à la capacité; et le farad étant de 9.10^{11} U. E. S. $= 9.10^{11}$ cm, la sphère aura un rayon de 9000000 km $= 1\,400$ rayons terrestres.

45. — Après avoir mis en contact deux sphères métalliques, on a trouvé que leurs charges sont de 36 U. E. S. et de 3 U. E. S. Quel doit être le rapport de leurs volumes?

Réponse : — Les boules ayant été en communication, le potentiel est le même; les charges sont donc entre elles comme les capacités, soit comme les rayons; les volumes sont entre eux comme les cubes des rayons ou des charges, donc :

$$v_1 : v_2 = 36^3 : 3^3 = 1728 : 1$$

46. — Un condensateur a été chargé avec une pile Daniell donnant une force électromotrice de 1 volt ; la quantité d'électricité qu'il donne dans la décharge est de 1,33. 10^{-6} coulomb ; quelle est sa capacité ?

Réponse : — La différence de potentiel étant de 1 volt, le nombre de farads doit être égal au nombre de coulombs ; $Q = C\,V$, donc $C = 1,33$ microfarad.

47. — Une sphère en fer qui pèse 32 853 grammes doit recevoir une charge de 3 U. E. S. en la mettant en contact avec une pile Daniell. Combien faut-il d'éléments à celle-ci ?

Réponse : — Le poids étant 32 853 et la densité du fer $\delta = 7,5$, le rayon doit être de 10 cm ; la capacité est donc de 10 U. E. S. Si la pile a x éléments, il faudra que :

$$3 \text{ U. E. S.} = 10 . \frac{x}{300},$$

d'où

$$x = 90 \text{ éléments.}$$

V. — Loi de Coulomb.

48. — Deux petites boules égales sont chargées l'une de $+ 24$ U. E. S. et l'autre de $- 8$ U. E. S. Quelle est la force avec laquelle elles s'attirent, si leur distance est de 4 cm (Thompson) ?

Réponse : — D'après la loi de Coulomb, la force attrac-

tive est proportionnelle aux masses électriques et inversement proportionnelle au carré de leur distance, donc :

$$f = \frac{24.8}{4^2} = 12 \text{ dynes.}$$

49. — Quelle est la force qui agira entre ces
deux boules quand elles seront remises à la
même distance, après avoir été en contact
(Thompson) ?

RÉPONSE : — En suite du contact, il y aura échange de
quantités égales de masses de noms contraires d'abord,
et le reste de 16 U. E. S. se répartira en quantités égales
sur les deux boules. Chacune aura une charge de 8 U. E. S.
La force devient répulsive et égale à

$$f = \frac{8.8}{4^2} = 4 \text{ dynes.}$$

50. — Deux sphères métalliques sont chargées d'électricité positive, l'une de la quantité
+ M, l'autre de la quantité + m ; la distance de
leurs centres est de a cm. Une petite balle en
sureau, suspendue par un fil de cocon dans la
ligne des centres, est placée de sorte qu'elle ne
s'approche ni de l'une ni de l'autre des deux
sphères ; à quelle place se trouve-t-elle ?

RÉPONSE : — On a les relations

$$x + y = a \quad \text{et} \quad \frac{M}{x^2} = \frac{m}{y^2} ;$$

$$\text{d'où } x = \frac{a\,M \pm a\,\sqrt{M\,m}}{M - m} ; \quad y = \frac{-a\,m \pm a\,\sqrt{M\,m}}{M - m}.$$

Comme la petite boule doit être sollicitée par des forces non seulement égales, mais encore de sens contraire, la seule solution satisfaisante est :

$$x = \frac{a\,M - a\,\sqrt{M\,m}}{M - m} \; ; \; y = \frac{-\,a\,m + a\,\sqrt{M\,m}}{M - m}.$$

51. — Où la balle de sureau se trouve-t-elle, lorsque elle-même est chargée positivement ainsi que M, tandis que m est négatif ?

Réponse : — On a des équations analogues à celles du problème précédent ; la petite balle, du reste, doit se trouver en dehors des deux sphères :

$$x - y = a\,;$$
$$\frac{M}{x^2} = \frac{m}{y^2}\,.$$

La résolution de ces équations nous donne les deux relations :

$$x = \frac{a\,M \pm a\,\sqrt{M\,m}}{M - m}\,; \qquad \text{et}\; y = \frac{a\,m \pm a\,\sqrt{M\,m}}{M - m},$$

dont ce n'est que celle avec le signe $+$ devant la racine qui satisfait au problème.

52. — Deux sphères de charges $-\,m$ et $+\,mx$ sont placées l'une au-dessous de l'autre à une distance de a cm ; le poids de la première est p gr. ; quelle charge mx doit avoir la boule supérieure pour faire équilibre au poids de l'inférieure ?

RÉPONSE : — On a évidemment :

$$\frac{m.x\,m \text{ dynes}}{a^2} = p.\,981 \text{ dynes}$$

d'où $x = \dfrac{981.\,p.\,a^2}{m^2}$ et $m\,x = \dfrac{981\,p.\,a^2}{m}$

Exemple : $m = \dfrac{1}{500}$ U. E. S. ; $a = 2$ cm ; $p = \dfrac{1}{4}$ gr :

alors $m\,x = 49.10^4$ U. E. S.

VI. — Du potentiel.

53. — Une petite sphère a une charge de 24 U. E. S. Quels sont les potentiels aux distances 1 cm, 2 cm, 3 cm, 4 cm, 5 cm, 6 cm, 8 cm, 10 cm (Thompson)?

RÉPONSE :

$$V_1 = \frac{24}{1} = 24 ; \qquad V_2 = \frac{24}{2} = 12 ; \qquad V_3 = \frac{24}{3} = 8 ;$$

$$V_4 = 6 ; \qquad V_5 = 4,8 ; \qquad V_6 = 4 \qquad (V_7 = 3,43)$$

$$V_8 = 3 ; \qquad V_{10} = 2,4 \text{ U. E. M.}$$

54. — Dans les sommets A, B, C d'un carré de 8 cm de côté se trouvent : en B une charge de 16 U. E. S., en C de 34 U. E. S. et en D de 24 U. E. S. Quel est le potentiel au point A? — Quelle est la force répulsive entre ces charges et l'unité de charge placée en A (Thompson)?

RÉPONSE : — Le potentiel est :

$$V = \frac{16}{8} + \frac{34}{\sqrt{8^2 + 8^2}} + \frac{24}{8} = 8,005 \text{ U. E. S.,}$$

et la force répulsive.

$$f = \frac{16.1}{8^2} + \frac{34.1}{\left(\sqrt{8^2 + 8^2}\right)^2} + \frac{24.1}{8^2} = 0,8906 \text{ dynes.}$$

55. — Sur une demi-circonférence de rayon r sont placées cinq boules métalliques, chargées d'électricité positive ; deux des boules contenant les masses m_1 et m_5 sont situées aux extrémités du diamètre ; les trois autres, contenant les masses m_2, m_3, m_4, sont intercalées sur l'arc et équidistantes ; au centre se trouve la masse électrique $M = 1$. Quel est le potentiel en ce point ?

RÉPONSE : — Par définition, nous avons :

$$V = \frac{1}{r} (m_1 + m_2 + m_3 + m_4 + m_5)$$

56. — Quel est le potentiel et quelle est l'intensité de la force résultante dans le cas où toutes les masses sont égales à l'unité ?

RÉPONSE :

$$V = \frac{5}{r}, \quad \text{et } R = \sqrt{[\Sigma (P_i \cos \alpha_i)]^2 + [\Sigma (P_i \sin \alpha_i)]^2},$$

ou

$$R = \sqrt{0 + \left[\frac{1}{r^2}\cdot 0 + \frac{1}{r^2}\sin 45^0 + \frac{1}{r^2} + \frac{1}{r^2}\sin 45^0 + \frac{1}{r^2}\cdot 0\right]^2} =$$

$$= \frac{1}{r^2}\cdot \left\{ \sin 45^0 + 1 + \sin 45^0 \right\} = 2,414. \frac{1}{r^2}$$

57. — Une boule métallique de 30 cm de rayon est chargée de 10^{-6} coulombs ; quel est le potentiel : *a*) au centre ; *b*) à la distance $\dfrac{R}{2} = 15$ cm du centre ; *c*) à la distance $2\,R = 60$ cm ?

RÉPONSE :

a) $V_1 = \dfrac{Q}{R} = \dfrac{10^{-6}\ \text{coulomb}}{30\ \text{cm}} = \dfrac{3.10^9 \times 10^{-6}}{30}\ \text{U. E. S.} =$

$= 100\ \text{U. E. S.} = 100.\,3.\,10^2\ \text{volts} = 30\,000\ \text{volts}.$

b) $V_2 = 30\,000$ V aussi, puisque le potentiel est constant pour tous les points situés dans l'intérieur d'une sphère.

c) $V_3 = \dfrac{10^{-6}\ \text{coulomb}}{60\ \text{cm}} = 15\,000$ volts.

58. — Une sphère de 20 cm de rayon est chargée de 240 U. E. S. Quels sont les rayons des sphères concentriques à la sphère électrisée et dont les potentiels sont exprimés par des nombres entiers ?

RÉPONSE : — Les rayons cherchés se tirent de la formule $V\,R = Q$, dans laquelle on donne à V des valeurs entières et successives, à partir de la valeur du potentiel sur la sphère électrisée elle-même. Cette dernière est :

$$V = \frac{240}{20}\ \text{U. E. S.} = 12\ \text{U. E. S.}$$

Les autres valeurs à donner à V seront donc : 11, 10, 9. . . . 2, 1, 0, et l'on aura les relations

$$11 = \frac{240}{x_{11}}, \ 10 = \frac{240}{x_{10}}, \ . . \ 0 = \frac{240}{x_0},$$

$$\text{d'où } x_{11} = 21{,}818\ \text{cm} ;$$

$$x_{10} = 24\ \text{cm}$$

$$x_0 = \infty$$

59. — Une série de points, contenant chacun l'unité d'électricité, sont situés à des distances 0,

$\frac{R}{2}$, $\frac{2R}{2}$, $\frac{3R}{2}$, du centre O d'une couche sphérique infiniment mince contenant M unités d'électricité. Quel est le potentiel en chacun de ces points ? et quelle est la force exercée par M sur eux ?

RÉPONSE : — Le potentiel à l'intérieur est $\frac{M}{R}$ = constante ; pour l'extérieur, il est de $\frac{M}{d}$; — la force, au contraire, est nulle à l'intérieur de la sphère et, à l'extérieur, elle a pour expression $\frac{M}{d^2}$.

60. — Une boule électrisée de rayon $R_1 =$ 10 cm est chargée de 6. 10^{-8} coulombs ; elle se trouve dans une sphère métallique creuse, dont les rayons sont $R_2 = 18$ cm et $R_3 = 22$ cm. et concentrique avec elle ; quel est le potentiel de la plus petite surface, si tout le système est isolé de la terre ?

RÉPONSE : — Par influence (Maxwell), les surfaces ont des charges égales à $+ Q$, $- Q$, $+ Q$. Le potentiel sera donc :

$$V = \frac{Q}{R_1} - \frac{Q}{R_2} + \frac{Q}{R_3} =$$

$$= \left(\frac{1}{10} - \frac{1}{18} + \frac{1}{22} \right).6.10^{-8} \times 3.10^9 \text{ U. E. S.} = 4855 \text{ volts.}$$

61. — Quel est le potentiel pour une épaisseur double de la sphère creuse et une épaisseur

moitié de la couche isolante ? soit donc pour R_1 = 10 cm ; R_2 = 14 cm ; R_3 = 22 cm.

RÉPONSE : — On a :

$$V = \left(\frac{1}{10} - \frac{1}{14} + \frac{1}{22}\right) 6.10^{-8} \frac{\text{coulombs}}{\text{cm}} = \frac{1026}{77} \text{ U. E. S. } = 3\,997 \text{ volts.}$$

62. — Quel est le potentiel dans le cas où la sphère creuse communique avec la terre ?

RÉPONSE : — Dans ce cas :

$$V = \frac{Q}{R_1} - \frac{Q}{R_2} + 0$$

ce qui donne pour le cas du n° 60 : $V = 2\,400$ volts et pour celui du n° 61 $V = 1\,543$ volts.

63. — Quel est le potentiel à la surface intérieure de la sphère creuse ?

RÉPONSE : — Pour un point de cette surface, la charge $+ Q$ de la petite sphère agit, comme si elle était concentrée en son centre, c'est-à-dire à une distance R_2 ; la charge $- Q$ de la surface intérieure de la boule creuse ajoute au potentiel la quantité $-\frac{Q}{R_2}$; la charge $+ Q$ de la surface extérieure ajoute : $\frac{Q}{R_3}$ et le potentiel est donc :

$$V = \frac{Q}{R_2} - \frac{Q}{R_2} + \frac{Q}{R_3} = \frac{Q}{R_3} = \frac{3.10^9 \times 6.10^{-8}}{22} \text{ U. E. S. } = 2\,454 \text{ volts.}$$

64. — Quel est le potentiel à la surface extérieure de la sphère creuse ?

Réponse :

$$V = \frac{Q}{R_3} - \frac{Q}{R_3} + \frac{Q}{R_3} = \frac{Q}{R_3} = 2\,454 \text{ volts.}$$

65. — Une sphère métallique pleine de rayon $r = 10$ cm est concentrique à une sphère creuse infiniment mince et de rayon $R = 12$ cm. La

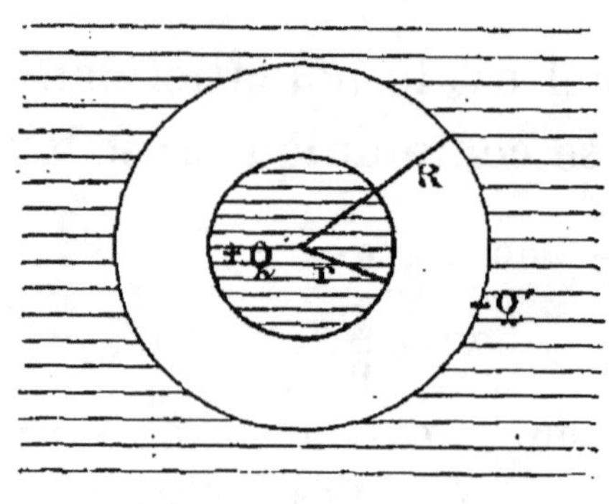

FIG. 1.

première a une charge de $Q = 6.10^{-8}$ coulombs et la seconde de 10.10^{-8} y compris l'effet de l'influence de la petite sphère sur la grande. Quels sont les potentiels sur les deux sphères ?

Réponse : Pour la sphère intérieure, on a :

$$V = \frac{Q}{r} - \frac{Q'}{R} = \left(\frac{6.10^{-8}}{10} - \frac{10.10^{-8}}{12} \right) 3.10^9 \text{ U. E. S.} =$$
$$= 2\,100 \text{ volts.}$$

et pour la grande sphère :

$$V' = \frac{Q}{R} - \frac{Q'}{R} = \left(\frac{6.10^{-8} - 10.10^{-8}}{12} \right) 3.10^9 \text{ U. E. S.} =$$
$$= 3\,000 \text{ volts.}$$

66. — Quel est le potentiel en un point de la petite surface si $Q = Q' = 6.10^{-8}$ coulombs, quelle

est sa capacité, et quelle serait sa capacité si la grande sphère n'existait pas?

Réponse : — Comme cas spécial du problème précédent, nous avons :

$$V = Q \left(\frac{1}{r} - \frac{1}{R} \right) = Q \frac{R - r}{Rr} = 3. \text{ U. E. S.} = 900 \text{ volts.}$$

Pour la capacité, nous savons que $Q = C\,V$, donc :

$$Q = \frac{Rr}{R - r}.\ V. \text{ et } C = \frac{Rr}{R - r} = 60 \text{ U. E. S. de capacité.}$$

La capacité de la petite sphère isolée est $C = r = 10$ U. E. S. de capacité.

67. — Quel est le potentiel en un point de la grande sphère (du n° 65) si $Q = Q' = 6.10^{-8}$ coulombs?

Réponse :

$$V' = \frac{Q}{R} - \frac{Q}{R} = 0$$

En effet, le potentiel en l'un des points d'une sphère ne change pas si l'on suppose que toute la masse électrique soit condensée en son centre. Dans notre cas particulier, par rapport à la sphère extérieure, il y a au centre deux masses égales et de signes contraires; leurs effets s'annulent.

68. — Quel est le potentiel au centre d'une circonférence de rayon R_1 sur laquelle la masse Q est répandue?

Réponse : — D'après la définition, nous savons que

$$V = \Sigma \left(\frac{q}{r} \right) = \frac{1}{R_1} \Sigma \,(q) = \frac{Q}{R_1}$$

69. — Quel est le potentiel en un point qui

se trouve à a cm au-dessus du centre d'une circonférence de rayon R et chargée de Q U. E. S.?

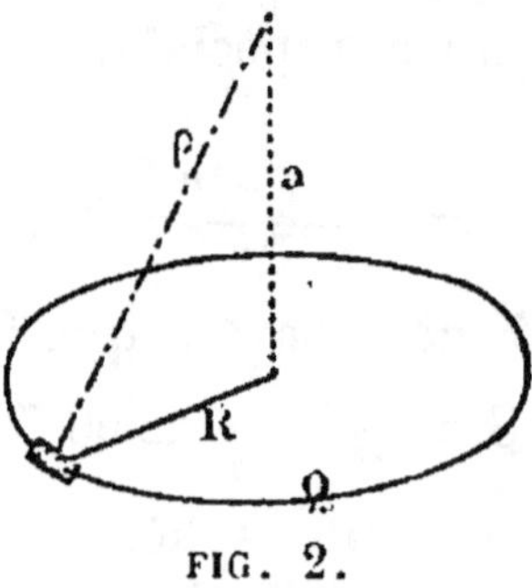

FIG. 2.

RÉPONSE : — Représentons par ρ la distance du point à la circonférence, nous aurons $\rho = \sqrt{R^2 + a^2}$ et par suite $V = \Sigma\left(\dfrac{q}{\rho}\right) = \dfrac{1}{\rho}\,\Sigma(q) = \dfrac{Q}{\rho} = \dfrac{Q}{\sqrt{R^2 + a^2}}$

70. — On demande le potentiel d'un anneau circulaire par rapport à un point situé à a^{cm} au-dessus de son centre, si les rayons limites sont R_1 et R_2 et si la densité électrique est la même sur toute l'étendue de l'anneau?

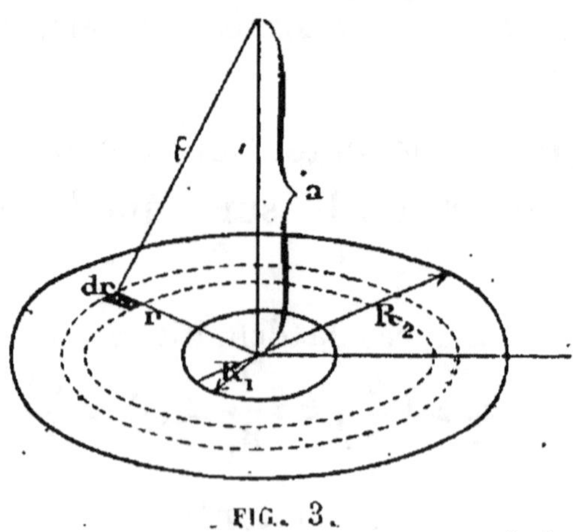

FIG. 3.

Réponse : — En représentant par e l'épaisseur de la couche électrique et par δ la densité électrique moyenne, la quantité électrique sur un anneau élémentaire situé à la distance r et d'épaisseur dr, sera :

$$dQ = 2\pi\, r\, dr\, e\, \delta$$

Et le potentiel élémentaire :

$$dV = \frac{dQ}{\rho} = \frac{2\pi\, r\, dr\, e\, \delta}{\sqrt{r^2 + a^2}}$$

$$\text{et } V = \int_{R_1}^{R_2} \frac{2\pi\, e\, \delta\, r\, dr}{\sqrt{r^2 + a^2}} = \pi\, e\, \delta \int_{R_1}^{R_2} \frac{2r\, dr}{\sqrt{r^2 + a^2}} =$$

$$= 2\pi\, e\, \delta \left[\sqrt{r^2 + a^2} \right]_{R_1}^{R_2} =$$

$$V = 2\pi\, e\, \delta \left\{ \sqrt{R_2^2 + a^2} - \sqrt{R_1^2 + a^2} \right\} =$$

$$= 2Q \left\{ \frac{\sqrt{R_2^2 + a^2} - \sqrt{R_1^2 + a^2}}{R_2^2 - R_1^2} \right\},$$

$\pi \left\{ R_2^2 - R_1^2 \right\} e\, \delta = Q$ désignant la charge totale.

71. — Quel est le potentiel au centre d'un anneau circulaire dont les rayons sont R_1 et R^2 et sur lequel la charge électrique Q est uniformément répartie ?

Réponse : — C'est un cas spécial du numéro précédent; nous avons :

$$V = 2Q\, \frac{R_2 - R_1}{R_2^2 - R_1^2} = \frac{2Q}{R_2 + R_1},$$

c'est-à-dire qu'il est égal au potentiel d'une circonférence de rayon $\dfrac{R_1 + R_2}{2}$.

72. — Quel est le potentiel en un point situé à a cm au-dessus du centre d'un cercle de rayon R, si l'on suppose que la densité électrique δ est constante ?

RÉPONSE : — C'est encore un cas spécial du numéro 70. On a ici $R_1 = 0$; d'où :

$$V = \frac{2\,Q}{R^2} \left\{ \sqrt{R^2 + a^2} - a \right\}$$

73. — Quel est le potentiel au centre d'un cercle de rayon R si la charge électrique est uniformément répartie sur ce cercle ?

RÉPONSE : — La solution du numéro précédent nous donne pour $a = o$:

$$V = \frac{2\,Q}{R}$$

c'est-à-dire qu'on a le même potentiel que si la charge Q était répartie sur une circonférence de rayon $\frac{R}{2}$.

74. — Quel est le potentiel en un point quelconque de la surface du cercle différent du centre, la charge étant uniformément répartie ?

RÉPONSE : — Le potentiel est le même que pour le centre.

75. — Quel est le potentiel en un point quelconque de la surface du cercle ?

RÉPONSE : — En opposition au problème précédent, la charge électrique n'est pas supposée uniformément répartie ; dans ce cas, Clausius a déduit [*Pogg. Ann.*, t. LXXXVI, année 1852, p. 170]

$$V = \frac{\pi}{2}\frac{Q}{R}$$

76. — Quel est le potentiel par rapport au centre du cercle de rayon R, chargé d'une quantité Q, si ce cercle est entouré par un anneau circulaire concentrique infiniment grand, mais de rayon intérieur égal à R′ et chargé d'une quantité d'électricité égale à — Q′ ?

Réponse : — Le potentiel se compose de deux parties :

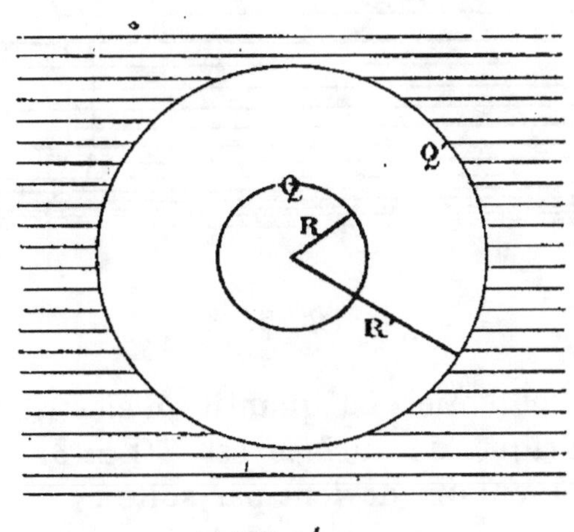

FIG. 4.

l'une provenant du petit cercle : $V_1 = \dfrac{Q}{R}$; la seconde provient de l'anneau et donne $V_2 = -\dfrac{Q'}{R'}$; donc :

$$V = V_1 + V_2 = \frac{Q}{R} - \frac{Q'}{R'}$$

Si l'on suppose Q = Q′ et que les électricités soient de noms contraires, on a :

$$V = Q\frac{R' - R}{RR'}$$

77. — Trouver le potentiel relativement à un point de l'axe d'une surface cylindrique de rayon R et de longueur l très grande par rapport à R, si la surface a une charge de Q unités électriques?

Réponse : — Pour un cylindre très long, nous pouvons supposer que la densité électrique δ est constante en tous les points de la surface. Soit P le point pour lequel nous

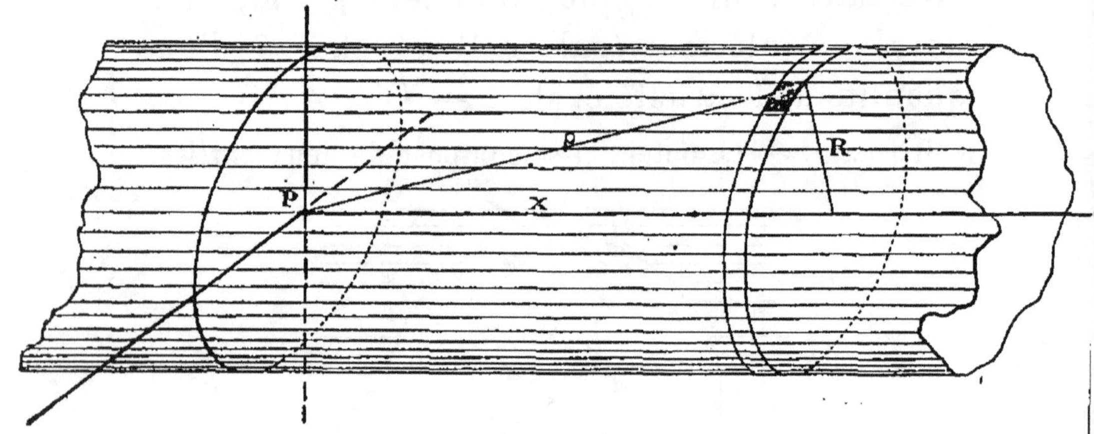

FIG. 5.

calculons le potentiel. La quantité d'électricité sur l'élément cylindrique de surface est $dQ = \delta . 2\pi . R . dx$, le potentiel élémentaire devient par suite :

$$dV = \frac{\delta\, 2\pi\, R\, dx}{\rho} = \frac{\delta\, 2\pi\, R\, dx}{\sqrt{R^2 + x^2}}$$

et le potentiel cherché est :

$$V = 2\pi\, \delta\, R \int_{-\frac{l}{2}}^{+\frac{l}{2}} \frac{dx}{\sqrt{R^2 + x^2}} =$$

$$= 2\pi\, R\, \delta\, 2\left[\log\,\mathrm{nat}\,\left(x + \sqrt{R^2 + x^2}\right)\right]_0^{\frac{l}{2}}$$

$$V = 4\pi\, \dot{R}\, \delta \left\{ \log \text{nat}\ \frac{\frac{l}{2} + \sqrt{\frac{l^2}{4} + R^2}}{R} \right\} =$$

$$V = \frac{2}{l}\frac{Q}{R} \log \text{nat}\ \frac{l + \sqrt{l^2 + 4\,R^2}}{2R} = \frac{2}{l}\frac{Q}{R} \log \text{nat}\ \frac{l}{R}$$

En écrivant cette dernière expression sous la forme :

$$V = \frac{Q}{\dfrac{1}{2 \log \text{nat}\ \dfrac{l}{R'}} \cdot l}$$

on voit que le potentiel par rapport à l'un des points d'une surface cylindrique ne change pas si toute la charge est placée à une distance de ce point qui est une fraction de la longueur du cylindre.

78. — Quel est le potentiel en un point d'un cylindre entouré concentriquement et à une certaine distance par une masse conductrice infini-

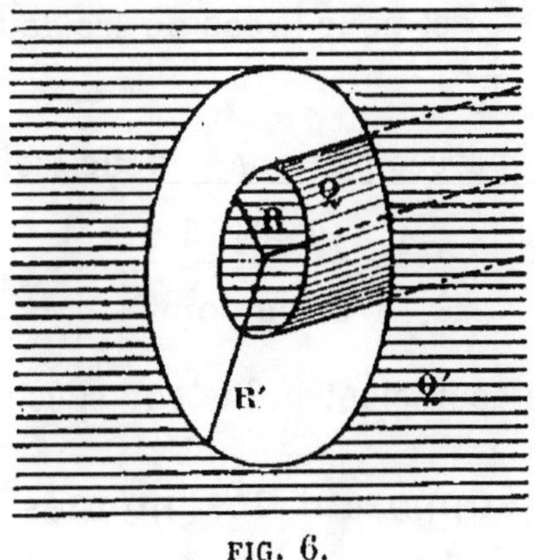

FIG. 6.

ment grande, à cavité cylindrique, **R** et **R′** étant les rayons du cylindre intérieur et de la cavité,

l la longueur commune et Q et Q′ les charges respectives ?

RÉPONSE : — Comme les masses électriques se trouvent sur des conducteurs elles se portent à la surface, si toutefois leurs signes sont contraires; on a alors d'après le numéro précédent :

$$V = \frac{2\,Q}{l} \log\ \mathrm{nat}\ \frac{l}{R} - \frac{2\,Q'}{l} \log\ \mathrm{nat}\ \frac{l}{R'}.$$

Si on fait spécialement $Q = -\,Q'$, on a :

$$V = \frac{2\,Q}{l} \log\ \mathrm{nat}\ \frac{R'\,l}{l\,R} = \frac{2\,Q}{l} \log\ \mathrm{nat}\ \frac{R'}{R},$$

$$V = Q\, \frac{2 \log\ \mathrm{com}\ \dfrac{R'}{R}}{0{,}4343\ l}.$$

La **capacité électrostatique** d'un câble se déduit de là et de la formule $V = \dfrac{Q}{C}$ ou $Q = C\,V$.

$$C = \frac{0{,}4343\ l}{2 \log\ \mathrm{com}\ \dfrac{R'}{R}},$$ et pour le cas où les deux couches métalliques sont séparées par une couche isolante,

$$C = \frac{0{,}4343\ k\ l}{2 \log\ \mathrm{com}\ \dfrac{R'}{r}},$$

ou k désigne le coefficient inducteur spécifique.

79. — En supposant les mêmes dispositions qu'au numéro 78, quel est le potentiel en un point de la surface cylindrique de rayon R′, 1° si $Q \gtrless Q'$, et 2° si $Q' = Q$?

Réponse : — Le cylindre intérieur a comme potentiel par rapport au point distant de R' de son axe :

$$V_1' = \frac{2\,Q}{l} \cdot \log \text{nat}\, \frac{l}{R'}$$

tandis que le cylindre extérieur donne :

$$V_2' = \frac{2\,Q'}{l} \cdot \log \text{nat}\, \frac{l}{R'}$$

Le potentiel demandé pour $Q \lessgtr Q'$ sera par suite :

$$V' = V_1' - V_2' = (Q - Q')\,\frac{2}{l}\, \log \text{nat}\, \frac{l}{R'}$$

Pour $Q = Q'$ on a $V' = 0$.

80. — Un câble à enveloppe métallique est posé sur terre, sa longueur est de 120 km., l'âme a un diamètre de 0,9 cm, l'enveloppe isolante a une épaisseur de $e = 0,6$ cm ; il reçoit la charge de 1/16 de coulomb, quel est le potentiel de l'âme en supposant que la matière isolante ait le même coefficient inducteur que l'air ?

Réponse : — D'après le numéro précédent, on a :

$$V = 1875.\,10^5 \times \frac{2\,\log\text{com}\,\frac{1,05}{0,45}}{0,4343 \times 12.10^6} = 26,5 \text{ volts.}$$

81. — Deux conducteurs de capacités différentes C_1 et C_2, ont des charges inégales Q_1 et Q_2 ; on les met en communication lointaine par un fil métallique mince. Quelle est la charge de

chacun des conducteurs, et quel est le potentiel résultant?

RÉPONSE : — Si nous désignons par V le potentiel commun, et par Q_1' et Q_2' les charges nouvelles nous avons, puisque les capacités n'ont pas pu changer :

$$Q_1' = C_1\, V; \quad Q_2' = C_2\, V;$$

en outre $Q_1 + Q_2 = Q_1' + Q_2'$. Les deux premières équations donnent $Q_1' : Q_2' = C_1 : C_2$, d'où $Q_1' : (Q_1' + Q_2') = C_1 : (C_1 + C_2)$ et $Q_1' = \dfrac{C_1\,(Q_1' + Q_2')}{C_1 + C_2}$ ou encore

$$Q_1' = \frac{C_1\,(Q_1 + Q_2)}{C_1 + C_2} \text{ et de même } Q_2' = \frac{C_2\,(Q_1 + Q_2)}{C_1 + C_2} \text{ et enfin}$$

$$V = \frac{Q_1'}{C_1} = \frac{Q_1 + Q_2}{C_1 + C_2}.$$

82. — **Deux sphères de 5 cm et 8 cm de rayon sont chargées chacune de** $0,0039 \times 3.10^9$ **U. E. S. avant leur communication. Quelle est leur charge après la communication lointaine?**

RÉPONSE : — Sachant que la capacité d'une sphère est égale à son rayon, nous avons en nous basant sur les résultats de l'exercice précédent :

$$Q'_1 = \frac{5 \times 0,0078 \times 3.10^9}{5 + 8} = 0,003 \times 3.10^9 \text{ U. E. S,}$$

$$\text{et } Q'_2 = \frac{8 \times 0,0078 \times 3.10^9}{5 + 8} = 0,0048 \times 3.10^9. \text{ U. E. S.}$$

83. — **On dispose d'une sphère de** 9^{cm} **de rayon, à laquelle on donne une charge arbitraire de** Q_1 **unités. Voulant enlever le 1/100 de cette**

charge, on se sert d'une autre sphère ; quel doit être le rayon de cette dernière pour qu'on arrive au but proposé?

Réponse : — Nos deux sphères ont des charges initiales $Q_1 = Q_1$ et $Q_2 = 0$; elles doivent arriver à $Q'_1 = 0,99\ Q_1$ et $Q_2 = \frac{1}{100}\ Q_1$; les capacités respectives sont $C_1 = 9$, $C_2 = X$; la formule générale de l'avant-dernier numéro nous donne :

$$Q'_2 = \frac{C_2\ (Q_1 + Q_2)}{C_1 + C_2}\ ,\ \text{d'où}\ \frac{1}{100}\ Q_1 = \frac{X\ (Q_1 + 0)}{9 + X}\ ;\ \text{d'où} :$$

$$X = \frac{1}{11}\ \text{cm}.$$

ou bien : comme les charges de deux conducteurs au même potentiel sont entre elles comme les capacités, on doit avoir $0,99\ Q_1 : 0,01\ Q_1 = 9 : X$, d'où $X = \frac{1}{11}$ cm.

84. — Deux sphères de 2 cm et de 9 cm de rayon sont en communication lointaine et au même potentiel $15\ 000\ \frac{1}{3.10^2}$; quelle était la charge de chacune d'elles avant la communication, si la petite sphère était au potentiel initial de $\dot{V}_1 = 2000\ \frac{1}{3.10^2}$?

Réponse :
Sachant que $V = \frac{Q_1 + Q_2}{C_1 + C_2}$ et que $Q_1 = C_1\ V_1$, nous pouvons écrire :

$$\frac{15000}{3.10^2} = \frac{Q_1 + Q_2}{2 + 9}\ \text{et}\ Q_1 = 2.\ \frac{2\ 000}{3.10^2},$$

d'où, en résolvant par rapport à Q_1 et Q_2,

$$Q_1 = 13,3\ \text{U. E. S.}\ \text{et}\ Q_2 = 536,7\ \text{U. E. S.}$$

85. — Dans le but de déterminer la capacité d'un conducteur, on a chargé une sphère de rayon R au moyen d'une pile à force électro-motrice constante donnant :

$$V_0 .\ 10^0 \text{ U. E. M.} = V_0 .\ \frac{1}{3.10^2} \text{ U. E. S.}$$

de potentiel. Après avoir mis la sphère en communication lointaine avec le conducteur, le potentiel du système est devenu

$$V .\ \frac{1}{3.10^2} \text{ U. E. S.}$$

Quelle doit être la capacité du conducteur?

RÉPONSE : — Par la charge on a donné à la sphère une quantité d'électricité égale à $Q_0 = C_0 V_0$

$$Q_0 = R\ V_0\ \frac{1}{3.10^2} \text{ U. E. S.}$$

Après la communication lointaine avec le conducteur, il n'est resté sur la sphère que la quantité :

$$Q_1 = R\ V_1$$

en sorte que le conducteur a dû recevoir la quantité :

$$Q_2 = Q_0 - Q_1 = R\ (V_0 - V_1)$$

La capacité du conducteur pourra être tirée de l'équation $Q_2 = C_2 V_1$, dans laquelle on connaît Q_2 et où V_1 a la même valeur que pour la sphère :

$$C_2 = \frac{Q_2}{V} = \frac{R\ (V_0 - V_1)}{V_1}$$

86. — On suppose qu'on ait amené depuis l'infini et en dépensant 3 ergs un corps conducteur flottant librement dans l'air et portant une charge de 2 U. E. S. d'électricité positive jusqu'à un autre corps chargé positivement. A quel potentiel ce dernier corps a-t-il dû se trouver?

RÉPONSE : — Sachant que le travail à dépenser pour amener l'unité d'électricité de l'infini sur un corps chargé est égal (quant au nombre d'unités) au potentiel de ce corps chargé, on doit avoir la relation

$$2 \text{ V U. E. S.} = 3 \text{ U. E. S.}$$

donc : $\quad V = \dfrac{3}{2}$ U. E. S. $= \dfrac{3}{2}$ 300 volts $= 450$ volts.

VII. - Champ électrique. — Lignes de force.

87. — Une sphère métallique étant électrisée, comment trouve-t-on la ligne de force qui part d'un point quelconque de cette sphère?

RÉPONSE : — Les lignes de force étant perpendiculaires à la surface, on n'a donc qu'à prolonger le rayon qui aboutit au point désigné.

88. — Sur un ellipsoïde de révolution on a mis une certaine quantité d'électricité, et l'on demande de déterminer et de tracer le commencement de la ligne de force qui part d'un point donné de la surface.

3.

Réponse : — Les lignes de force étant perpendiculaires à l'élément de surface respectif, il s'agit de tracer une perpendiculaire au point donné. On y parvient en appliquant le théorème qui dit que : « la bissectrice de l'angle formé par les rayons vecteurs allant en ce point, est perpendiculaire à l'élément de surface ».

89. — On dispose d'un grand bassin rempli d'un liquide parfaitement isolant, mais très mobile. Au milieu du liquide on pose un cylindre métallique, à section elliptique, de façon que son axe soit perpendiculaire à la surface liquide. Ce cylindre est chargé positivement. En divers points de l'intersection du cylindre et du liquide, on pose de petits corps conducteurs flottant très facilement sur le liquide. Quelles sont les courbes que décriront ces projectiles sous l'influence de leur charge électrique et de celle (de même nom) du cylindre ?

Réponse : — Ces trajectoires seront des lignes de force et, géométriquement parlant, elles formeront un faisceau de sections coniques (hyperboles) confocales.

VIII. — Densité électrique.

90. — Une boule métallique de 10 cm de rayon contient 160 U. E. S. ; quelle est la densité électrique à la surface et quelle est-elle au centre ?

Réponse : — D'après la définition, elle est à la surface :

$$d = \frac{Q}{S} = \frac{160}{4\pi.10^2} = 0,12$$

Au centre, elle est nulle puisque toute l'électricité se porte à la surface dans les corps conducteurs.

91. — Quelle est la densité électrique à la surface de la sphère (voir le numéro 47) qui pèse 32 853 grammes et qui a une charge de 3 U. E. S. ?

Réponse :

$$\delta = \frac{3}{4.100.\dfrac{22}{7}} = 0,00239$$

92. — Quelle est la densité électrique à la surface d'une boule de $R = 5$ cm, électrisée par une charge Q au potentiel $V = 18\,850$ volts ?

Réponse : — On a :

$$d = \frac{Q}{S} = \frac{C\,V}{S} = \frac{R\,V}{S} = \frac{R\,V}{4\pi\,R^2} = \frac{V}{4\pi\,R} =$$

$$= \frac{18850}{4\pi.\,5 \times 3.10^2}\ \text{U. E. S.} = 1$$

93. — On charge une boule métallique de 14 cm de rayon jusqu'à ce que la densité superficielle soit devenue 10. Quelle quantité d'électricité faut-il ? (Thompson.)

Reponse : — La charge nécessaire est

$$Q = 4\pi\,14^2.10 = 24\,640\ \text{U. E. S.}$$

94. — La densité maximale observée par Baille est de 11 ; que deviendraient la charge et le potentiel d'une sphère de 5 cm de rayon ?

RÉPONSE :

$$Q = \delta.\ S. \ = 11 \times 4.\ 5^2.\pi = 3\,456 \text{ U. E. S.}$$

$$= 1{,}152.\ 10^{-6} \text{ coulombs ;}$$

$$V = \frac{Q}{C} = \frac{Q}{R} = \frac{3456}{5} = 691{,}2 \text{ U. E. S.} =$$

$$= 691{,}2.300 = 207\,360 \text{ volts.}$$

95. — On a deux sphères métalliques de R′cm et R″ cm de rayon et contenant ensemble une quantité d'électricité égale à Q coulombs. Quelle est la densité électrique sur chacune des sphères si elles sont mises en communication lointaine ? (Zech.)

RÉPONSE : — Soient Q′ et Q″ les charges qu'elles prennent.

On a $Q' + Q'' = Q$ et en outre $Q' = C'\ V = R'\ V$ et $Q'' = C''\ V = R''\ V$, V désignant le potentiel commun. De là on tire :

$$Q' = Q\,\frac{R'}{R' + R''} \text{ et } Q'' = Q\,\frac{R''}{R' + R''}.$$

Les densités demandées sont proportionnelles aux surfaces.

$$d' = \frac{Q'}{4\pi\ R'^2} = \frac{1}{R'} \cdot \frac{Q}{4\pi\ (R' + R'')}$$

$$\text{et } d'' = \frac{Q''}{4\pi\ R''} = \frac{1}{R''} \cdot \frac{Q}{4\pi\ (R' + R'')}$$

96. — Une sphère de 10 cm de rayon est chargée de 6 284 U. E. S. On la met en communication lointaine avec une sphère métallique de 15 cm de rayon. Quelles sont, cette communication interrompue, les charges et les densités sur les deux sphères ? (Thompson.)

RÉPONSE : — Les charges deviennent :

$$Q_1 = 2\,513,6 \text{ U. E. S.} \qquad \text{et} \qquad Q_2 = 3\,770,4 \text{ U. E. S.}$$

Les densités sont :

$$\delta_1 = 2 \qquad \text{et} \qquad \delta_2 = 1,33$$

97. — Dans quel rapport sont les densités électriques de deux boules dont les rayons sont comme 1 : 20 et qui ont été mises en communication lointaine ?

RÉPONSE : — $d' : d'' = R'' : R' = 20 : 1.$

98. — Quelle est la densité électrique en un point x_1, y_1 d'une ellipse dont les demi-axes sont a et b et qui est chargée de Q U. E. S. ?

RÉPONSE : — D'après Clausius (*Ann. de Pogg.*, vol. LXXXVI, p. 167), on a :

$$\delta = \frac{Q}{2\,ab\,\pi\sqrt{1 - \dfrac{x_1^2}{a^2} - \dfrac{y_1^2}{b^2}}} = \frac{Q}{2\pi\sqrt{a^2 b^2 - (x_1^2 b^2 + y_1^2 a^2)}}$$

99. — Soit à déterminer la densité électrique

en un point situé à une distance de a cm du centre d'un cercle de rayon **R**.

RÉPONSE : — En envisageant le cercle comme une ellipse qui a les axes de même longueur R, et en posant $x^2 + y^2 = a^2$, il vient comme cas spécial de la formule du numéro précédent

$$\delta = \frac{Q}{2\pi \, R\sqrt{R^2 - a^2}} = \frac{Q}{2\pi \, R^2 \sqrt{1 - \dfrac{a^2}{R^2}}}$$

IX. — Condensateurs sphériques.

100. — Le conducteur d'une machine à frottement donnant un potentiel de 1 000 volts est mis en communication lointaine avec une sphère de 2 cm de rayon ; celle-ci est entourée d'une autre sphère concentrique, d'un rayon de 4 cm. Quelle est la capacité des deux sphères formant condensateur, comparée à la capacité de la même sphère séparée de l'enveloppe, si, lorsqu'elle forme condensateur, elle atteint une charge de $4,44.10^{-9}$ coulombs ?

RÉPONSE : — Tant qu'elle est séparée de l'enveloppe, la petite sphère a une capacité égale à son rayon :

$$C_1 = 2 \text{ U. E. S.} = \frac{2}{9.10^{11}} \text{ farads} = \frac{2}{9.10^5} \text{ microfarad}$$

La capacité du condensateur, par contre, se trouve au moyen de la formule $Q = C_2 V$ qui donne :

$$C_2 = \frac{Q}{V} = \frac{4,44}{10^9} \text{ coulomb} \times \frac{1}{10^3 \text{ volts}} =$$

$$= \frac{4,44.3.10^9}{10^9} \times \frac{3.10^2}{10^3} \text{ U. E. S.} = 4 \text{ U. E. S.}$$

Le rapport cherché est donc :

$$\frac{C_2}{C_1} = \frac{4}{2} = 2.$$

101. — Quel est, dans le cas du numéro précédent, le rapport des quantités d'électricité nécessaires pour donner dans chacune des deux dispositions à la petite sphère le même potentiel de $V = 100\,000$ volts?

Réponse : — Comme on doit avoir $Q_1 = C_1 V$ et $Q_2 = C_2 V$, on tire :

$$\frac{Q_1}{Q_2} = \frac{C_1}{C_2} = \frac{1}{2}.$$

102. — Deux sphères concentriques ont des rayons de 5 et de 6 cm ; quelle est la capacité électrostatique du système et quelle est la capacité de la plus petite sphère ?

Réponse : — Le potentiel du système est :

$$V = \frac{Q}{r} - \frac{Q}{R} = Q\,\frac{R - r}{Rr},$$

d'où :

$$C = \frac{Rr}{R - r} = \frac{6.5}{6 - 5} = 30 \text{ U. E. S.}$$

La capacité de la petite sphère seule est égale à son rayon :

$$C_1 = 5 \text{ U. E. S.}$$

103. — Trouver la force condensante, c'est-à-dire le rapport des capacités d'une même surface sphérique de rayon $R_1 = 10$ cm, si elle est entourée concentriquement d'une surface sphérique de 12 cm de rayon, ou d'un rayon infiniment grand $R_2 = \infty$.

Réponse : — Le potentiel à la surface intérieure est :

$$V = \frac{Q}{R_1} - \frac{Q}{R_2} \; ; \text{ en outre } V = \frac{Q}{C} \; ;$$

de là, on tire $C = \dfrac{Q}{V} = \dfrac{R_1 R_2}{R_2 - R_1}$, tant que R_1 et R_2 sont des quantités finies ; mais si $R_2 = \infty$, on a :

$$C' = \frac{R_1}{1 - 0} = R_1.$$

Le rapport demandé, la force condensante sera donc :

$$\frac{C}{C'} = \frac{R_2}{R_2 - R_1} = \frac{12}{2} = 6.$$

104. — Quelle doit être l'épaisseur e de la couche d'air d'un condensateur sphérique de rayon $R = 10$ cm pour que sa force condensante soit $n = 100$?

Réponse : — D'après le problème précédent, il faut que :

$$n = \frac{R_2}{R_2 - R_1}, \text{ d'où } R_2 = \frac{n R_1}{n - 1} = \frac{1000}{99} = 10{,}10101 \text{ cm.}$$

L'épaisseur demandée sera donc $R_2 - R_1 = 0{,}10101$ cm.

105. — On forme un condensateur en recouvrant d'une mince couche d'argent les deux faces d'une boule de verre de 12 cm de diamètre et d'une épaisseur de 0,004 cm ; quelle est la capacité de ce condensateur, le coefficient d'induction du verre étant $k = 2,4$?

Réponse : — En se basant sur la relation précédente, on voit que la couche intérieure, à elle seule, a pour cacité $C' = R_1$ et comme partie du condensateur elle aura une capacité :

$$C = C' \frac{R_2}{R_2 - R_1} = \frac{R_1 R_2}{R_2 - R_1} k =$$

$$C = \frac{6.6,004}{6,004 - 6} 2,4 = \frac{36,024}{0,004} . 2,4 = 9006.2,4 \ \text{U. E. S.} =$$

$$C = 21614,4 \ \text{U. E. S.} = \frac{21614,4}{9.10^{11}} \ \text{farad} = \frac{21614,4}{9.10^{9}} \ \text{microfarad}$$

$$= 0,02401 \ \text{microfarad}.$$

X. — Condensateurs cylindriques.

106. — Une simple surface cylindrique a un rayon de 2.10^{-20} cm ; quelle doit être sa longueur pour que la capacité soit égale à l'unité ?

Réponse : — En résolvant, d'après le numéro 77, l'équation

$$1 = \frac{l}{2 \log \text{nat} \dfrac{l.\ 10^{20}}{2}}$$

il vient *(Regula Falsi)* l près de 100 cm.

107. — Une surface cylindrique de 10 cm de long doit avoir l'unité de capacité ; quel doit en être le rayon ?

Réponse : — La relation

$$2 \log \text{nat} \, \frac{10}{R} = 10$$

donne pour R à très peu près $\frac{1}{15}$ de centimètre.

108. — Un condensateur cylindrique, formé d'un tube de verre rempli d'eau et enveloppé d'étain, a une longueur l de 200 cm ; son diamètre intérieur est de 2 cm, son épaisseur $e = 0,3$ cm. Quelle est sa capacité si le coefficient d'induction du verre est $k = 3,2$?

Réponse : — On a, d'après la formule $C = \dfrac{0,4343 \, k \, l}{2 \log \text{com} \, \dfrac{R}{r}}$

$$C = \frac{0,4343 . 3 . 2 . 200}{2 \log \text{com} \, \dfrac{2,3}{2}} \text{ U. E. S.} = 2289,8 \text{ U. E. S.} =$$

$$= 0,00254 \text{ microfarad.}$$

109. — Un câble à enveloppe de plomb, pour sonneries, a une longueur de 1 200 cm, une âme en cuivre de 0,1 cm de diamètre, avec une couche isolante de 0,1 cm d'épaisseur ; quelle est sa capacité, la couche isolante ayant le coefficient d'induction $k = 1,88$?

Réponse : — C = 1026,8 U. E. S. = 0,00114 microfarad.

110. — Le câble qui a servi pour les expériences de transmission de force par l'électricité, exécutées par M. M. Despretz entre Paris et Creil, était à enveloppe de plomb ; l'âme en cuivre avait 0,5 cm de diamètre, sa longueur était de 112 km, l'épaisseur de la couche isolante égalait 0,4 cm, et le coefficient inducteur spécifique était égal à $k = 1,88$; qu'elle était la capacité de ce câble ?

RÉPONSE : — $C = 1,1018.10^7$ U. E. S. $= 12,24$ microfarads.

111. — Une bouteille de Leyde de taille moyenne a une surface de 384 cm² ; le verre isolant a une épaisseur de 0,1 cm et son coefficient d'induction est 3,24 ; quelle est la charge maxima de la bouteille lorsque les deux armatures sont mises en communication avec les deux pôles d'une machine donnant 20 000 volts ?

RÉPONSE : — La charge est donnée par la formule :

$$Q = \frac{K\,S\,V}{4\,\pi\,e}.$$

En effet, le numéro 102 donne :

$$Q = K\,\frac{Rr}{R - r}\,V.$$

En supposant la bouteille de Leyde de forme peu différente d'une sphère, soit presque fermée, on aurait : $Rr = R^2$ et $R - r = d$, donc :

$$Q = K \frac{R^2}{d} V = K \frac{4\pi R^2}{4\pi d} V = K \frac{S. V}{4\pi d}.$$

Dans le cas de notre exemple on a :

$$Q = \frac{3.24.384}{4\pi.0,1} \cdot \frac{20000}{300} \text{ U. E. S.} = 65978 \text{ U. E. S.} =$$

$$= 0,000022 \text{ coulomb.}$$

112. — Pour faire un condensateur (bouteille de Leyde) deux verres semblables ont été emboîtés l'un dans l'autre de manière à laisser au fond et sur le côté partout un même espace vide de 3 mm. Le vase intérieur a été couvert d'une feuille d'étain à l'intérieur, tandis que le verre extérieur en était garni extérieurement. L'étendue de chaque feuille est de 360 cm², le verre a 1 mm d'épaisseur et une capacité inductive spécifique $k = 3,24$. Quelle est sa capacité ? — Quelle est la capacité d'un condensateur de mêmes dimensions que le premier, mais dont l'espace entre les deux verres est rempli d'eau ? — Quelles sont les capacités d'une bouteille de mêmes dimensions avec du verre : 1) de 5 mm. d'épaisseur; 2) de 1 mm. d'épaisseur?

RÉPONSE : — (Korollkoff.) Si à la place de tous les corps diélectriques, il y avait de l'air, et si $d = d_1 + d_2 + d_3$, on aurait :

$$Q = \frac{V S}{4\pi d}.$$

Si, entre les feuilles d'étain, il y avait un seul et même corps diélectrique de capacité inductive spécifique k, on aurait :

$$Q = K\ \frac{V\,S}{4\,\pi\,d} = \frac{V\,S}{4\pi\dfrac{d}{K}},$$

d'où l'on voit. que l'introduction d'un diélectrique a le même effet qu'une réduction de la couche d'air à la $K^{\text{ième}}$ partie. Ayant plusieurs couches de capacité inductive spécifique K_1, K_2, K_3, leur effet est équivalent à celui de couches d'air d'épaisseurs $d_1 : K_1$, $d_2 : K_2$, $d_3 : K_3$, et leur ensemble déterminera une charge :

$$Q = \frac{V\,S}{4\,\pi\left(\dfrac{d_1}{K_1} + \dfrac{d_2}{K_2} + \dfrac{d_3}{K_3}\right)},$$

et par suite la capacité :

$$C = \frac{S}{4\,\pi\left(\dfrac{d_1}{K_1} + \dfrac{d_2}{K_2} + \dfrac{d_3}{K_3}\right)}.$$

Dans le cas particulier de notre exemple on aura donc comme capacité de la première bouteille :

$$C_1 = \frac{360}{4\,\pi\left(\dfrac{1}{3,24} + \dfrac{3}{1} + \dfrac{1}{3,24}\right)} = 7,92 \text{ U. E. S. de capacité.}$$

Dans la deuxième bouteille le milieu isolant est du verre et de l'eau, on aura la capacité :

$$C_2 = 43,75 \text{ U.E.S.}$$

Dans la troisième forme, avec un verre de 5 mm. d'épaisseur, on a :

$$C_3 = 18,57 \text{ U.E.S.}$$

Dans la bouteille à verre simple de 1 mm. on a :

$$C_4 = 92,82 \text{ U.E.S.}$$

113. — Une batterie de six bouteilles égales, chacune de $450\ cm^2$ de surface, faites en verre de 0,2 cm d'épaisseur et ayant un coefficient inducteur spécifique de $k = 3$, est chargée avec une machine au potentiel $V = 300$ U. E. S. et posée à terre. Quelle est la charge totale de l'armature intérieure et quelle est la capacité de la batterie? (Blavier. *Des grandeurs électriques*.)

RÉPONSE : — La capacité $C = \dfrac{kS}{4\pi e} =$

$$C = \frac{3 \times 450 \times 6}{4\pi\ 0,2} = 3223 \text{ U.E.S. et la charge}$$

$$Q = CV = 3223.300 = 966900 \text{ U.E.S} =$$

$$Q = 0,0003223 \text{ coulomb.}$$

114. — Un câble à âme de cuivre de $0,25$ cm de rayon, à enveloppe isolante en coton imbibé de paraffine et de résine de 0,15 cm d'épaisseur, et à enveloppe protectrice en plomb, est contrôlé pour une différence de potentiel de 8 000 volts. Le coefficient d'induction spécifique de la matière isolante étant 1,88, quelle est la charge que ce câble peut recevoir, si sa longueur est de 1 km ?

RÉPONSE : — La formule nous donne :

$$Q = \frac{K S V}{4\pi e} = \frac{1,88.0,5\pi.100000}{4\pi\ 0,15} \times \frac{8000}{3.10^2} \text{ U.E.S.} =$$

$$= 4,18.10^6 \text{ U.E.S.}$$

Si on considère la charge comme étant le produit de la capacité par le potentiel, on arrive au résultat suivant :

$$Q = CV = \frac{0,4343.1,88.100000}{2 \log \operatorname{com} \dfrac{0.40}{0,25}} - \frac{8000}{3.10^2} \text{ U.E.S.} =$$

$$= 5,33.10^6 \text{ U.E.S.} = 1,77.10^{-3} \text{ coulomb.}$$

115. — Un câble, dont l'âme a 0,35 cm et l'enveloppe isolante 0,70 cm de diamètre, a une capacité kilométrique de 0,164 microfarad; quel est le coefficient d'induction spécifique de la substance isolante ?

Réponse : — On a, d'après la formule connue :

$$C = \frac{0,4343 \, K \, 10^5}{2 \log \operatorname{com} \dfrac{0,70}{0,35}} \text{ U.E.S.} = 0,164 \text{ microfarad} =$$

$$= 0,164 \times 9.10^5 \text{ U.E.S.} \quad \text{de là, on tire } K = 2,047.$$

116. — Le câble d'Aden à Bombay (1870) a une longueur de 2 923,7 kilom., une âme en cuivre de 2,87 mm., une enveloppe isolante de 9,1 mm. de diamètre et une capacité inductive spécifique de 3,6. Que devient sa charge quand on le met en communication avec l'un des pôles d'une pile de 100 éléments Daniell ?

Réponse : — Au moyen de la formule ordinaire, on obtient :

$$Q = \frac{3,6 \times 0,4343 \times 20237.10^4}{2 \log \operatorname{com} \dfrac{9,1}{2,87}} \times \frac{100}{3.10^2} \text{ U.E.S.} =$$

$$= 574.10^6 \text{ U.E.S.} = 0,191 \text{ coulomb.}$$

117. — Le câble entre Paris et Creil (n° 110) supportait des différences de potentiel de 6 000 volts ; quelle était sa charge si sa longueur était de 112 km ?

RÉPONSE : — Comme Q = CV et d'après ce que nous avons vu au numéro 110 :

Q = 12,24 microfarads × 6000 volts = 0,07344 coulomb.

118. — Un câble sous-marin à enveloppe de gutta-percha peut être envisagé comme un condensateur dont l'armature extérieure est formée par de l'eau. Quelle est la capacité d'un kilomètre d'un tel câble dont l'âme a 0,25 cm de rayon et l'enveloppe isolante une épaisseur de 0,25 cm et un coefficient d'induction égal à 4,2 ?

RÉPONSE : — C = 302971 U.E.S. = 0,3366 microfarad.

119. — Quelle est la quantité d'électricité que contient un câble pareil à celui du numéro précédent, mais de 3 000 km (câble transatlantique 1866) relié à une pile de 120 éléments Daniell ?

RÉPONSE : — On a :

$$Q = CV = 302971 \times 3000 \times \frac{150}{3.10^2} \text{ U.E.S.} =$$

$$= 0,15148 \text{ coulomb.}$$

120. — Quelle est la capacité d'un condensateur cylindrique à rayons R et r et de longueur l, dont l'armature extérieure est en communication avec le sol ?

Réponse : — On a, d'après le numéro 78 :

$$C = \frac{Q}{V} = \frac{0,4343 \, Kl}{2 \log \mathrm{com} \dfrac{R}{r}}.$$

121. — Deux surfaces cylindriques de même axe sont à une petite distance l'une de l'autre et séparées par une couche d'air ; elles contiennent une quantité d'électricité de 0,48 coulomb. Quelle est la charge qu'elles peuvent prendre quand elles sont séparées par de la gutta-percha ?

Réponse : — Comme la charge est proportionnelle au coefficient d'induction spécifique et que celui-ci, pour la gutta-percha, est de 4,2, la charge que pourra prendre ce condensateur sera :

$$Q = 0,48 \times 4,2 = 2,018 \text{ coulombs.}$$

122. — L'enveloppe isolante d'un câble a pour diamètres intérieur et extérieur d et D cm. On veut, tout en maintenant l'épaisseur d du fil conducteur, diminuer de moitié la capacité du câble ; quelle doit être dans ce cas l'épaisseur de la couche isolante ?

Réponse : — Désignons par K la capacité inductive de la substance isolante. Nous aurons pour la première capacité :

$$C = \frac{K}{2 \log \mathrm{nat} \dfrac{D}{d}} \quad \text{et pour la seconde} \quad C' = \frac{K}{2 \log \mathrm{nat} \dfrac{x}{d}} ;$$

en outre, comme $C' = \dfrac{1}{2} C$, nous aurons l'égalité :

$$\dfrac{K}{2 \log \text{nat} \dfrac{x}{d}} = \dfrac{1}{2} \dfrac{K}{2 \log \text{nat} \dfrac{D}{d}} \quad \text{ou } 2 \log \text{nat} \dfrac{D}{d} = \log \text{nat} \dfrac{x}{d},$$

$$\text{ou } \log \text{nat} \left(\dfrac{D}{d}\right)^2 = \log \text{nat} \dfrac{x}{d}, \text{ ou } \left(\dfrac{D}{d}\right)^2 = \dfrac{x}{d} \text{ et } x = \dfrac{D^2}{d}.$$

123. — Quel doit être le diamètre du fil conducteur du câble précédent, si l'on veut maintenir le diamètre extérieur de la couche isolante et si la capacité doit être réduite au tiers ?

Réponse : — On a l'équation :

$$\dfrac{K}{2 \log \text{nat} \dfrac{D}{y}} = \dfrac{1}{3} \dfrac{K}{2 \log \text{nat} \dfrac{D}{d}} , \text{ d'où } y = \dfrac{d^3}{D^2}.$$

124. — Un câble en gutta-percha a un fil conducteur de 3 mm ; quel doit être le diamètre extérieur de l'enveloppe pour que la capacité kilométrique du câble soit $15 . 10^5$. U. E. S. ?

Réponse : — On doit avoir :

$$\dfrac{4,2.0,4343.10^5}{2 \log \text{nat} \dfrac{x}{3}} = 15.10^5, \text{ d'où l'on tire : } x = 3,450 \text{ mm.}$$

125. — Quel devra être le diamètre si la capacité n'est que la moitié de ce qu'elle était dans le cas précédent ?

Réponse : — D'après ce que nous avons vu au numéro 122, on aura :

$$x = \dfrac{3,45^2}{3} = 3,967 \text{ mm.}$$

XI. — Condensateurs plans.

126. — En supposant que la capacité d'un condensateur plan soit donnée par la formule $C = \dfrac{K}{4\pi}\dfrac{S}{e}$, quelle doit être la surface d'un condensateur pour qu'il ait une capacité de 2 microfarads, le coefficient d'induction étant $K = 2,4$ et l'épaisseur de la couche isolante $e = 0,05$ mm ?

RÉPONSE : — De la formule $C = \dfrac{kS}{4\pi e}$, qu'on peut déduire de celle du numéro 111, en envisageant S comme portion d'une sphère de rayon infiniment grand, on tire :

$$S = \frac{4\pi e\, C}{k} = \frac{4\pi.0,05.2.9.10^5}{2,4} = 47,124 \; m^2.$$

127. — Quelle est la capacité d'un carreau fulminant dont les feuilles d'étain ont 25 cm sur 15 cm et dont la plaque de verre ($k = 3,2$) est épaisse de 0,1 cm ?

RÉPONSE :

$$C = \frac{3,2.25.15}{4\pi.0,1} = 1\,032 \; U.E.S. = 0,00115 \; \text{microfarad.}$$

128. — Un électrophore a un disque métallique de 20 cm de diamètre ; celui-ci est distant du disque d'ébonite de 0,02 cm en moyenne ; quelle est la capacité électrique ?

RÉPONSE :

$$C = \frac{10^2\pi.1}{4\pi.0,02} = 1250 \text{ 'U.E.S.} = 0,0014 \text{ microfarad.}$$

129. — Un condensateur à lames de 2,5 microfarads est chargé avec une pile de 300 volts ; quelle charge prend-il ?

RÉPONSE : — D'après la formule $Q = CV$, on a :

$$Q = 2,5.300 = 2,5.9.10^5 \times \frac{300}{3.10^2} \text{ 'U.E.S.} =$$

$$= 22,5.\ 10^5 \text{ U.E.S.} = 0,00075 \text{ coulomb.}$$

130. — Un carreau fulminant d'une capacité égale à 2 U. E. S. est chargé au moyen d'une machine de Holtz donnant une différence de potentiel de 30 000 volts ; quelle sera la quantité d'électricité accumulée ?

RÉPONSE :

$$Q = CV = 2.\frac{30000}{3.10^2} = 200 \text{ 'U.E.S.} = \frac{2}{3.10^7} \text{ coulomb.}$$

131. — On a quatre condensateurs plans A, B, C, D ; le diélectrique de A, B, D est le verre, celui de C la gutta-percha ; D est deux fois plus long et deux fois plus large que les autres, tandis que le verre de B est deux fois plus mince que celui des autres ; quelles sont les capacités de ces condensateurs (Schoentjes) ?

RÉPONSE : — En désignant par F la capacité de A, celle de B qui a même surface, mais dont le diélectrique est deux fois plus mince, sera deux fois plus grande, c'est-à-dire de 2 F ; — celle de C est à celle de A dans le rapport des coefficients d'induction spécifique de la gutta et du verre : 4,2 : 1,90 ; elle est donc de 4,4 F. — Enfin la capacité de D, dont la surface est quadruple de celle de A, est de 4 F.

XII. — Distribution de l'électricité.

132. — Soient deux surfaces conductrices planes et parallèles, de grandeur infinie, distantes l'une de l'autre de a cm et maintenues aux potentiels V_1 et V_2 ; on demande : 1° la valeur V du potentiel en un point situé entre les deux plans à une distance x de la surface au potentiel V ; 2° la densité superficielle δ_1 et de δ_2 sur les deux plans ; 3° la charge Q_1 d'une aire S prise dans la région moyenne de la surface V_1.

RÉPONSE : — Maxwell donne, dans son « *Treatise on electricity and magnetisme* », vol. I, seconde édition, p. 172, les expressions suivantes :

$$V = V_1 + (V_2 - V_1)\,\frac{x}{a} \;;\; \delta_1 = \frac{V_1 - V_2}{4\pi a} \;;\; \delta_2 = \frac{V_2 - V_1}{4\pi a}$$

et pour la charge si les deux plans sont séparés par de l'air

$$Q_1 = \frac{1}{4\pi}\cdot\frac{S}{a}\,(V_1 - V_2)$$

ou quand les surfaces sont séparées par un milieu isolant à coefficient inducteur spécifique égal à K,

$$Q_1 = \frac{K\,S}{4\pi a}\,(V_1 - V_2)\,.$$

133. — Deux surfaces sphériques concentriques, de rayons R_1 et R_2 (avec $R_1 < R_2$), sont maintenues à des potentiels V_1 et V_2; quels sont 1° le potentiel en un point distant de r du centre; 2° la force résultante qui sollicite l'unité d'électricité en ce point; 3° les densités superficielles δ_1 et δ_2; 4° les charges totales Q_1 et Q_2; enfin quelle est la capacité de la sphère intérieure?

RÉPONSE : — Dans le même traité, cité ci-dessus p. 174, on voit que

$$V = \frac{V_1 R_1 - V_2 R_2}{R_1 - R_2} + \frac{(V_1 - V_2) R_1 R_2}{r (R_2 - R_1)} \; ; \; R = \frac{(V_1 - V_2) R_1 R_2}{r^2 (R_2 - R_1)} \; ;$$

$$\delta_1 = \frac{1}{4\pi R_1^2} \cdot \frac{(V_1 - V_2) R_1 R_2}{R_2 - R_1} \; ; \; \delta_2 = \frac{1}{4\pi R_2^2} \cdot \frac{(V_2 - V_1) R_1 R_2}{R_2 - R_1} \; ;$$

$$Q_1 = 4\pi R^2 \delta_1 = \frac{(V_1 - V_2) R_1 R_2}{R_2 - R_1} = - Q_2 \; ; \; C_1 = \frac{R_1 R_2}{R^2 - R_1} \; .$$

134. — Soit R_1 le rayon de la surface extérieure d'un cylindre conducteur; soit R_2 le rayon de la surface intérieure d'un cylindre creux ayant même axe que le premier; soient V_1 et V_2 les potentiels respectifs de ces deux corps, quels sont : 1° le potentiel V en un point distant de r de l'axe ; 2° les densités δ_1 et δ_2 sur les deux surfaces; 3° les charges Q_1 et Q_2 par longueur l; 4° la capacité, si l'espace compris entre les deux cylindres est rempli par un diélectrique à pouvoir inducteur spécifique K ?

Réponse : — A la page 176 du traité de Maxwell, on lit :

$$V = \frac{V_1 \log \frac{R_2}{r} + V_2 \log \frac{r}{R_1}}{\log \frac{R_2}{R_1}} \; ; \; \delta_1 = \frac{V_1 - V_2}{4\pi R_1 \log \frac{R_2}{R_1}} \; ;$$

$$\delta_2 = \frac{V_2 - V_1}{4\pi R_2 \log \frac{R_2}{R_1}} \; ;$$

$$Q_1 = 2\pi R_1 l \, \delta_1 = \frac{l}{2} \frac{V_1 - V_2}{\log \frac{R_2}{R_1}} = - Q_2 \; ; \; C = \frac{l K}{2 \log \frac{R_2}{R_1}} \cdot$$

135. — Est-il possible de remplacer un conducteur de charge électrique donnée par un autre conducteur de même charge, sans qu'il y ait changement d'effet sur les corps environnants ?

Réponse : — Oui, en donnant au second conducteur une surface qui soit surface équipotentielle du premier conducteur.

136. — Deux points ont respectivement les charges électriques $+ a$ et $+ b$ U. E. S. ; ils doivent être remplacés par deux corps à surfaces conductrices. Quelle forme faut-il donner à ces surfaces ?

Réponse : — Les surfaces cherchées doivent être des surfaces équipotentielles du système des charges $+ a$ et $+ b$.

137. — Deux surfaces conductrices chargées respectivement de $+a$ et $+b$ U. E. S. doivent être remplacées par une seule surface chargée qui aurait le même effet dans le même champ électrique. Quelle doit être la forme et la charge de cette surface ?

RÉPONSE : — La forme de la surface est celle d'une nappe qui est surface équipotentielle du même système que les deux surfaces données. — La charge doit, par suite, être égale à $a + b$ U.E.S.

138. — Une ellipse ayant des axes de 40 cm et de 20 cm est chargée de 6 000 U. E. S. ; quelles sont les densités électriques 1° au centre ; — 2° au point $x_1 = 10$ cm, $y_1 = 0$; — 3° au $x_2 = 15$ cm, $y_2 = 0$; — 4° au point $x_3 = 20$ cm, $y = 0$; — 5° au point $x_4 = 0$, $y_4 = 5$ cm ; — 6° au point $x_5 = 0$, $y_5 = 10$ cm ; — 7° au point du contour dont l'abcisse est $x_6 = 10$ cm ?

RÉPONSE : — En se basant sur la formule du numéro 98, il vient :

$$\delta_1 = \frac{6000}{2\pi \sqrt{20^2.10^2 - (0^2.10^2 + 0^2.20^2)}} = \frac{6000}{2\pi.20.40} = 4,77$$

$$\delta_2 = 5,501 ; \qquad \delta_3 = 7,219 ; \qquad \delta_4 = \infty$$
$$\delta_5 = 5,501 ; \qquad \delta_6 = \infty ; \qquad \delta_7 = \infty$$

139. — Un cercle dont la surface est égale à celle de l'ellipse du numéro précédent est chargé de la même quantité d'électricité (6 000 U. E. S.), quelles sont les densités aux distances $a = 0$ cm ; — $a = 5$ cm ; — $a = 10$ cm ; — 4) $a = 14,14$ cm du centre ?

Réponse : — Pour que l'aire du cercle soit égale à celle de l'ellipse, il faut que $\pi ab = \pi R^2$, ou bien que $R^2 = ab = 20.10 = 200$ cm². — La formule trouvée au numéro 99 nous donne ensuite :

$$\delta_1 = \frac{6000}{2\pi.200 \sqrt{1 - \dfrac{0}{200}}} = 4,77 ;$$

$$\delta_2 = 5,10 ; \quad \delta_3 = 6,745 ; \quad \delta_4 = \infty.$$

Il est intéressant de comparer ce résultat à celui des numéros 73 et 74.

XIII. — Force électrique.

140. — Le potentiel d'un point, situé à a cm au-dessus du centre d'un cercle de rayon R et chargé de Q U. E. S. est donné (voir n° 72) par la formule : $V = \frac{2Q}{R} \left\{ \sqrt{R^2 + a^2} - a \right\}$. Quelle est la force avec laquelle l'unité électrique est sollicitée en ce point ?

Réponse : — En dérivant V par rapport à la normale et en changeant le signe du résultat, on obtient l'expression de la force :

$$F = -\frac{2Q}{R^2} \left\{ \frac{a}{\sqrt{R^2 + a^2}} - 1 \right\}$$

141. — Quelle est la force avec laquelle s'attirent

deux équivalents électrochimiques placés à 500 mètres l'un de l'autre ? (Serpieri.)

RÉPONSE : — L'équivalent électrochimique, c'est-à-dire le nombre de coulombs nécessaires pour mettre en liberté 1 gr. d'H, est égal à 96000×3.10^9 U. E. S. de quantité. D'après la loi de Coulomb, ces quantités s'attirent avec une force

$$f = \left(\frac{288000.10^9}{50000}\right)^2 = 3318.10^{16} \text{ dynes} = 3,38.10^{13} \text{ kg.}$$

142. — Une sphère de 10 cm de diamètre est chargée de 3 141,6 U.E.S. ; en dehors d'elle, à 8 cm du centre de la sphère, se trouve un point chargé d'une U.E.S. d'électricité de même nom. Quelle est : 1° la force répulsive entre la charge de ce point et celle de la sphère ? — 2° la force répulsive entre la charge de la sphère et l'unité d'électricité à la surface de la sphère ? — 3° la force (la pression) qui tend à exclure de la sphère la charge sur un cm² de sa surface ?

RÉPONSE : — La première question est résolue par la loi de Coulomb ; elle donne

$$F_1 = \frac{3141,6.1}{8^2} = 49,09 \text{ dynes.}$$

La seconde question trouve sa réponse par la loi de Coulomb

$$F_2 = \frac{3141,6.1}{5^2} = 125,8 \text{ dynes;}$$

ou bien par la formule de Poisson

$$F_2 = 4\pi\delta = 4\pi \frac{3141.6}{4\pi.5^2} = 125,8 \text{ dynes.}$$

A la troisième question il est répondu par une des formes de la loi de Coulomb-Poisson

$$F_3 = \frac{1}{2} F_2 . \delta = 2\pi\delta^2 = \frac{F_2^2}{8\pi}$$

qui donnent

$$F_3 = \frac{1}{2} . 125,8.10 = 2\pi.10^2 = \frac{125,8^2}{8\pi} = 628,3 \text{ dynes.}$$

143. — Sur une sphère (ou tout autre corps) la densité électrique est $\delta = 0,26$. Quelle est la force qui tend à enlever l'électricité d'un cm² ?

RÉPONSE : — D'après la formule $F = 2\pi \delta^2$ (loi de Coulomb-Poisson, voir Maxwell I, p. 90) la force demandée, soit la pression qui veut faire partir l'électricité de l'unité de surface de la sphère, est

$$F = 2\pi.0,26^2 = 0,424 \text{ dyne.}$$

144. — En supposant qu'une sphère de 2 cm de diamètre puisse contenir une charge provenant d'une machine à frottement donnant 81 000 volts, quelle est la force provenant de cette charge et agissant sur l'électricité contenue sur 1 cm² de la surface, si on la suppose analogue à une pression dirigée vers l'extérieur ?

RÉPONSE : — Le potentiel de 81 000 volts ou 270 U. E. S. détermine sur la sphère de 1 cm de rayon une charge de $Q = 1.270 = 270$ U. E. S. La densité électrique sera

$$\delta = \frac{Q}{4\pi\, r^2} = \frac{270}{4\pi\, 1^2} = 21,48$$

et

$$F_3 = 2\pi\, \delta^2 = 2\,833 \text{ dynes} = 2,9 \text{ grammes.}$$

145. — Que deviennent les forces sur des sphères de 0,1 cm et de 10 cm de rayon qui se trouvent chargées par la même machine ?

Réponse : — Pour la sphère de 0,1 cm on aurait $\delta = 214,8$ et

$$F_3 = 283\,300 \text{ dynes} = 290 \text{ grammes};$$

et pour celle de 10 cm de rayon on aura $\delta = 2,148$ et

$$F_3 = 28,33 \text{ dynes}.$$

146. — Une sphère de 4 cm de diamètre est chargée au potentiel 64 U.E.S. quelle est la valeur de la pression électrostatique ?

Réponse : — Pour toutes les surfaces, $F_3 = 2\pi\,\delta^2$; pour notre sphère on aura en particulier d'après le numéro 92

$$F_3 = 2\pi \left(\frac{V}{2\pi\,R} \right)^2 = \frac{V^2}{2\pi\,R^2} = \frac{64^2}{2\pi.\,2^2} = 1\,628 \text{ dynes}.$$

147. — Les deux plateaux d'un condensateur à lame d'air ont 1 m² de surface et ils sont à 0,1 cm de distance ; l'attraction qui s'exerce entre eux est de 100 grammes. Calculer en U.E.S la densité électrique sur chaque plateau (Witz).

Réponse : — La charge sur 1 m² produit une attraction de 100 gr. ; ou bien, la charge sur 10 000 cm² l'attraction de 98 100 dynes, soit 9,81 dynes par cm². C'est la force F_3 qui sollicite la charge δ d'un cm² dans la direction perpendiculaire à la surface. Entre ces quantités il existe la relation

$$F_3 = 2\pi\,\delta^2$$

d'où

$$\delta = \sqrt{\frac{F_3}{2\pi}} = \sqrt{\frac{9,81}{2\pi}} = 1,25.$$

148. — On intercale une plaque de flintglass de 0,1 cm d'épaisseur à la place de la lame d'air du condensateur (voir le numéro 147). Quelles deviennent alors, en supposant qu'on charge avec la même pile : 1° la densité électrique sur chaque plateau ; — 2° l'attraction entre eux ; — 3° la force qui sollicite la charge d'un cm² ?

Réponse : — La capacité inductive du verre étant $k = 3,31$, la charge et la densité deviennent 3,31 fois plus grande qu'avec la lame d'air, soit

$$\delta = 3,31.1,25 = 4,1375.$$

D'après cette valeur, on aura

$$F_3 = 2\pi.4,1375^2 = 107,56 \text{ dynes.}$$

L'attraction entre les deux plateaux sera

$$= 10000.107,56 = 1075600 \text{ dynes} = 1096 \text{ grammes.}$$

149. — Dans un tube de Geissler, les fils de platine se terminent par de petites boules de 0,3 cm de rayon et les restes des fils sont soigneusement enveloppés par du verre. On produit des décharges avec une machine donnant 21 600 volts. En supposant que l'air soit un isolant parfait et immobile, quel doit être le degré de vide pour que l'air n'empêche pas les décharges ?

Réponse : — La force avec laquelle l'électricité tend à s'échapper par cm² de surface est, d'après la loi de Coulomb :

$$F = 2\pi\,\delta^2 = 2\pi \left[\frac{21600}{4\pi.0,3} \cdot \frac{1}{3.10^2} \right]^2 \text{ U. E. S.} = 2292 \text{ dynes.}$$

D'autre part, la pression atmosphérique, à une latitude de 45°, équivaut à 1033,3 grammes = 1033,3.980,61 dynes = 1,0133.10⁶ dynes par cm².

Les x cm de force élastique de l'air que nous cherchons auront une pression de $1,0133.10^6 \frac{x}{76}$. C'est cette dernière qui doit égaler les 2 292 dynes :

$$2292 = 1,0133.10^6 \frac{x}{76}, \text{ d'où } x = 0,172 \text{ cm.}$$

150. — Quel est le rayon d'une sphère chargée au potentiel de 300 U.E.S. pour que la tension électrique à la surface soit égale à la pression atmosphérique normale ? (Czogler.)

RÉPONSE : — La charge est

$$Q = R.V = R.\ 300 \text{ U. E. S.}$$

La densité électrique est

$$\delta = \frac{300\ R}{4\pi\ R^2} = \frac{75}{\pi R}.$$

La tension serait donc

$$F_3 = 2\pi \left(\frac{75}{R\pi} \right)^2 = \frac{11250}{\pi R^2} \text{ dynes.}$$

Comme elle doit être égale à la pression atmosphérique, soit à 1,0133.10⁶ dynes (voir numéro 10), on a l'équation de condition

$$\frac{11250}{\pi R^2} = 1,0133.10^6$$

d'où

$$R = 0,0595 \text{ cm.}$$

151. — On charge le condensateur sphérique du n° 105 avec une machine qui donne une différence de potentiel de 18 000 volts ; quelle est la force F, par centimètre carré, avec laquelle l'électricité tend à percer le verre, en supposant que le coefficient d'induction k soit égal à 2,4 ?

RÉPONSE : — Nous savons que $F_3 = 2\pi\,\delta^2 =$

$$F_3 = 2\pi\left(\frac{Q}{S}\right)^2 = 2\pi\left(\frac{CV}{S}\right)^2 = 2\pi\left[\frac{9006.2,4}{4.6^2\,\pi}\cdot\frac{18000}{3.10^2}\right]^2 \text{ dynes}$$

$$= F_3 = 52,67 \text{ kg.}$$

152. — Quelle est l'énergie que renferme le même condensateur du n° 105, et quelle est la quantité de chaleur que peut produire l'électricité accumulée ?

RÉPONSE : — L'expression de l'énergie électrique est la suivante :

$$W = \frac{1}{2}\,\Sigma\,(Q_i\,V_i).$$

(Voir Maxwell, I, p. 97.) Nous avons dans notre cas :

$$W = \frac{1}{2}\,QV = \frac{1}{2}\,CVV = \frac{1}{2}\,CV^2 =$$

$$\frac{1}{2}\,9006.2,4\times\left(\frac{18000}{3.10^2}\right)^2 \text{ ergs} = 3,89.10^7 \text{ ergs} = 3,89 \text{ joules.}$$

Pour calculer la quantité de chaleur demandée, rappelons-nous que 1 erg $= \dfrac{24}{10^9}$ cal-gr, nous avons donc :

$$3,89.10^7 \times \frac{24}{10^9} \text{ cal-gr} = 0,934 \text{ cal-gr.}$$

ou bien : que 10^7 ergs $= 1$ joule $= 0,24$ cal-gr ; nous avons $3,89.10^7$ ergs $= 3,89$ joules $= 3,89.0,24$ cal-gr. $= 0,934$ cal-gr.

153. — Les deux armatures (eau et étain) du condensateur du n° 108 sont mises en communication avec les pôles d'une machine Wimshurst donnant une différence de potentiel de 30 000 volts. Quelle est la densité électrique sur le condensateur ?

RÉPONSE : — Par définition on a :

$$\delta = \frac{Q}{S} = \frac{CV}{S} = \frac{2289,8}{2\pi.1.200} \cdot \frac{30000}{3.10^2} \text{ U. E. S.} =$$

$$= 183 \left[\text{cm.}^{-\frac{1}{2}} \text{ gr.}^{\frac{1}{2}} \text{ sec.}^{-1} \right].$$

154. — Quelle est la force qui tend à écarter l'électricité sur un cm², dans le cas du numéro précédent?

RÉPONSE : — La loi de Coulomb donne $F = 2\pi \delta^2 =$ $= 2\pi. 183^2 = 209535$ dynes $= 213$ gr.

155. — On demande la densité électrique à la surface de l'âme du câble transatlantique (n° 119), ainsi que la force agissant normalement à la surface de l'âme contre l'enveloppe isolante ?

RÉPONSE : — $\delta = \dfrac{CV}{S} = \dfrac{302971}{2.0,25\pi\ 10^5} \cdot \dfrac{150}{3.10^2} = 0,96.$

$$F = 2\pi \delta^2 = 5,78 \text{ dynes.}$$

156. — Quelle était la densité électrique sur l'âme du câble Paris-Creil (n° 117)? Quelle était aussi l'énergie accumulée, et enfin quelle était la force normale par cm²?

RÉPONSE : — $\delta = \dfrac{CV}{S} = \dfrac{Q}{S} = \dfrac{2203.10^5}{0,5\pi. 112. 10^5} = 12,5$;

$$W = \frac{1}{2} QV = \frac{1}{2} 2203.10^5 \times \frac{6000}{3.10^2} = 220,3.10^7 \text{ U. E. S.}$$

$$= 220,3 \text{ joules} = 22,49 \text{ mkg.}$$

$$F = 2\pi \delta^2 = 2\pi. 12,5^2 \text{ dynes} = 982 \text{ dynes} = 1 \text{ gr.}$$

157. — Une sphère pleine de R cm de rayon est électrisée uniformément dans tout son intérieur à la densité δ. Quels sont les points pour lesquels le potentiel de la sphère est maximum et quels sont ceux où la force est maximale?

RÉPONSE . — L'expression générale pour le potentiel d'un point, situé à d cm du centre d'une sphère, est :

$$V = 2\pi \delta R^2 - \frac{2}{3} \pi \delta d^2$$

Cette valeur devient maximale ou minimale pour les valeurs de d qui satisfont à la relation : $\dfrac{dV}{dd} = o$, soit à $\frac{3}{4} \pi \delta d = o$, ce qui ne se peut que si $d = o$; alors $V = 2\pi \delta R^2$. Cela arrive donc pour le centre lui-même : L'expression algébrique de la force est :
$F = \frac{4}{3} \pi \delta d$, laquelle est maximale pour la valeur maximale de d, c'est-à-dire pour $d = R$; la force est alors $F = \frac{4}{3} \pi \delta R$.

158. — Une couche sphérique de 4 cm de rayon est chargée de 0,0000001 coulomb ou de 300 U. E. S. ; quelle est en dynes la force avec laquelle l'unité d'électricité est sollicitée, si celle-ci se trouve à 1 cm en dehors de la surface ?

$$\text{Réponse} : - F = \frac{Q}{d^2} = \frac{300}{(4+1)^2} = \frac{300}{25} \text{ U.E.S.} = 12 \text{ dynes.}$$

159. — Quelle doit être la charge d'une couche sphérique de 20 cm de rayon pour que l'unité d'électricité soit retenue sur elle avec la force de 1 gramme ?

$$\text{Réponse} : - 1 \text{ gr} = 981 \text{ dynes} = \frac{Q}{20^2} \text{ U. E. S. d'où} :$$

$$Q = 392244 \text{ U. E. S.} = \frac{392244}{3.10^9} = 0{,}000131 \text{ coulomb.}$$

160. — Le câble du n° 110 est couché sur terre et chargé à 5 000 volts ; quelle est la décharge qu'une personne placée sur terre peut tirer de l'enveloppe extérieure ? quelle est la décharge possible si le câble est isolé de la terre et porté par deux poteaux télégraphiques ?

Réponse : — Lorsque le câble est couché par terre, une personne touchant la terre n'en pourra pas tirer de décharge, car elle se trouve ainsi que la terre au même potentiel que l'enveloppe extérieure.

Lorsque le câble est isolé, la décharge possible peut

avoir toutes les valeurs depuis 0 jusqu'à un certain maximum ; elle dépend de la différence de potentiel entre
terre et le câble. Cette valeur maximale est :

12,24 microfarads $\times$ 5000 volts $=$ 0,0612 coulomb.

161. — Aux extrémités du grand axe d'une
ellipse et aux extrémités des
perpendiculaires élevées sur le
grand axe par les foyers se
trouvent des masses électriques
m égales, mais alternativement
de signes contraires. Une boule
chargée de m' coulombs doit
être déplacée d'un foyer à
l'autre ; quel est le travail nécessaire ?

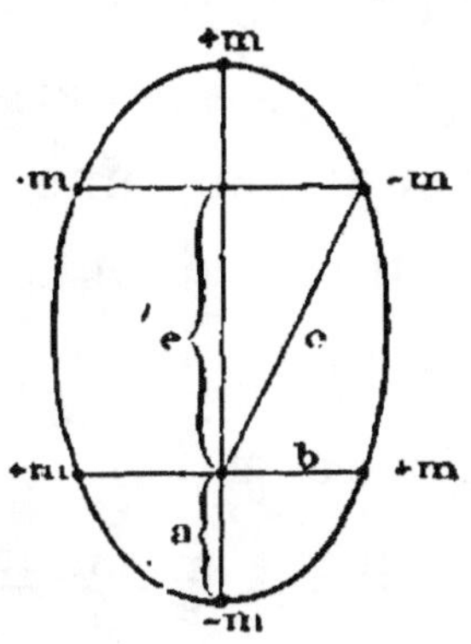

FIG. 7.

RÉPONSE : — Comme le travail est égal à la différence
de potentiel entre les deux foyers pour l'unité d'électricité, le travail cherché sera :

$m'\,V - m'\,(-V) = 2\,m'\,V$, où V représente le potentiel
d'un des foyers. Ce potentiel a pour valeur :

$$V = +\frac{m}{a} - 2\frac{m}{b} + 2\frac{m}{c} - \frac{m}{e+a} = m\left\{\frac{1}{a} - \frac{2}{b} + \frac{2}{c} - \frac{1}{e+a}\right\}$$

162. — Quel travail faut-il pour transporter la
masse électrique Q d'une extrémité d'un diamètre d'une ellipse à l'autre extrémité ?

RÉPONSE : — Sur toute la surface d'une ellipse on a le
même potentiel, il ne faut donc aucun travail pour effectuer le transport de Q, ou bien, pour mieux dire, ce que

l'on dépense pour transporter Q d'une extrémité jusqu'au milieu, on le retrouve en transportant ensuite Q depuis le milieu jusqu'à l'autre extrémité du diamètre.

163. — Dans un condensateur à lame d'air, l'étendue d'une armature est d'environ 10000 cm² ; l'épaisseur de la couche isolante est $e = 0,1$ cm ; quelle est l'énergie (potentielle) électrique y contenue, si l'une des armatures étant à la terre, l'autre est en communication avec une source au potentiel $V = 600$ volts ?

Réponse.

$$W = \frac{1}{8\pi} \cdot \frac{S}{e} \cdot V^2 = \frac{1}{8\pi} \cdot \frac{10000}{0,1} \cdot \left(\frac{600}{3.10^2}\right)^2 = 15924 \text{ ergs} =$$
$$W = 16,2 \text{ gr-cm.}$$
$$= 0,0016 \text{ joule.}$$

164. — Quelle est la quantité de chaleur que la décharge du condensateur fournit ?

Réponse :

$$\frac{W}{424} = \frac{15924}{424 \text{ mkg}} = 15924.24.10^{-9} \text{cal. gr.} = 0,000382 \text{cal. gr.}$$
$$= 0,0016 \text{ joule} \times 0,24 \text{ cal.} = 0,000384 \text{ cal. gr.}$$

165. — Une sphère métallique de 9 cm de rayon est au potentiel $V = 5\,000$ volts ; quelle est l'énergie qu'elle contient ?

Réponse : — L'énergie potentielle d'un conducteur chargé s'exprime par $W = \dfrac{C \, V^2}{2}$, d'où :

$$W = \frac{1}{2} \cdot 9 \times \left(\frac{5000}{3.10^2}\right)^2 U.\,E.\,S. = 1250 \text{ ergs} = \frac{1250}{981} \text{ cm gr.}$$

$$W = 1,27 \text{ cm gr.}$$

$$= 0,000125 \text{ joule.}$$

166. — Un condensateur a une capacité de 2,5 microfarads ; en supposant qu'il supporte un potentiel de 600 volts, quelle est l'énergie électrique qu'on peut y accumuler ?

$$\text{Réponse :} - W = \frac{1}{2} \cdot 2,5 \cdot 10^{-15} \times (600.10^8)^2 U.\,E.\,M. =$$

$$= 4500000 \text{ .ergs} = 4587 \text{ cm gr.}$$

$$= 0,45 \text{ joule.}$$

$$\text{ou } W = \frac{1}{2} \cdot 2,5.9.10^5 \times \left(\frac{600}{3.10^2}\right) U.\,E.\,S = 4500000 \text{ ergs} =$$

$$= 0,046 \text{ kgm.}$$

167. — Une batterie de 10 bouteilles de Leyde de 40 cm de hauteur et de 12 cm de diamètre, de 0,1 cm d'épaisseur de verre et ayant $K = 3,3$ est chargée à un potentiel de 9 000 volts. Quelle est la quantité d'énergie développée à la décharge ? Quelle est la quantité de chaleur équivalente ? et, la décharge se faisant à travers un fil de fer très mince du poids de 1 gramme, quelle est l'augmentation de température de ce fil ?

Réponse : — $W = \dfrac{K}{8\pi} \cdot \dfrac{S}{e} \cdot V^2 = \dfrac{2,3}{8\pi} \cdot \dfrac{12\pi . 40 . 10}{0,1} \left(\dfrac{9000}{3.10^2}\right)^2 =$

$$= 17820000 \text{ ergs} = 0,182 \text{ mkg.}$$

$$= 1,78 \text{ joules.}$$

$$Q = \frac{17820000}{41800000} \text{ cal. gr.} = 0,426 \text{ cal. gr., ou bien}$$

$$= 1,78 \text{ joules} \times 0,24 \text{ cal.} = 0,426 \text{ cal. gr.}$$

La chaleur spécifique du fer étant 0,113, l'élévation de température d'un gramme du fil sera :

$$T = \frac{0,426}{0,113} = 3,8°$$

168. — L'énergie électrique d'une jarre est de 0,6 kgm = 5,9 joules ; la différence de potentiel entre les deux armatures étant 3 000 volts, quelle est la charge et quelle est la capacité de la jarre ?

Réponse : — De la relation :

$$W = \frac{C V^2}{2} = \frac{Q V}{2} = \frac{Q^2}{2 C}, \text{ on tire :}$$

$$Q = \frac{2 W}{V} = \frac{2.60000.981}{3000 \dfrac{1}{3.10^2}} = 118.10^6 \text{ U.E.S.} = 0,039 \text{ coulb.}$$

ou bien, en calculant avec les 5,9 joules,

$$Q = \frac{2 W}{V} = \frac{2.5,9.10^7}{3000 . \dfrac{1}{300}} \text{ U. E. S.} = 118.10^6 \text{ U. E. S.}$$

En outre :

$$C = \frac{W}{2\,V^2} = \frac{60000}{2\left(3000.\dfrac{1}{3.10^2}\right)^2}\; U.\,E.\,S. = 3000\; U.\,E.\,S =$$

$$= \frac{1}{300}\ \text{microfarad.}$$

ÉLECTRICITÉ DYNAMIQUE

I. — Idée de la force électromotrice et de la quantité d'électricité.

169. — Quelle est la tension électrique aux extrémités d'une colonne de Volta de 80 couples Zn-Cu comparée à celle d'un seul couple ? — et quel est le rapport des quantités en supposant que les pôles soient reliés par un gros fil de cuivre (sans résistance) ?

> Réponse : — *a*. Elle est quatre-vingts fois plus grande.
> *b*. Il est égal à 1 ; les quantités sont les mêmes dans les deux cas parce que la force 80 fois plus grande trouve une résistance au passage 80 fois plus grande.

170. — Les 40 premiers couples de la colonne sont tournés en sens inverse de celui des 40 autres. Quelle est la tension aux extrémités de la colonne et quelle est-elle entre une extrémité et le milieu ?

RÉPONSE : — *a*. La tension est nulle;

b. Elle est égale à quarante fois celle d'un couple.

171. — De $2n$ couples Zn-Cu, on en dispose n dans un certain sens et les n autres en sens inverse. Les extrémités (Zn et Zn par exemple) sont réunies par un fil métallique. Quelle tension (différence du potentiel) y a-t-il entre ce fil et le milieu de la colonne ? — et quelle est la quantité comparée à celle d'un seul couple ?

RÉPONSE : — Zn-Cu et Cu-Zn ont la même différence de potentiel de n volts.

La quantité est double de celle fournie par un seul couple.

172. — Comment faut-il disposer 50 couples d'une colonne de Volta, pour avoir une force électromotrice 50 fois plus grande que celle d'un seul couple, et comment pour obtenir une quantité 25 fois plus grande ?

RÉPONSE : — *a*. Il faut disposer tous les couples dans le même sens, c'est-à-dire en série;

b. Il faut disposer les cinquante couples en paires de couples alternativement dans un sens, puis dans l'autre, de la façon suivante :

Zn Cu, Zn Cu, Cu Zn, Cu Zn, Zn Cu, Zn Cu, etc.

En outre, il faut relier tous les zincs doubles et les cuivres doubles par un même fil. La force électromotrice est alors double de celle d'un seul couple, mais la quantité est celle demandée, car la surface des zincs comme celle des cuivres est devenue vingt-cinq fois plus grande que celle d'un seul élément.

173. — Quelle est, d'après les chiffres donnés par Ed. Becquerel, la force électromotrice d'un élément charbon-cuivre acide sulfurique, comparé à la force électromotrice d'un élément charbon-potassium-acide sulfurique ?

Réponse : — La F. É. M. du premier couple étant proportionnelle à 35, la seconde à 173, leur rapport sera égal à 5. (Voir table IX.)

174. — Une pile de 6 éléments Pt-Zn-acide sulfurique doit être remplacée par une pile Pt-Cu-acide sulfurique devant produire la même force électromotrice. Combien d'éléments faudra-t-il ?

Réponse : — Les éléments Pt-Zn-acide sulfurique donnent une F. É. M. proportionnelle à $6.103 = 618$; les x éléments Pt-Cu-acide sulfurique donneront $x. 35$ et l'on aura :

$$618 = x. 35, \text{ d'où :}$$
$$x = \frac{618}{35} = 18 \text{ éléments.}$$

175. — Quel est le rapport de la force électromotrice de trois piles, dont la première se compose de 4 éléments charbon-Fe-acide sulfurique, la seconde de 6 éléments Fe-Zn-acide sulfurique et la troisième de 3 éléments charbon-zinc-acide sulfurique ?

RÉPONSE : — La première pile a une F. É. M. proportionnelle à 4.61 ; la seconde à 6.42 et la troisième à 3.103 ; les F. É. M. seront donc entre elles comme :

$$244 : 252 : 309.$$

II. — Lois de l'électrolyse.

176. — Dans un même circuit sont intercalés deux voltamètres à électrodes de platine. L'un a 12 cm² de surface active, l'autre en a 0,6 cm² et les deux contiennent de l'eau acidulée. La quantité de gaz tonnant dégagé dans le premier étant de 40 cm³, quelle est la quantité fournie par le second?

RÉPONSE : — Les quantités de gaz dégagé ne dépendant que de l'intensité du courant, comme c'est ici le même courant qui traverse les deux voltamètres, la quantité de gaz dégagé sera la même dans les deux appareils.

177. — Entre les points A et B d'un circuit est intercalée une dérivation dans chacune des branches de laquelle se trouve un voltamètre. Ces branches sont telles que les courants qui y passent sont entre eux comme 2 : 5. Un troisième voltamètre se trouve avant l'embranche-

ment. La quantité de cuivre déposé par le courant le plus faible étant 0,6 gr., quelles sont les quantités déposées pendant le même intervalle de temps dans les deux autres voltamètres ?

RÉPONSE : — Les courants étant entre eux comme 2 à 5, les quantités de Cu déposé seront aussi comme 2 à 5; c'est-à-dire :

$$2 : 5 = 0,6 : x, \text{ d'où } x = 1,5 \text{ gr.}$$

Le voltamètre placé avant la dérivation a un courant égal à la somme des courants des deux branches, donc le cuivre qui s'y dépose sera : $0,6 + 1,5 = 2,1$ gr.

178. — Un certain courant dégage 72 cm³ de gaz en 6 minutes pendant un voltamètre ; un courant d'intensité double passe ensuite dans ce même voltamètre pendant 1 minute. Quelle sera la quantité de gaz dégagé ?

RÉPONSE : — Le courant d'intensité double produit une quantité double ; dans un sixième de temps, la quantité de gaz ne sera qu'un sixième, donc la quantité cherchée sera : $2 . \dfrac{1}{6} . 72 = 24$ cm³.

179. — Dans un atelier de galvanoplastie, on fait passer le même courant dans un bain de cuivre, dans un bain d'argent, dans un bain d'or et dans un bain de nickel ; quel est le rapport des poids des divers métaux déposés dans un même intervalle de temps ?

RÉPONSE : — Le courant ayant la même intensité et passant pendant le même temps, les quantités déposées seront entre elles comme les équivalents électro-chimiques, donc d'après la table X :

En introduisant les équivalents chimiques on a :

$$Cu : Ag : Au : Ni = 1,1819 : 4,026 : 2,446 : 1,0958.$$

ou bien :
$$= 0,3283 : 1,1183 : 0,6794 : 0,3044$$

ou bien encore :

$$Cu : Ag : Au : Ni = \frac{63.2}{2} : \frac{107,7}{1} : \frac{196.2}{3} : \frac{58,6}{2} =$$

$$= 100 : 340,8 : 206,9 : 92,7.$$

III. — Loi de Faraday.

180. — Combien d'argent peut-on déposer avec le courant qui produit 0,6 gr. d'hydrogène ?

RÉPONSE : — Le poids atomique de l'argent étant 107,7 et un atome d'argent équivalent à 1 atome d'hydrogène, il se déposera donc dans le voltamètre : 0,6.107,7 = 64,6 gr. d'argent.

181. — On a pu déposer 200 grammes de cuivre avec un certain courant ; quel poids et quel volume d'hydrogène ce courant aurait-il produit ?

RÉPONSE : — Le poids atomique du cuivre étant 63,2 et un atome de cuivre équivalant à 2 atomes d'hydrogène, le poids de l'hydrogène dégagé deviendra $200 : \frac{63,2}{2}$ = 6,33 gr. Un litre d'H pèse 0,0895 gr. ; les 6,33 gr. représentent donc un volume de :

$$\frac{6,33}{0,0895} \cdot 1000 = 70730 \ cm^3$$

182. — Quelle est la quantité de bismuth que l'on peut déposer avec le courant qui a produit 81 000 cm³ de gaz tonnant?

RÉPONSE : — Ces 81 000 cm³ contiennent 54 000 cm³ d'H, représentant un volume de 54 litres et un poids de 54.0,0895 gr. $=$ 4 833 gr.; l'équivalent du bismuth étant 207,5, le poids déposé sera :

$$4\,833 \times 207,5 = 1002,85 \text{ gr.}$$

183. — On intercale dans un même circuit un voltamètre à argent, un voltamètre à cuivre et un voltamètre à or. Pendant trois heures, il s'est déposé 150 gr. d'argent; combien s'est-il déposé de cuivre et combien d'or ?

RÉPONSE : — La quantité d'H. dégagé serait $\dfrac{150}{107,7}$ $=$ 1 392 gr. L'équivalent du cuivre étant $\dfrac{63,2}{2}=$ 31,6 le poids de cuivre déposé sera 31,6.1,392 $=$ 43,98 gr.; l'équivalent de l'or étant $\dfrac{196,2}{3}$, le poids de l'or déposé sera $\dfrac{196,2}{3} \cdot 1,392 = 91,04$ gr.

184. — Un courant de 1 ampère traverse l'un après l'autre cinq voltamètres; le premier contient une solution de $SO_4\,Cu$, le second de $Cl_2\,Cu$, le troisième de $SO_4\,Fe$, le quatrième de $Cl_3\,Fe$, le cinquième de l'eau. Quelles sont les quantités de métal déposé dans chaque voltamètre après 2 000 secondes ?

Réponse : — La quantité d'électricité qui traverse chaque voltamètre est de 2 000 ampères-secondes, ou 2 000 coulombs. Les quantités équivalentes des électrolytes sont :

$3(SO_4\ Cu)$, $3(Cl_2\ Cu)$, $3(SO_4\ Fe)$, $2(Cl_3\ Fe)$, $3(H_2\ O)$,

et leurs produits de décomposition sont :

$3(SO_4)$, $3Cu$; $6Cl$, $3Cu$; $3(SO_4)$, $3Fe$; $6Cl$, $2Fe$; $6H$, $3O$.

Les poids de ces produits de décomposition sont proportionnels à

$$3.96 , 3.63,5 ; 6.35,4 , 3.63,5 ; 3.96 , 3.56 ; 6.35,4 ,$$
$$2.56 ; 6.1 , 3.16,$$

ou, en divisant par 6, pour avoir l'unité de poids d'hydrogène, proportionnels à

$$\frac{1}{2}\cdot 96 , \frac{1}{2}\cdot 63,5 ; 1.35,4 , \frac{1}{2}\cdot 63,5 ; \frac{1}{2}\cdot 96 , \frac{1}{2}\cdot 56$$

$$1.35,4 , \frac{1}{3}.56 ; 1.1 , \frac{1}{2}.16.$$

D'après la table X un coulomb dégage 0,01039 milligr. d'hydrogène ; les 2 000 coulombs dégageront 0,0208 gr. d'hydrogène. Il y aura par conséquent dans le premier voltamètre $\frac{1}{2}\cdot 96.0,0208 = 0,998$ gr. d'acide sulfurique et $\frac{1}{2}\cdot 63,2.0,208 = 0,6573$ gr. de cuivre ; dans le deuxième il y aura $35,4.0,0208 = 0,7632$ gr. de chlore et $0,6573$ gr. de cuivre, dans le troisième $0,998$ gr. d'acide sulfurique et $\frac{1}{2}\cdot 55,9.0,0208 = 0,581$ gr. de fer ; dans le quatrième $0,7632$ gr. de chlore et $\frac{1}{3}\cdot 55,9.0,0208 = 0,3876$ gr. de fer ; dans le cinquième, $0,0208$ gr. d'hydrogène, et $\frac{1}{2}\cdot 15,96.0,0208 = 0,166$ gr. d'oxygène.

185. — Combien un courant qui décompose

9 gr. d'eau peut-il décomposer de sulfate de cuivre ?

RÉPONSE : — Par la décomposition des 9 gr. d'eau il se produira : $\dfrac{2.1}{2.1 + 1.16}$. 9 gr. d'H $=$ 1 gr. d'H. ; par suite, le même courant fera déposer 31,6 gr. de Cu. et cette quantité de cuivre est contenue dans $32 + 4.16 + 31,6 + 5.18 = 217,6$ gr. de sulfate de cuivre.

186. — Combien faut-il dépenser de zinc dans une pile qui fait déposer 60 gr. d'argent d'un bain au nitrate d'argent (NO_3 Ag) en supposant 20 p 100 du zinc de perdu à cause de son impureté ?

RÉPONSE : — Pour déposer un équivalent, soit 107,7 gr. d'argent, il faut dépenser un équivalent, soit la moitié d'un atome, soit $\dfrac{64,9}{2} = 32,4$ gr. de Zn. ; les 60 gr. d'Ag. demanderont donc $\dfrac{60}{107,7} \cdot \dfrac{64,9}{2}$ gr. $= 18,08$; et en tenant compte de l'usure du Zn ensuite de son impureté : $\dfrac{5}{4} \cdot 18,08 = 22,6$ gr.

187. — Pour cuivrer une statue en plâtre, on a fait un dépôt de 128 gr. de cuivre; quel est le prix de revient de cette couche en supposant que le dépôt soit fait avec une pile Daniell et sans compter la main-d'œuvre, les prix du sulfate de cuivre, du zinc et de l'acide sulfurique étant donnés ?

Réponse : — Les 128 gr. de cuivre demandent dans la pile :

$$\frac{128}{63,2} (32 + 4.16 + 63,2 + 5.18) = 502 \text{ gr.}$$

de sulfate de cuivre au prix de fr. 1.60 cts le kg., ce qui fait 83 cts. — Le zinc usé sera

$$\frac{5}{4} \cdot \frac{128}{63,2} \cdot 64,9 = 104,3 \text{ gr.,}$$

à 0,3 cts le gramme, ce qui fait 50 cts. — Enfin l'acide sulfurique que demande la pile sera

$$\frac{128}{63,2} (32 + 4.16 + 2.1) = 199 \text{ gr.}$$

coûtant 16 cts. Les dépenses en matières premières dans la pile s'élèvent ainsi à fr. 1.49 cts.

Dans le bain les 128 gr. de cuivre demandent également 502 gr. de sulfate de cuivre, coûtant 83 cts. Le prix de revient devient ainsi fr. 1.49 cts + 83 cts, soit fr. 2.32 cts.

188. — Un coulomb dépose 0,0003283 gr. de cuivre ; combien d'électricité faut-il pour déposer 128 gr. de cuivre ?

Réponse : — Il en faut $\dfrac{128}{0,0003283} = 389\,880$ coulombs.

189. — Combien cette quantité d'électricité produit-elle de gaz tonnant, si un coulomb en produit 0, 1627 cm³ ?

Réponse : — Elle en produira !

$$389880. \; 0,1627 = 63\,335 \text{ cm}^3.$$

190. — Une pile servant à l'argenture donne un courant de 0,6 ampère ; quel est le poids de l'argent déposé sur un objet de 350 cm² de surface pendant 3 secondes, si un ampère-heure en dépose 4,026 gr. ? et quelle est l'épaisseur de la couche d'argent ?

RÉPONSE : — La quantité d'argent déposée sera :

$$4{,}026.\ 0{,}6\ \frac{3}{60.60}\ \text{gr.} = 0{,}002013\ \text{gr.}$$

et le volume de la couche sera : $\dfrac{0{,}002013}{10{,}51} = 0{,}0002\ \text{cm}^3$;

cette quantité d'argent est déposée sur 350 cm² de surface ; l'épaisseur de la couche sera donc de

$$\frac{0{,}0002}{350} = 0{,}0000006\ \text{cm.}$$

191. — Pendant combien de temps faut-il laisser dans le bain de cuivre une plaque de platine de 200 cm² de surface pour que l'épaisseur de la couche de cuivre déposée soit de 0,00000005 cm, si le courant est constant et égal à 0,2 ampères, un ampère-heure déposant 1,1819 gr. ?

RÉPONSE : — Soit x le nombre de secondes ; il faudra

que $1{,}1819.0{,}2\ \dfrac{x}{60.60}\cdot\dfrac{1}{8{,}94}\cdot\dfrac{1}{200} = 5.10^{-8}$, d'où

$$x = \frac{5.10^{-8}.36.100.2.100.8{,}94}{0{,}2382} = 1{,}35\ \text{secondes.}$$

192. — Quel est, pour un même courant, le rapport des temps nécessaires pour déposer un même poids de cuivre, d'argent, d'or, de nickel?

Réponse : — Ces temps sont entre eux comme

$$Cu : Ag : Au : Ni = \frac{1}{1,1819} : \frac{1}{4,026} : \frac{1}{2,446} : \frac{1}{1,0958} =$$
$$= 84,6 : 24,8 : 40,9 : 91,2$$
$$= 100 : 29,3 : 48,3 : 127.$$

En introduisant les équivalents chimiques, on a

$$Cu : Ag : Au : Ni = \frac{2}{63,2} : \frac{1}{107,7} : \frac{3}{196,2} : \frac{2}{58,6}$$
$$= 0,0316 : 0,00928 : 0,0153 : 0,0341$$
$$= 100 : 29,2 : 48,3 : 127.$$

193. — Quelle est l'intensité du courant qu'il faut pour décomposer 1 gramme d'eau par seconde?

Réponse : — D'après Kohlrausch, un coulomb, soit un ampère par seconde passant à travers l'eau acidulée, dégage 0,0000105 gr. d'H. ; le poids de l'eau décomposée dans le même temps et par le même courant est 9.0,0080105 gr. Il faudra donc que les x ampères satisfassent à la condition :

$$x . 9.0,0000105 = 1 \text{ gr., d'où } x = 10582 \text{ ampères.}$$

194. — Normalement le courant passant dans un bain de cuivre est tel que 0,5 gr. de cuivre sont déposés par cm² et par 24 heures; avec un dépôt de 1,5 gr., le cuivre est de mauvaise qualité. Quelle est l'intensité du courant qui correspond à ces deux cas?

RÉPONSE : — D'après Table X un coulomb dépose 0,0003283 gr. soit 28,0 gr. par ampère en 24 h. Pour que le dépôt ne soit que de 1/2 gramme, le courant normal devra être $\frac{1}{56}$ amp. par cm² de surface, pour le premier cas et $\frac{3}{56}$ pour le second cas.

195. — Avec une machine dynamo-électrique, on peut déposer 600 gr. de nickel par heure et par m²; quelle est l'intensité du courant par cm² de l'objet?

RÉPONSE : — La quantité de nickel déposée par cm² et par seconde est : $\dfrac{600}{3600.10000}$ gr., et comme un ampère-seconde dépose 0,0003044 gr., l'intensité demandée sera

$$\frac{600}{3600.10000.0,0003044} = \frac{1}{18} \text{ ampère.}$$

196. — Trois voltamètres, disposés en série, contiennent : le premier de l'acide chlorhydrique, le second de l'eau et le troisième de l'ammoniaque. Quelles sont les quantités des gaz dégagés aux six pôles, si un courant de **2** ampères passe pendant trente minutes?

RÉPONSE : — Un même courant décompose en un même temps dans les trois voltamètres des quantités équivalentes d'acide chlorhydrique, d'eau et d'ammoniaque et dégage par conséquent aux pôles positifs des quantités équivalentes de chlore, d'oxygène et d'azote et à chacun

des pôles négatifs une quantité équivalente d'hydrogène ;
soit, en prenant ces quantités 12 (ClH), 6 (OH_2) et 4 (NH_3),

$12 \times 2.30.60 \times 0,01039$ mgr. $= 0,4488$ gr. $= 5014$ cm³
 d'hydrogène ;

$12 \times 2.30.60 \times 0, 3678$ mgr $= 15,88$ gr. $= 5017$ cm³
 de chlore ;

$12 \times 2.30.60 \times 0, 0831$ mgr. $= 1,795$ gr. $= 2507$ cm³
 d'oxygène ;

$12 \times 2.30.60 \times 0, 0488$ mgr. $= 0,7028$ gr. $= 1671$ cm³
 d'azote.

N.-B. — Au point de vue chimique 6ClH, $3OH_2$ et $2NH_3$,
sont équivalentes et donnent par l'électrolyse :

	le premier	le second	le troisième
Pôle positif	$12Cl = 6.Cl_2$	$6O = 3O_2$	$4N = 2N_2$
Pôle négatif	$12H = 6\ H_2$	$12H = 6H_2$	$12H = 6H_2$.

IV. — Idée de l'unité de courant.

197. — Au centre d'un arc de cercle dont la
longueur et le rayon sont de 1 cm, se trouve
l'unité de magnétisme ; quelle est l'intensité du
courant, si la force attractive est de 1 dyne ?

Réponse : — D'après la définition, cette intensité est
égale à l'unité électro-magnétique de courant $= 1$ U.E.M.

198. — Dans une circonférence de 1 cm de
rayon circule un courant d'intensité égale à
1 U. E. M., [U(nité) — E(lectro) — M(agnéti-
que]; quelle est la force avec laquelle ce courant

agit sur l'unité de magnétisme placée en son centre ?

RÉPONSE : — Le courant d'une U.E.M. circulant dans un arc de cercle de 1 cm de longueur et de rayon agit sur l'unité de magnétisme placée en son centre avec une force égale à 1 dyne ; dans notre cas la longueur du circuit n'est pas de 1 cm, mais de 2π cm ; la force elle-même sera donc de 2π dynes.

199. — L'unité de courant circule dans une circonférence de rayon r ; quelle est la force avec laquelle elle agit sur l'unité de magnétisme placée en son centre ?

RÉPONSE : — Le circuit a une longueur de $2\pi r$ cm ; mais la distance des éléments du circuit à l'élément de magnétisme étant r fois plus grande que 1 cm, l'effet sera plus petit et cela dans le rapport de $1 : r^2$; on aura donc pour la force, la valeur $\dfrac{2\pi r}{r^2} = \dfrac{2\pi}{r}$ dynes.

200. — En supposant m U. E. M. de magnétisme au centre d'un circuit circulaire, parcouru par i U. E. M. de courant, quel doit être le rayon de la circonférence pour que la force soit de 1 dyne ?

RÉPONSE : — La force du courant est $\dfrac{m\,i\,2\pi r}{r^2}$ dynes ; elle doit être de 1 dyne, on a donc :

$$\frac{m\,i\,2\pi}{r} = 1, \text{ d'où } r = 2\pi\, m\, i \text{ cm.}$$

201. — Quel doit être le rayon du circuit circulaire de 2 π r cm de long, si le courant a une intensité de 1 U. E. M. et si le centre est occupé par l'unité de magnétisme, pour que la force qui agit entre les deux éléments soit de 1 dyne ?

Réponse : — Le problème fournit l'équation :

$$1 = \frac{2\pi\ r.1.1.}{r^2}, \text{ d'où } r = 2\pi \text{ cm.}$$

202. — Deux demi-circonférences concentriques, mais opposées l'une à l'autre, et de rayon r et R, sont parcourues par un même courant de

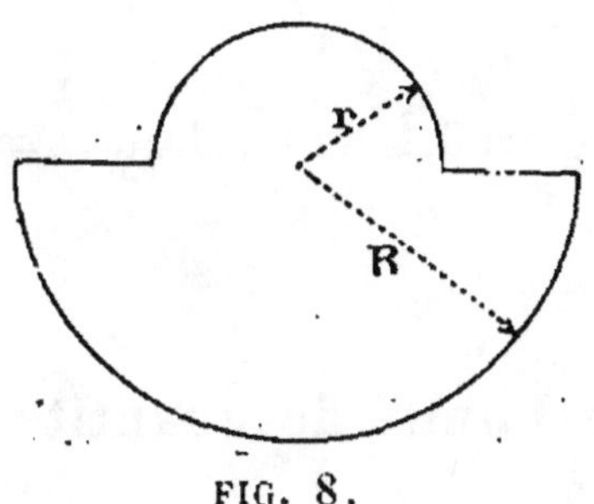

FIG. 8.

i U. E. M. ; le centre commun est occupé par m unités de magnétisme ; quelle est la force avec laquelle le courant agit sur le pôle ?

Réponse : — On a :

$$f = \frac{\pi\ r\ i\ m}{r^2} + \frac{\pi\ R\ i\ m}{R^2} = \pi\ i\ m \left(\frac{1}{r} + \frac{1}{R}\right) \text{ dynes.}$$

203. — En faisant, dans le numéro précédent,

$m = i = 1$, et $R = 2\,r$, quelle doit être la valeur de R pour que $f = 1$?

RÉPONSE :

$$1 = \pi\, i\, m\left(\frac{R + r}{R.r}\right) = \pi\,\frac{3r}{Rr} = \frac{3\pi}{R},$$

$$\text{d'où } R = 3\pi \text{ cm, et } r = \frac{3\pi}{2} \text{ cm.}$$

204. — Le courant d'un circuit circulaire de 5 cm de rayon agit sur 4 U. E. M. placées en son centre avec une force de 0,1 dyne, quelle est, en ampères, l'intensité du courant ?

RÉPONSE : — Désignons par x l'intensité cherchée ; nous avons :

$$2\pi \cdot \frac{x}{10} \cdot 4 \cdot \frac{1}{5} = 0,1 \text{ dyne, d'où } x = 0,2 \text{ ampère.}$$

V. — Idée de l'unité de quantité d'électricité.

205. — Dans un circuit circule un courant de 10 ampères. Quelle est la quantité d'électricité qui traverse par seconde une section de ce fil ?

RÉPONSE : — Comme les 10 ampères sont équivalents à une U.E.M. d'intensité de courant, par définition même, la quantité demandée est 1 U.E.M. d'intensité de courant par seconde = 1 U.E.M. de quantité d'électricité = 10 unités industrielles (ou techniques, ou pratiques) de quantité d'électricité = 10 coulombs.

206. — Un fil conducteur est parcouru par un courant de 200 ampères ; quelle est la quantité d'électricité qui traverse une section du fil dans chaque seconde ?

Réponse : — On a le nombre d'U.E.M. d'intensité de courant par seconde $= 200 . \frac{1}{10} . 1 = 20$ U.E.M. de quantité $= 200.10^{-1}$ U.E.M. de quantité $= 200$ coulombs.

207. — Une pile de 4 éléments Bunsen, accouplés en quantité, a l'un de ses pôles mis à la terre ; l'autre donne continuellement son électricité à des réservoirs convenables. Le courant étant de 40 ampères et la pile restant constante pendant quatre-vingt-dix minutes, quelle est la quantité d'électricité qui s'écoule dans les réservoirs pendant ce temps ?

Réponse : — En unités pratiques, la quantité demandée est donnée par la formule : Q coulombs $=$ I ampères $\times$ T secondes, soit $Q = 40 . 90 . 60 = 216000$ coulombs, ou bien, en unités absolues, 1 ampère étant égal à 0,1 U.E.M. on a $Q = 40 . 10^{-1} . 90 . 60$ U.E.M. $= 21\,600$ U.E.M. et comme un coulomb $= 10^{-1}$ U.E.M. on a $Q = 216000$ coulombs.

208. — L'électricité positive produite dans une machine à frottement a été conduite sur un conducteur sphérique de 6 cm de rayon par un long fil conducteur bien isolé ; au bout de 5 secondes, on a pu tirer de la sphère une étincelle de 3 cm de longueur (différence de potentiel $= 8\,000$ volts). Quelle était l'intensité moyenne du courant qui a traversé le fil, en supposant que la production d'électricité ait été constante ?

RÉPONSE : — La quantité d'électricité parvenue sur la sphère est $Q = C\,V = 6.\dfrac{8000}{3.10^2}$ U.E.M. $= 53,3.10^{-9}$ coulomb. Cette quantité a traversé une section quelconque du fil pendant 5 secondes ; en une seconde il en est donc passé :

$$\frac{1}{5} \cdot 53,3.10^{-9} \text{ coulomb par seconde} =$$

$$= \frac{1}{5} \cdot 53,3.10^{-9} \text{ ampères} = 0,0000106 \text{ milliampère.}$$

VI. -- Idée de l'unité de résistance électrique.

209. — Une certaine quantité de mercure est étendue sur une surface plane et horizontale et ayant une épaisseur de 1 mm. Cette couche devant représenter l'U. E. M. de résistance, quel doit être le poids du mercure employé ?

RÉPONSE : — Si la couche de mercure n'a pas 106 cm d'épaisseur, mais seulement 1 mm, pour que sa résistance soit 1 U. E. M., la surface (section) de la couche ne devra être que

$$\frac{10^9 . 1 \text{ mm}^2}{1060} = \frac{1}{1060} . 1000 \text{ m}^2. = 0,9434 \text{ m}^2.$$

Le volume du mercure sera :

$$\frac{1}{1060} . 1000.10^4 \times 0,1 \text{ cm}^3 = 943,4 \text{ cm}^3$$

et d'un poids de :

$$13,55 \times 943,4 \text{ gr.} = 12,78 \text{ kg.}$$

210. — Quelle doit être l'étendue de la surface d'une couche de mercure de 106 cm d'épaisseur pour que sa résistance dans le sens de l'épaisseur soit de 1 U. E. M. ?

RÉPONSE : — Par définition une couche de mercure de 106 cm d'épaisseur (longueur) et de 1 mm² de surface (section) a une résistance de 1 ohm, soit de 10^9 U. E. M. de résistance. Pour que la résistance ne soit que d'une U. E. M., il faut une surface (section) 10^9 fois plus grande qu'un mm², soit une surface

$$S = 10^9 \text{ mm}^2 = 10^3 \text{ m}^2 = 1000 \text{ m}^2.$$

211. — On veut représenter l'U. E. M. de résistance par un fil d'argent recuit, pur, de 2 cm de diamètre ; quelle doit être sa longueur ?

RÉPONSE : — La résistance d'un fil d'argent de 1 m de long sur 1 mm de diamètre est de 0,01937 ohms = 0,01937. 10^9 U. E. M. Le fil de 20 mm de diamètre aura une résistance de $20^2 = 400$ fois plus petite, soit de 0,0000484. 10^9 U. E. M. = 48400 U. E. M. Pour trouver la longueur du fil dont la résistance est de 1 U. E. M. en mm, il faudra diviser 1000 par ce nombre de 48400 U. E. M. ; cela donne : $\dfrac{1000}{48400} = \dfrac{10}{484} = \dfrac{1}{48}$ mm environ. .

212. — Quelle doit être l'épaisseur d'une pièce de 2 sous (2 R = 30 mm.) pour qu'elle présente, dans le sens de l'épaisseur, une résistance de 1 U. E. M. ?

Réponse : — 0,046 mm.

213. — Le cuivre du commerce le plus mince a une épaisseur de 0,02 cm, quelle doit être la surface d'une plaque pour qu'elle ait, dans le sens de l'épaisseur, une résistance de 1 U. E. M. de résistance ?

Réponse : — Ce cuivre lorsqu'il est laminé a par cm^3 une résistance de 1652 U.E.M. (voir table XI). Pour une épaisseur de 0,02 cm, sa résistance ne sera plus que de $\dfrac{1652}{0,02}$. U.E.M. $=$ 82600 U.E.M. par cm^2. Pour que la plaque n'ait qu'une résistance de 1 U.E.M., il faudra que sa surface soit de 82600 cm^2 = 8,26 m^2.

214. — Le fil de platine le plus fin ayant une épaisseur de 0,01 mm., quelle doit être sa longueur pour qu'il présente une résistance de 1 U. E. M. ?

Réponse : — La résistance d'un fil de platine de 100 cm de long et de 0,1 cm d'épaisseur étant de 0,1166 ohm, celle d'un fil de x cm de long sur 0,001 cm d'épaisseur

sera : $0,1166.10^9 \times \dfrac{x}{100} \times \dfrac{1}{(0,01)^2} = 1$, puisque le problème le demande ; de là, on tire :

$$x = 0,86.\ 10^{-10}\ \text{cm}.$$

215. — Quelle doit être la longueur d'un fil de cuivre de 1 mm. d'épaisseur pour que sa résistance soit de 1 ohm ? Quelle doit être encore la longueur d'un fil de fer, d'un fil de platine, d'un fil de nickel, d'un fil d'aluminium et d'un fil de plomb, pour répondre aux mêmes conditions que le fil de cuivre ?

RÉPONSE : — Soit ρ la résistance spécifique de la substance [cm, gr, sec], x la longueur cherchée et 10^9 la valeur de l'ohm, on a :

$$\frac{\rho\, x}{\pi\,(0,05)^2} = 10^9\ \text{U.E.M.}\ \left[\frac{\text{cm}}{\text{sec}}\right],\ \text{d'où}\ x = \frac{11}{14}.\ 10^7.\ \frac{1}{\rho}\ \text{cm.}$$

Les longueurs demandées sont, par suite, pour le

Cu	Fe	Pt	Ni
de $x = 51,49$ m ;	$x = 8,454$ m ;	$x = 9,038$ m ;	$x = 6,594$ m ;

Al	Pb
$x = 28,18$ m ;	$x = 4,19$ m.

216. — Un cm³ d'or a une résistance de 2,081 microhms ; exprimer cette résistance en unités absolues.

RÉPONSE : — 1 microhm $= 10^{-6}$ ohm $= 10^{-6}.10^9$ U.E.M. $= 10^3$ U.E.M. et les 2,081 microhms valent alors :

$$2,081.10^3\ \text{U.E.M.} = 2081\ \text{U.E.M.}$$

VII. — Idée de l'unité de force électromotrice.

217. — La force électromotrice d'un élément Daniell est de 1 volt (environ) ; on réunit les deux pôles par un fil conducteur homogène ; quelle doit être la longueur de ce fil pour que la force électromotrice entre deux de ses points distants l'un de l'autre de 1 cm soit de 1. U. E. M. ?

RÉPONSE : — On sait que 1 volt $= 10^8$ U.E.M. Comme la F.É.M. diminue proportionnellement à la longueur du fil, et que la diminution doit être par cm du fil de 1 U.E.M., il faudra que le fil conducteur ait une longueur de 10^8 cm ou de 1000 kilomètres.

218. — En supposant qu'on tende un fil conducteur le long de l'équateur, tout autour de la terre, quelle doit être la force électromotrice d'une pile pour que la différence du potentiel entre deux points du fil, distants l'un de l'autre de 1 cm, soit de 1 -.U E. M. ?

RÉPONSE : — L'équateur ayant 40000000 m de longueur, il faudra 4.10^9 U.E.M. de F.É.M. $= 40.10^8$ U.E.M. $= 40$ volts.

VIII. — Idée des unités électriques techniques.

219. — Combien un cheval-heure vaut-il de kilogrammètres par seconde ?

RÉPONSE : — Un cheval-heure, c'est le travail fourni par un cheval-vapeur pendant une heure, c'est-à-dire le travail de 75 kgm pendant 3600 secondes; il aura donc le même effet que 75.3600 = 270000 kgm par seconde.

220. — Combien 1 mkg par seconde vaut-il d'ergs par seconde et de watts ?

RÉPONSE : — Un erg étant le travail d'une dyne le long de 1 cm, et une dyne valant $\frac{1}{981}$ gr., le kgm de 1000 gr. et de 100 cm vaudra par seconde :

1000.981 dynes le long de 100 cm = 98100000 ergs par seconde = 9,81 watts.

221. — Combien 1 mkg vaut-il d'ergs et de joules ?

RÉPONSE : — On sait que :

1 mkg = 100 cm × 1000 gr = 100 cm × 1000.981 dynes =
= 98100000 cm dynes = 98100000 ergs = $9,81.10^7$ ergs =
= 9,81 joules.

222. — Combien un cheval-vapeur vaut-il d'ergs (par seconde) et de watts ?

RÉPONSE : — Le cheval-vapeur ayant 75 kgm et le kgm étant égal à 98100000 ergs, le cheval-vapeur vaudra :

75.98100000 = 7357500000 ergs par seconde = 735,75 watts.

223. — Quel est l'équivalent calorifique de 75 mkg, exprimé en calories Kg-degré ?

RÉPONSE : — L'équivalent calorifique d'un kgm étant $\frac{1}{424}$ cal (kg-deg.), celui de 75 mkg sera $\frac{75}{424}$ =
= 0,17689 cal (kg-degré).

224. — Les unités fondamentales de longueur et de masse dans le système des unités pratiques sont 10^9 cm et 10^{-11} gr. Par quelle fraction du méridien terrestre et par quel volume d'hydrogène à $0°$ et 760 mm. ces deux quantités peuvent-elles être représentées ?

RÉPONSE : — 10^9 cm $=$ quadrant du méridien terrestre ;
10^{-11} gr $= \dfrac{1}{10}$ de $(0,1$ mm$)^3$ d'H à 760 mm.

225. — Combien vaut en ergs l'unité technique d'énergie électrique, le volt-ampère ou watt?

RÉPONSE :

1 watt $= 1$ volt $\times 1$ ampère $= 10^8$ U. E. M. de F. É. M.
$\times 10^{-1}$ U. E. M. de courant $= 10^7$ U. E. M. d'énergie $=$
$= 10^7$ ergs par seconde.

226. — Combien vaut en ergs l'unité technique de travail électrique, le volt-coulomb, ou joule?

RÉPONSE : — 1 joule $= 1$ volt $\times 1$ coulomb $=$
10^8 U. E. M. de f. é. m. $\times 10^{-1}$ U. E. M. de quantité d'électricité $= 10^7$ U. E. M. de travail électrique $= 10^7$ ergs.

227. — Une machine dynamo donne 20 ampères avec une force électromotrice de 60 volts ; quelle est la valeur de cette énergie électrique ?

RÉPONSE : — L'énergie électrique $= 20.60 = 1200$ volt-ampères $= 1200$ watts $= \dfrac{1200}{9,81}$ kgm par seconde $= 122$ kilogrammètres par seconde $= 1,63$ cheval-vapeur.

228. — Quel est le nombre de calories (kg-deg.) et de calories (gr-deg.) qui équivalent à W volt-coulombs ?

RÉPONSE : — On a : W volt-coulombs $= \dfrac{W}{9,81}$ kgm $=$

$= \dfrac{W}{9,81} \cdot \dfrac{1}{424}$ cal (kg-deg). $= 0,00024044$ W. Cal (kg-deg).

W volt-coulombs $= \dfrac{W}{9,81}$ kgm $= 1000 \dfrac{W}{9,81}$ gr. m $=$

$= 1000 \dfrac{W}{9,81} \cdot \dfrac{1}{424}$ gr. cal. $= 0,000\ 2404.1000$ W cal-gr $=$

$= 0,2404$ W cal (gr-degré).

229. — Combien faut-il approximativement de volt-coulombs pour produire une calorie (gr.-degré) ?

RÉPONSE : — Comme, d'après le numéro précédent, il faut 1 volt-coulomb pour 0,2404 cal (gr-degré), il faudra à peu près 4 joules pour produire 1 cal (gr-degré).

230. — Combien 4 joules valent-ils de volt-coulombs ?

RÉPONSE : — Par définition 1 volt-coulomb $= 1$ joule, donc 4 joules $= 4$ volt-coulombs $= 1$ Cal (gr-degré).

231. — Combien faut-il de joules pour porter la température de 1 gramme d'eau de 0° à 100° ?

RÉPONSE : — Cette opération demande 100 cal (gr-degré), donc 100.4,18 $= 418$ joules.

232. — On veut vaporiser par seconde

250 grammes d'eau de 12° avec la chaleur produite par un courant électrique. Combien faudra-t-il employer de watts?

RÉPONSE : — Le nombre de calories nécessaires à cette
transformation est de 250 [(100 — 12) + 537] Cal, ce qui
correspond à une énergie électrique de
250.625.4,18 = 653,1 kilowatts.

233. — Quel est le nombre de watts qu'il faut
pour vaporiser en une seconde le même poids de
mercure?

RÉPONSE : — Le nombre de calories nécessaires pour
cette vaporisation est 250 [0,0335 (357° — 12°) + 62] cal
(gr. deg), ce qui représente 15890.4,18 = 66420 watts =
= 66,4 kilowatts = 6775 mkg par seconde.

IX. — Passage d'un système d'unités dans un autre.

234. — Un rectangle a une surface de
0,038 unités (mètre-kilog.-sec.), quelle est sa
surface en unités (cm, gr, sec.)?

RÉPONSE : — La surface s'obtient par le produit de
deux longueurs, S = 0,038 [m²] = 0,038.100² [cm²]
= 380 unités (cm, gr, sec) = 380 cm².

235. — La surface d'une sphère est de
876 500 unités (cm, gr, sec.); quelle est cette
valeur en unités (m, kg, sec.)?

RÉPONSE : — S $= 876500$ unités (cm, gr, sec.) $=$

$$= 876500 . \left(\frac{1}{100}\right)^2 [\text{m}^2] = 87,65 \ [\text{m}^2].$$

236. — Le volume d'un cylindre étant de 5643 unités (cm, gr, sec.), quel est-il en unités (m, kg, sec.) ?

RÉPONSE :

$$V = 5643 \ [\text{cm}^3] = 5643 . \left(\frac{1}{100}\right)^3 [\text{m}^3] = 0,005643 \ [\text{m}^3].$$

237. — La densité de l'eau dans le système (cm, gr, sec.) étant $D = 1$, quelle est cette densité absolue dans le système (m-gr, sec.) ?

RÉPONSE :

$$D = \frac{\text{Masse}}{\text{Volume}} = \frac{1}{1^3} \ [\text{cm, gr, sec.}] = \frac{1}{\left(\frac{1}{100}\right)^3} \left[\frac{\text{gr}}{\text{m}^3}\right] =$$

$$D = 1000000 \left[\frac{\text{gr}}{\text{m}^3}\right].$$

238. — La densité absolue du platine est 21,50 (cm, gr, sec.), quelle est elle dans le système (kg, m, minute) ?

RÉPONSE : — $D = 21,50 \left[\dfrac{\text{gr}}{\text{cm}^3}\right] = 21,50 \dfrac{0,001}{(0,01)^3} \left[\dfrac{\text{Kg}}{\text{m}^3}\right] =$

$$= 21500 \left[\frac{\text{Kg}}{\text{m}^3}\right].$$

239. — La vitesse d'un corps est de 2,4 (m, minute), quelle est sa vitesse dans le système (cm, sec.) ?

RÉPONSE :

$$v = 2,4 \left[\frac{m}{min}\right] = 2,4 \cdot \frac{100}{60} \left[\frac{cm}{sec}\right] = 4 \left[\frac{cm}{sec}\right].$$

240. — La lumière se propage avec une vitesse de 300 000 $\left[\frac{Kilm}{sec}\right]$; quelle est sa vitesse dans le système (quadrant terrestre, minute) ?

RÉPONSE :

$$v = 300000 \left[\frac{Kl.}{sec}\right] = 300000 \frac{\frac{1}{10000} \text{ quadr. terrestre}}{\frac{1}{60} \text{ minute}} =$$

$$v = 1800 \left[\frac{\text{quadrant terrestre}}{\text{minute}}\right].$$

241. — L'accélération de la pesanteur étant de 9,81 m par seconde, quelle est sa valeur dans le système (cm, sec.), et quelle est-elle dans le système (klm, minute) ?

RÉPONSE :

$$a = 9,81 \left[\frac{m}{sec^2}\right] = 9,81 \cdot \frac{100}{1^2} \left[\frac{cm}{sec^2}\right] = 981. \left[\frac{cm}{sec^2}\right].$$

$$a = 9,81 \left[\frac{m}{sec^2}\right] = 9,81 \frac{\frac{1}{1000}}{\left(\frac{1}{60}\right)^2} \left[\frac{Km}{min^2}\right] = 35,316 \left[\frac{Km}{min^2}\right].$$

242. — L'accélération d'un train descendant une pente est de 2 [klm, min²], quelle est sa valeur dans le système (cm, sec.) ?

Réponse :

$$a = 2 \left[\frac{\text{Klm}}{\text{min}^2}\right] = 2.\frac{100000}{60^2}\left[\frac{\text{cm}}{\text{sec}^2}\right] = 55,5 \left[\frac{\text{cm}}{\text{sec}^2}\right].$$

243. — Quelle est, en unités (cm, gr, sec.) la force avec laquelle un corps de 2,6 klgr. est attiré par la terre ?

Réponse — Comme la force est égale au produit de la masse par l'accélération, on a :

$$f = 2,6 \text{ Kg} \times \text{accélération en } \frac{\text{m}}{\text{sec}^2} =$$

$$f = 2,6 \frac{1000.981}{1^2}\left[\frac{\text{gr. cm}}{\text{sec}^2}\right] = 2550600 \left[\frac{\text{gr. cm}}{\text{sec}^2}\right].$$

244. — Une certaine force imprime à une masse de 5 milligrammes une accélération de 72 millimètres par minute ; quelle est la valeur de cette force ?

Réponse :

$$f = \frac{5.72}{1^2}\left[\frac{\text{milligr. millim}}{\text{min}^2}\right] = \frac{5.\frac{1}{1000} \times 72.\frac{1}{10}}{1.60^2}\left[\frac{\text{cm gr}}{\text{sec}^2}\right]$$

$$= 0,00001 \left[\frac{\text{gr. cm}}{\text{sec}^2}\right].$$

245. — Un corps qui doit se déplacer sur une surface éprouve une résistance qui équivaut à

la pression de 1 200 gr.; quel est, en kilogrammètres, le travail dépensé pour un déplacement
du corps de 40 cm?

RÉPONSE : — Le travail est 1200.981.40 ergs $\left[\dfrac{\text{gr. cm}^2}{\text{sec}^2}\right] =$

$$= 47088000 \dfrac{\dfrac{1}{1000}\left(\dfrac{1}{100}\right)^2}{1^2}\left[\dfrac{\text{Kilg. m}^2}{\text{sec}^2}\right] = 4,7088\left[\dfrac{\text{Kg. m}^2}{\text{sec}^2}\right].$$

246. — Une quantité s'exprime par N_1, en
unités de valeur u_1, par quel nombre s'exprime-
t-elle en unités de valeur u_2?

RÉPONSE : — Soit N_2 le nombre cherché, nous avons :

$$N_2\,[u_2] = N_1\,[u_1],\ \text{d'où}\ N_2 = N_1\left[\dfrac{u_1}{u_2}\right].$$

Ou bien :

Supposons que la grandeur soit exprimée par les unités
P, Q, R, et que $N_1 = P^\alpha . Q^\beta . R^\gamma$; supposons, en outre,
que les nouvelles unités p, q, r soient reliées aux anciennes
par les relations :

$$P = ap\ ;\ Q = bq,\ R = cr,$$

alors la grandeur donnée sera toujours :

$$N_1 . [P^\alpha . Q^\beta . R^\gamma] = N_1\,[(ap)^\alpha . (bq)^\beta . (cr)^\gamma] =$$

$$= N_1\,a^\alpha . b^\beta . c^\gamma\,[p^\alpha . q^\beta . r^\gamma] . = N_2\,[p^\alpha . q^\beta . r^\gamma].$$ Le nouveau nombre N_2 par lequel s'exprime la grandeur donnée
se trouve donc en multipliant l'ancien nombre par
$a^\alpha . b^\beta . c^\gamma$, c'est-à-dire par les puissances respectives des
nombres qui indiquent le rapport des anciennes aux
nouvelles unités.

247. — Sur deux sphères identiques se trouvent des quantités d'électricité égales et telles qu'à la distance de 0,044 mètres elles s'attirent avec une force de 625 dynes; quelle est la quantité d'électricité dont les sphères sont chargées tant dans le système E. S. (millig, mm, sec.), que dans le système E. S. (cm, gr, sec.)?

RÉPONSE : — La loi de Coulomb nous donne $f = \dfrac{q^2}{l^2}$ et

nous avons 625 dynes $= \dfrac{q^2}{0{,}044^2}$, d'où nous tirons :

$$q = 4{,}4 \sqrt{625} \left[\text{cm. dynes}^{\frac{1}{2}} \right] =$$

$$= 4{,}4.25 \left[\frac{\text{cm}^{3/2} \text{gr}^{1/2}}{\text{sec}} \right] = 110 \left[\frac{\text{cm}^{3/2} \text{gr}^{1/2}}{\text{sec}} \right]$$

et en passant dans l'autre système :

$$= 110 \left\{ \frac{10^{\frac{3}{2}} 1000^{\frac{1}{2}}}{1} \right\} \left[\frac{\text{mgr}^{\frac{1}{2}} \text{mm}^{\frac{3}{2}}}{\text{sec}} \right] =$$

$$= 110000 \left[\frac{\text{mgr}^{\frac{1}{2}} \text{mm}^{\frac{3}{2}}}{\text{sec}} \right].$$

248. — Une U. E. S. de quantité d'électricité dans le système (cm., gr., sec.) doit être exprimée dans le système (mgr., mm., sec.) et dans le système (m., gr., min.); quelle est sa valeur dans chacun de ces systèmes?

Réponse : — On a :

$$q = 1 \left[\frac{gr^{\frac{1}{2}}\, cm^{\frac{3}{2}}}{sec}\right] = 1 . \frac{1000^{\frac{1}{2}}\, 10^{\frac{3}{2}}}{1} \left[\frac{mm^{\frac{3}{2}}\, mgr^{\frac{1}{2}}}{sec}\right] =$$

$$= 1000 \left[\frac{mm^{\frac{3}{2}}\, mgr^{\frac{1}{2}}}{sec}\right].$$

et de même :

$$q = 1 \left[\frac{gr^{1/2}\, cm^{3/2}}{sec}\right] = 1 . \frac{0,01^{3/2}\, 1^{1/2}}{\dfrac{1}{60}} \left[\frac{m^{3/2}\, gr^{1/2}}{min}\right] =$$

$$= \frac{6}{100} \, U.E.S. \left[\frac{m^{\frac{3}{2}}\, gr^{\frac{1}{2}}}{sec}\right].$$

249. — Combien vaut une **U. E. M.** de quantité d'électricité système (cm., gr., sec.) dans le système (mg, mm, sec.) et dans le système (m., gr., min.) ?

Réponse :

$$Q = 1 \, U.E.M. \left[cm^{\frac{1}{2}}\, gr^{\frac{1}{2}}\right] = 1.10^{\frac{1}{2}}\, 1000^{\frac{1}{2}} \left[mm^{\frac{1}{2}}\, mgr^{\frac{1}{2}}\right] =$$

$$= 100 \left[mm^{\frac{1}{2}}\, mgr^{\frac{1}{2}}\right],$$

et dans l'autre système :

$$Q = 1 \, U.E.M. \left[cm^{\frac{1}{2}}\, gr^{\frac{1}{2}}\right] = 1.0,01^{\frac{1}{2}}\, 1^{\frac{1}{2}} \left[m^{\frac{1}{2}}\, gr^{\frac{1}{2}}\right] =$$

$$= 0,1 \left[m^{\frac{1}{2}}\, gr^{\frac{1}{2}}\right].$$

250. — La force électromotrice d'un élément est de $1555 . 10^5$ U. E. M. (cm., gr., sec.), quelle est sa valeur dans le système (mm., mgr., sec.) ?

$$\text{Réponse :} - \text{E} = 1555.10^5 \, \frac{10^{\frac{3}{2}}.1000^{\frac{1}{2}}}{1^2} \left[\frac{\text{mm}^{\frac{3}{2}} \, \text{mgr}^{\frac{1}{2}}}{\text{séc}^2} \right] =$$

$$= 15,55.10^{10} \left[\frac{\text{mm}^{\frac{3}{2}} \, \text{mgr}^{\frac{1}{2}}}{\text{sec}^2} \right].$$

251. — La force électromotrice d'un Daniell est $1,122. \, 10^8$ U. E. M. (cm., gr., sec.), quelle est sa valeur en (mm., mgr., sec.)?

$$\text{Réponse :} - \text{E} = 1,122.10^8 \, \frac{10^{\frac{3}{2}}.1000^{\frac{1}{2}}}{1^2} \left[\frac{\text{mm}^{\frac{3}{2}} \, \text{mgr}^{\frac{1}{2}}}{\text{sec}^2} \right] =$$

$$= 1,122.10^{11} \, \text{U.E.M.} \left[\frac{\text{mm}^{\frac{3}{2}} \, \text{mgr}^{\frac{1}{2}}}{\text{sec}^2} \right].$$

252. — Un élément a une force électromotrice de 0,057 U. E. S. (cm., gr., sec.) ; quelle est sa force électromotrice dans le système (mm., mgr. sec.)?

Réponse : — Les dimensions de la F. E. M. dans le système électrostatique sont : $\left(\text{L}^{\frac{1}{2}} \text{M}^{\frac{1}{2}} \text{T}^{-1} \right)$ et par suite :

$$\text{E} = 0,057 \times 10.^{\frac{1}{2}} \, 1000.^{\frac{1}{2}} \, 1^{-1} \left[\frac{\text{mm}^{\frac{1}{2}} \, \text{mgr}^{\frac{1}{2}}}{\text{sec}} \right] =$$

$$= 5,7 \, \text{U.E.S.} \left[\frac{\text{mm}^{\frac{1}{2}} \, \text{mgr}^{\frac{1}{2}}}{\text{sec}} \right].$$

253. — La capacité d'une bouteille de Leyde est $\text{C} = 2,4.10^{-9}$ farad $= 2,4.10^{-9}.10^{-9}$ U. E. M. (cm., gr., sec.); quelle est-elle dans le système électro-magnétique (mm., mgr., sec.)?

Réponse : — $C = 2,4.10^{-18} \left[\dfrac{\text{sec}^2}{\text{cm}}\right] = 2,4.10^{-18} \cdot \dfrac{1}{10} \left[\dfrac{\text{sec}^2}{\text{mm}}\right]$

$$= 2,4.10^{-19} \text{ U.E.M.} \left[\dfrac{\text{sec}^2}{\text{mm}}\right].$$

254. — La capacité d'un condensateur est de 12.10^5 U. E. S. (cm., gr., sec.) ; quelle est-elle, dans le système (klm., gr., sec.) ?

Réponse :

$$C = 12.10^5 \left[\text{cm}\right] = 12.10^5 \times 0,00001 \text{ U.E.S.} \left[\text{Km}\right] =$$
$$= 12 \text{ U.E.S.} \left[\text{Km}\right].$$

255. — Une pile donne un courant de $11,2$ U. E. S. (mm., mgr., sec.) ; quelle est l'intensité de ce courant dans le système (cm., gr., sec.), et dans le système (km., gr., min.) ?

Réponse : — En électrostatique, les dimensions de l'intensité sont : $\left[L^{\frac{3}{2}} M^{\frac{1}{2}} T^{-2}\right]$, on a donc :

$$J = 11,2 \text{ U.E.S.} \left[\text{mm}^{\frac{3}{2}} \text{mgr}^{\frac{1}{2}} \text{sec}^{-2}\right] =$$
$$= 11,2 \times 0,1^{\frac{3}{2}} . 0,001^{\frac{1}{2}} . 1^{-2} \text{ U.E.S.} \left[\text{cm}^{\frac{3}{2}} \text{gr}^{\frac{1}{2}} \text{sec}^{-2}\right] =$$
$$= 0,0112 \text{ U.E.S.} \left[\text{cm}^{\frac{3}{2}} \text{gr}^{\frac{1}{2}} \text{sec}^{-2}\right],$$

et de même :

$$J = 0,4032.10^{-7} \left[\text{km,}^{\frac{3}{2}} \text{kgr,}^{\frac{1}{2}} \text{min}^{-2}\right] \text{ U.E.S.}$$

256. — Un élément Bunsen donne un coude $J = 1,8$ U. E. M. (cm., gr. sec.), quelle est la valeur de cette intensité dans le système (min., mgr., sec.), et dans le système (km., kgr., min.) ?

RÉPONSE : — Les dimensions de l'intensité dans le système électro-magnétique sont $\left[L^{\frac{1}{2}} M^{\frac{1}{2}} T^{-2} \right]$; par suite :

$$J = 1{,}8 \; \text{U.E.M.} \left[\mathrm{cm}, ^{\frac{1}{2}} \mathrm{gr}, ^{\frac{1}{2}} \sec^{-2} \right] =$$

$$= 1{,}8 \times 10.^{\frac{1}{2}} 1000.^{\frac{1}{2}} 1^{-2} \left[\mathrm{mm}, ^{\frac{1}{2}} \mathrm{mgr}, ^{\frac{1}{2}} \sec^{-2} \right] =$$

$$= 180 \; \text{U.E.M.} \, [\mathrm{mm}, \mathrm{mgr}. \sec];$$

et de même :

$$J = 0{,}0108 \; \text{U.E.M.} \, (\mathrm{km}, \mathrm{mgr}, \min.).$$

257. — Une ligne télégraphique a une résistance de $97{,}45.10^9$ U. E. M. (cm., gr., sec.); quelle est la valeur de cette résistance dans le système E. M. (klm., gr., sec.)?

RÉPONSE : — Les dimensions de la résistance dans le système électro-magnétique sont $[L^1 T^{-1}]$; on a donc :

$$R = 97{,}45.10^9 \, [\mathrm{cm}^1, \sec^{-1}] =$$

$$= 97{,}45.10^9 \times 0{,}00001.1^{-1} \, [\mathrm{km}^1, \sec^{-1}] =$$

$$= 97{,}45.10^4 \; \text{U.E.M.} \, [\mathrm{km}, \sec].$$

258. — Une ligne télégraphique a une résistance de $97{,}45.10^9$ U. E. S. (cm., gr., sec.); quelle est cette résistance en U. E. S. (km., sec.)?

RÉPONSE : — $R = 97{,}45.10^9 \; \text{U.E.S.} \left[\dfrac{\sec}{\mathrm{cm}} \right] =$

$$= 97{,}45.10^9 . \cfrac{1}{\cfrac{1}{100000}} \; \text{U.E.S.} \left[\frac{\sec}{\mathrm{km}} \right] =$$

$$= 97{,}45.10^{14} \; \text{U.E.S.} \left[\frac{\sec}{\mathrm{km}} \right].$$

259. — La différence de potentiel aux pôles d'un élément Daniell est de 0,00374 U. E. S.; quelle est-elle en U. E. M. et en unités techniques?

RÉPONSE : — Le rapport entre les U.E.S. et les U.E.M. étant 3.10^{10}, nous aurons :

$0,00374$ U.E.S. $= 0,00374.3.10^{10}$ U. E. M. $= 1,122.10^{8}$ U.E.M.

Comme, en outre, 10^{8} U.E.M. $= 1$ volt, la F.E.M. de cet élément sera de $1,112$ unités techniques ou volts.

260. — Un élément Bunsen a une force électromotrice de $1,734. 10^{8}$ U. E. M.; quelle est sa force électromotrice en U. E. S. et en unités techniques ?

RÉPONSE :

$$1,734.10^{8} \text{ U.E.M.} = 1,734 \text{ volts} = \frac{1,734.10^{8}}{3.10^{10}} \text{ U. E. S.} =$$

$$= 0,578.10^{-2} \text{ U. E. S.} = 0,00578 \text{ U. E. S.}$$

261. — Une pile de 200 éléments Beetz a une force électromotrice de 210 volts ; quelle est la valeur de cette force électromotrice en U. E. M. et en U. E. S. ?

RÉPONSE : — 210 volts $= 2,1.10^{10}$ U.E.M. $= 0,7$ U.E.S.

262. — Une machine de Holtz qui donne des étincelles de 30 cm de long a une force électromotrice de 90 000 volts ; quelle est sa force électromotrice en U. E. S. ?

Réponse :

$$90000 \text{ volts} = 90000.10^8 \text{ U.E.M.} = \frac{90000.10^8}{3.10^{10}} \text{ U.E.S.} =$$
$$= 300 \text{ U.E.S.}$$

263.) — Si à une distance explosive de 5 mm correspond une différence de potentiel de 56 U. E. S. (cm., gr., sec.), à combien de volts correspond-elle ? et quelle est la différence de potentiel qui correspond à une distance explosive de 32 cm, si l'on admet que les potentiels soient reliés aux distances par la relation $V^2 = cd$?

Réponse : — Une U.E.S. (cm, gr, sec.) correspond à 300 volts, les 56 U.E.S. représentent donc $56 \times 300 = 16800$ volts $= 168.10^{10}$ U.E.M. (cm, gr, sec.). Une distance explosive de 32 cm demandera que :

$V^2 = c. 32$. Comme $56^2 = c. \dfrac{1}{2}$, et par suite $c. = 2.56^2$, il doit être

$$V = \sqrt{2.56^2.32} = 448 \text{ U.E.S.} = 134\ 400 \text{ volts.}$$

264.) — Un condensateur de 1,2 microfarad a été chargé par une machine de 400 volts ; quelle est la quantité d'électricité qu'il contient exprimée 1) en unités techniques; 2) en U. E. S. ; 3) en U. E. M. ?

Réponse : — On a $Q = C V = 0,0000012.400 =$
$$= 0,00048 \text{ coulomb} = 0,00048 \times 3.10^9 \text{ U. E. S.} =$$
$$= 0,00144.10^9 \text{ U. E. S.} = \frac{0,00144.10^9}{3.10^{10}} \text{ U. E. M.} =$$
$$= 0,000048 \text{ U. E. M. de quantité.}$$

265. — Quelle est, exprimée en U. E. S. et en U. E. M., la capacité d'un condensateur qui a en unités techniques la capacité de 1,2 microfarad ?

RÉPONSE : — 1,2 microfarad $= 1,2.10^{-6}$ farad $=$

$= 1,2.10^{-6}.10^{-9}$ U. E. M. $= 1,2.10^{-15}$ U. E. M. $=$

$= 1,2.10^{-15}.9.10^{20}$ U.E.S. $= 10,8.10^{5}$ U.E.S. $= 1080000$ U.E.S.

266. — Quelle est la capacité de la terre dans les trois systèmes ?

RÉPONSE : — Comme, dans le système électrostatique, la capacité de la terre est égale à son rayon, on a :

$$\frac{4.10^9 \text{ cm}}{2\pi} = \frac{4.10^9}{2\pi} \text{ U.E.S.} = 6,36.10^8.\text{U.E.S.} = \frac{6,36.10^8}{(3.10^{10})^2} \text{ U.E.M.}$$

$$= 0,707.10^{-12} \text{ U. E. M.} = 0,707.10^{-12}.10^9 \text{ farad} =$$

$$= 0,000707 \text{ farad} = 707,07 \text{ microfarads.}$$

267. — Un conducteur est chargé de 1/3 de coulomb ; combien cela fait-il en U. E. S. et en U. E. M. ?

RÉPONSE : — 1 coulomb $= 3.10^9$ U. E. S.   donc

$\dfrac{1}{3}$ de coulomb $= 1000000000$ U. E. S.   et de même

1 coulomb $= 0,1$ U.E.M.   d'où

$\dfrac{1}{3}$ de coulomb $= \dfrac{1}{30}$ U. E. M.

268. — Combien 2739 U. E. S. font-elles de coulombs ?

RÉPONSE : — 2739 U. E. S. $= \dfrac{2739}{3.10^9}$ coulomb $=$

$$= 9{,}13.10^{-7} \text{ coulomb.}$$

269. — Combien 856 U. E. M. font-elles de coulombs ?

RÉPONSE — 856 U. E. M. $= \dfrac{856}{10^{-1}} = 8\,560$ coulombs.

270. — Un conducteur a une capacité de 0,54 microfarad ; quelle est la valeur de cette capacité en U. E. S. et en U. E. M. ?

RÉPONSE : — Puisque 1 farad $= 9.10^{11}$ U. E. S. $=$
$= 10^{-9}$ U.E.M. les 0,54 microfarad $= 54.10^{-8}$ farad $=$
$$= 486000 \text{ U. E. S.} = 54.10^{-17} \text{ U. E. M.}$$

271. — On a trouvé qu'un conducteur a, dans certaines conditions, une capacité de 1 566 000 U. E. S. et dans d'autres conditions, une capacité de 0,75. 10^{-11} U. E. M. Combien cela fait-il en unités pratiques ?

RÉPONSE : — On a :
$$1566.10^3 \text{ U.E.S.} = \dfrac{1566.10^3 \times 10^6}{9.10^{11}} \text{ microfarad} =$$
$$= 1{,}74 \text{ microfarad,}$$
et $0{,}75.10^{-11}$ U. E. M. $= \dfrac{0{,}75.10^{-11}}{10^{-9}}$ farad $= 0{,}0075$ farad.

272. — Combien 1 U. E. S. fait-elle de volts ?

RÉPONSE : — D'après la définition, le volt équivaut à $\frac{1}{3.10^2}$ U. E. S.; donc 1 U. E. S. $= 3.10^2$ volts $= 300$ volts.

X. — Intensité du courant.

A. — *Mesure par l'effet chimique.*

273. — Quatre éléments Daniell accouplés en série ont précipité 0,458 gr. de cuivre en 36 heures ; quelle était l'intensité du courant ?

RÉPONSE : — 1 ampère précipitant 1,191 gr. de cuivre par heure, le courant avait une intensité de

$$\frac{0,458}{36.1,191} = 0,0107 \text{ ampère.}$$

274. — Une machine dynamo donne un courant de 23 ampères ; combien peut-elle précipiter d'argent par minute ?

RÉPONSE : — 1 ampère précipitant 4,082 gr. d'argent par heure, le courant indiqué fournira

$$\frac{23.4,082}{60} = 1,565 \text{ gr. d'argent.}$$

275. — Une machine dynamo a une force électromotrice de 120 volts. Quelle quantité d'eau peut-elle décomposer en 1 minute dans un circuit de 1 ohm de résistance? (Serpieri.)

Réponse : — D'après la loi de Ohm, l'intensité du courant est $I = \dfrac{120}{1} = 120$ ampères. Le poids de l'eau décomposée étant 9 fois celui de l'H dégagé, il en résulte que le courant de la dynamo décomposera $120.9.60.0,0000104 = 0,674$ gr. d'eau.

276. — Un accumulateur Reynier, modèle II, a été chargé à saturation ; la décharge entière s'est effectuée à travers un voltamètre à eau acidulée. Quelle était la quantité d'électricité accumulée si la quantité de gaz tonnant dégagé était de 25 litres ?

Réponse : — Pour dégager $0,1764$ cm³ de gaz tonnant il faut une quantité d'électricité de 1 coulomb ; les 25 litres de gaz dégagé demanderont donc $\dfrac{25000}{0,1764}$ coulombs $= 141723$ coulombs. Or, comme 1 ampère-heure $= 3600$ coulombs, la quantité d'électricité accumulée était de

$$\frac{141723}{3600} = 39,4 \text{ ampères-heures.}$$

277. — Quel courant faut-il pour précipiter en une seconde 1 équivalent chimique d'argent c'est-à-dire 108 gr. ? (Serpieri.)

Réponse : — L'équivalent électro-chimique de l'argent étant $0,00118$ gr., un courant de I ampère précipitera $I.0,00118$ gr. d'argent ; on aura donc $I.0,00118 = 108$ gr. ;

$$\text{d'où} \qquad I = \frac{108}{0,00118} = 96500 \text{ ampères.}$$

278. — Une seule cellule d'un accumulateur Epstein, chargée à saturation, fait déposer 163,3 gr. d'argent ; quelle est sa capacité électrique en U. E. M, et en unités techniques ?

RÉPONSE : — 4,082 gr. d'argent étant déposés par 1 ampère-heure, la capacité a dû être de $\dfrac{163.3}{4,082} = 40$ ampères-heures, soit de 40.3600 coulombs $= 144000$ coulombs, ce qui équivaut à 14400 U. E. M.

279. — Un condensateur plan de 3 microfarads de capacité est chargé par une pile donnant 300 volts. Combien la quantité d'électricité produira-t-elle de gaz tonnant ?

RÉPONSE : — La quantité d'électricité que prend le condensateur est $Q = C. V = 3.9.10^5 \times 300. \dfrac{1}{3.10^2}$ U. E. S.

$= 27.10^5$ U. E. S. $= \dfrac{27.10^5}{3.10^9}$ coulomb $= \dfrac{9}{10000}$ coulomb.

Cette quantité d'électricité dégagera $\dfrac{9}{10000}$. 0,1764 cm³ $= 0,000159$ cm³ $= 0,16$ mm³ de gaz tonnant.

280. — Un courant a décomposé 0,50 gr. d'eau en une minute. Quelle est son intensité ?

RÉPONSE : — Comme $\dfrac{1}{9}$ du poids de l'eau est de l'H ; l'H dégagé pésera donc $\dfrac{0,5}{9}$ gr. $= 0,0556$ gr. et comme un ampère en dégage 104.10^{-7} gr. par seconde, le courant en question a une intensité de

$$0,0556. \dfrac{1}{60.0,0000104} = 89 \text{ ampères.}$$

281. — Dans un voltamètre à eau acidulée, on a recueilli en 80 minutes 30 cm³ d'H. ; la pression barométrique était 735 mm et la température 15° ; quelle était l'intensité du courant ?

RÉPONSE : — Le poids d'H dégagé ramené à 0° et à

$$760 \text{ mm est } 30 . \frac{0.0896 \left[(735 - 1,93) - 12,67 \right]}{(1 + 0,003670.15)\ 760} =$$

$$= 2,415 \text{ milligrammes.}$$

D'après les mesures faites, un coulomb précipite 0,0105 mgr. d'H ; la quantité d'électricité qui a traversé le voltamètre sera donc $\dfrac{2,415}{0,0105}$ coulombs et la quantité correspondante à 1 seconde :

$$\frac{2,415}{0,0105.80.60} \text{ coulomb-secondes} = 0,048 \text{ ampère.}$$

282. — On a recueilli dans un voltamètre 18 cm³ de gaz tonnant en 5 minutes. La pression atmosphérique était de 725 mm et la température de 15° ; quelle était l'intensité du courant ?

RÉPONSE : — La quantité d'H obtenu dans le voltamètre étant les 2/3 du volume total, le poids d'H sera :

$$\frac{2}{3} . 18 . \frac{0,0896 \left[(725 - 1,51) - 10,43 \right]}{(1 + 0,003670.12)\ 760} = 0,9662 \text{ milligr.}$$

L'intensité du courant en coulomb-secondes ou en ampères sera donc de $\dfrac{9,662}{0,0105.300} = 0,3074$ ampère.

B. — *Mesure de l'intensité par la boussole des tangentes.*

283. — Quelle est la valeur du couple déterminé par le magnétisme terrestre, sur une aiguille aimantée dont les pôles sont situés à 3 cm. de distance l'un de l'autre, et dont la masse magnétique est de $\frac{1}{2}$ U. E. M. ?

Réponse : — Pour l'Europe centrale H $=$ 0,2, donc

$$M = 0,2.3.\frac{1}{2} = 0,3 \text{ U. E. M. } [\text{cm}^2. \text{ gr. sec}^{-2}].$$

284. — Une boussole des tangentes a un fil circulaire de rayon $=$ 17cm et une aiguille aimantée de 2,4 cm de longueur et de $\frac{1}{2}$ U. E. M. de magnétisme ; le fil est parcouru par un courant de 1,5 ampère ; quel est le moment statique déterminé par ce courant ?

Réponse : — La force qui agit sur le pôle de l'aimant

est de $\dfrac{2\pi.\,17.\,\frac{1}{2}.\,1,5}{17^2.10}$; le bras du couple étant de 2,4 cm,

$$M = 2,4 \,\frac{2\pi.\,17.\,\frac{1}{2}.\,1,5}{17^2.10} = 0,066 \left[\frac{\text{cm}^2.\ \text{gr}}{\text{sec}^2}\right]$$

285. — Quel est le couple dans le cas du

nº 283, si la déviation de l'aiguille est de 90°, de 30°, de 0° ?

RÉPONSE :
$$M_1 = 0,3 \sin 90° = 0,3 ;$$
$$M_2 = 0,3 \sin 30° = 0,15 ;$$
$$M_3 = 0,3 \sin \ 0° = 0.$$

286. — Comment le moment du couple varie-t-il, dans le cas du nº 284, si les déviations de l'aiguille sont de 90°, de 60°, de 0° ?

RÉPONSE :
$$M_1 = 0,066 \cos 90° = 0 ;$$
$$M_2 = 0,066 \cos 60° = 0,033 ;$$
$$M_3 = 0,066 \cos \ 0° = 0,066.$$

287. — Quel est l'angle pour lequel les deux moments des nᵒˢ 283, 284 sont égaux ?

RÉPONSE : — Il faut que :
$$0,066 \cos \alpha = 0,3 \sin \alpha, \ \text{d'où } \alpha = 12° 24' 26''.$$

288. — Une boussole des tangentes de 32 fils circulaires de 17 cm de rayon agit avec un courant de 0,425 ampère sur une aiguille aimantée dont les pôles sont situés à 3 cm de distance l'un de l'autre et dont la masse magnétique est de 0,5 U. E. M. ; quel est le moment du couple ?

RÉPONSE : — La force étant :
$$\frac{2\pi. \ 17. \ 32. \ 0,5. \ 0,425}{17^2. \ 10} = 0,1256 \ \left[\frac{\text{cm, gr}}{\text{sec}^2}\right]$$

et le bras de 3 cm, le moment du couple sera :

$$3.0,1256 = 0,3768 \left[\frac{cm^2, \; gr}{sec^2} \right].$$

289. — Une boussole des tangentes a 32 fils enroulés sur un cadre circulaire de 12 cm de rayon et une aiguille aimantée contenant $\frac{1}{2}$ U. E. M. de magnétisme. Quelle est la constante de cette boussole ?

Réponse : — Le coefficient d'une boussole des tangentes s'exprime par la formule $\frac{H\,r}{2\pi\,n}$; dans notre cas, nous aurons donc : $\frac{0,2.12}{2\pi.\,32} = 0,0119$.

290. — Quel est le rayon r et le nombre de fils n, qu'il faut donner à une boussole pour que l'intensité I du courant soit égale à la tangente de l'angle de déviation ?

Réponse : — Pour que $I = \mathrm{tg}\alpha$, il faut que $\frac{Hr}{2\pi\,n} = 1$ ou que $0,2r = 2\pi\,n$, ou $n = \frac{0,2r}{2\pi} = 0,03181\,r$; donc

$$\text{si } n = \quad 1, \qquad 2, \qquad 3,$$
$$r = \quad 31,4^{cm} \; ; \; 62,8^{cm} \; ; \; 94,2^{cm}$$

291. — Quel doit être à Paris, à Londres, à Berlin et à Bombay, le rayon moyen du cadre circulaire d'une boussole des tangentes, à 5 fils

pour que les tangentes de l'angle de déviation donnent directement des ampères?

Réponse : — Pour que l'intensité du courant soit donnée en ampères, il faut que la constante de la boussole soit $\dfrac{10\,\mathrm{H}r}{2\pi\,n}$ et égale à l'unité. Comme il est supposé $n = 5$ et comme H a les valeurs de 0,188 à Paris, de 0,180 à Londres, de 0,188 à Berlin et de 0,330 à Bombay, il doit être

$$r = \frac{2\pi\,5}{10.0,188} = 16,71^{cm}, \text{ à Paris,}$$

$$r = 17,45^{cm}, \text{ à Londres}; \quad r = 16,71^{cm}, \text{ à Berlin, et}$$

$$r = 9,52^{cm} \text{ à Bombay.}$$

292. — Dans quel sens la sensibilité d'une boussole des tangentes varie-t-elle si le magnétisme de l'aiguille est augmenté, et quelle influence ce changement a-t-il sur la déviation de l'aiguille ?

Réponse : — Le nombre d'unités de magnétisme n'entrant point dans la formule qui donne l'intensité, ladite augmentation n'aura point d'effet sur les déviations de l'aiguille; mais l'un et l'autre des deux moments qui se font équilibre augmentant dans le même rapport, la sensibilité de l'instrument n'en sera donc pas changée.

293. — Un élément Daniell fait dévier l'aiguille d'une boussole des tangentes de 23°; un autre élémement Daniell produit, avec un même circuit extérieur, une déviation de 49°.

Quel est le rapport des deux intensités et de quoi une telle différence d'intensité peut-elle provenir ?

RÉPONSE : — Comme on a affaire les deux fois à un seul élément Daniell, la F. É. M. sera la même, ainsi que la résistance extérieure ; le changement d'intensité provient donc de la résistance intérieure, soit de la grandeur de l'élément.

Le rapport demandé sera :

$$\frac{I_1}{I_2} = \frac{\operatorname{tg} \alpha_1}{\operatorname{tg} \alpha_2} = \frac{\operatorname{tg} 23^\circ}{\operatorname{tg} 49^\circ} = 0{,}369.$$

294. — Dans un même circuit sont intercalés une pile, une boussole des tangentes et un voltamètre à argent. Pendant 30 minutes, la déviation de l'aiguille de la boussole est maintenue à 23° ; la quantité d'argent déposé est de 1,234 gr. Quelle est la constante de la boussole des tangentes ?

RÉPONSE : — On a pour la boussole la relation :

$$I = x \operatorname{tg} \alpha^\circ = x \operatorname{tg} 23^\circ,$$

et d'autre part, au moyen de l'équivalent électro-chimique de l'argent, qui est de 4,082 par ampère-heure, on a :

I. $\frac{1}{2}$. 4,082 = 1,234 gr. En éliminant I entre les deux équations, on arrive à $x = 1{,}4277$.

295. — On intercale dans un même circuit

une pile, une boussole des tangentes dont la constante est 0,080 et un voltamètre à azotate d'argent. La composante horizontale du magnétisme terrestre étant 0,23, la déviation de l'aiguille reste pendant une heure égale à 35°. Quelle est au bout de ce temps la quantité d'argent déposée dans le voltamètre? (Thompson.)

Réponse : — Le courant agit pendant 3 600 secondes ; l'équivalent électrochimique de l'argent est 0,0011183 (voir table X); l'intensité du courant est :

$$I = 0,080 . \ 0,23 \ \mathrm{tg} \ 35°$$

La quantité d'argent déposé sera donc :

$$0,080 . \ 0,23 . \ \mathrm{tg} \ 35° \times 0,0011183 \times 3600 = 0,5187 \ \mathrm{gr.}$$

296. — Le centre de l'aiguille aimantée d'une boussole se trouve à l cm du centre du cercle de la boussole et sur une perpendiculaire à son plan. Le rayon du cercle étant R cm, quelle est la constante de cette boussole et quelle doit être la valeur de l pour que la sensibilité de l'instrument soit $\dfrac{1}{n}$ le rayon R restant le même?

$$\text{Réponse} : - \ C = \frac{(\sqrt{l^2 + R^2})^3}{2\pi \ R^2} \ H.$$

On arrive à cette formule de la manière suivante :

Appellons M le nombre d'unités magnétiques contenues dans l'aiguille, ρ sa distance a un élément de courant, I l'intensité du courant qui passe dans le cadre et α la déviation de l'aiguille sous l'influence de ce courant. La force avec laquelle le courant agit alors sur l'aiguille est :

$$\frac{2\pi.\ \mathrm{R.\ MI}}{\rho^2}.$$

Cette force est la somme des forces élémentaires produites par les éléments de courant. Ces éléments sont dirigés perpendiculairement à la ligne qui joint l'élément du courant au pôle magnétique. En considérant deux de

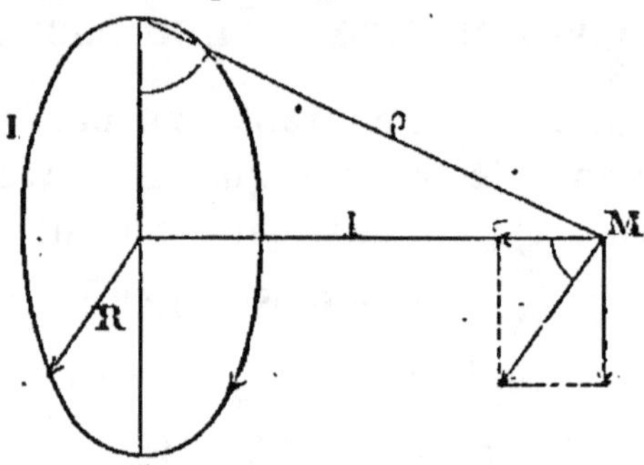

FIG. 8.

ces éléments qui se trouvent aux extrémites d'un même diamètre, et en les décomposant en deux composantes dont une est perpendiculaire et l'autre parallèle au plan du circuit, on voit que les premières s'ajoutent, tandis que les dernières se détruisent. La valeur de cette composante s'obtient en multipliant la force par le cosinus directeur $\frac{R}{\rho}$. Puis en multipliant cette force par le cos α, on obtient le moment statique du circuit par rapport au pôle :

$$\frac{2\pi\ \mathrm{R\ M\ I}}{\rho^2}\ .\ \frac{\mathrm{R}}{\rho}\ .\ \cos \alpha$$

et celui-ci est égal au couple M H sin α formé par la composante du magnétisme terrestre ; ce qui nous donne l'équation

$$\frac{2\pi\ \mathrm{R^2\ M\ I.}}{\rho^3}\ \cos \alpha = \mathrm{M\ H}\ \sin \alpha,$$

d'où

$$I = \frac{\rho^3}{2\pi\, R^2}\, H \, \tan g\ \alpha,$$

et la constante cherchée est alors

$$C = \frac{(\sqrt{l^2 + R^2})^3}{2\pi\, R^2}\, H.$$

La réponse à la deuxième question s'obtient en remarquant que si $l = o$, I est alors égal à

$$I = \frac{H\, R}{2\pi} \cdot tg\ \alpha.$$

Pour que la sensibilité de la boussole soit n fois plus petite, il faut que

$$I = n\, \frac{(l^2 + R^2)^{3\cdot 2}}{2\pi\, R^2} H\, tg\ \alpha$$

et par suite :

$$\frac{H\, R}{2\pi} \cdot tg\ \alpha = \frac{n\,(l^2 + R^2)^{3/2}}{2\pi\, R^2}\, H\, tg\ \alpha,$$

d'où

$$l = R\, \frac{\sqrt{1 - \sqrt[3]{n^2}}}{\sqrt[3]{n^2}}.$$

297. — On possède une boussole des tangentes dont la constante est $C = 0,50$; quelles sont en U. E. M. les intensités des courants qui font dévier son aiguille de 1°, 2°, 3°, 4°, 5°, etc. ?

Réponse : — En appliquant la formule $J = C\ tg\ \alpha = 0,5\ tg$, on obtient :

pour $\alpha_1 = 1°$, $I_1 = 0,0088$ U. E. M. $= 0,088$ ampère.

$\alpha_2 = 2°$, $I_2 = 0,0176$ U. E. M. $= 0.176$ »

$\alpha_3 = 3°$, $I_3 = 0,0264$ » $= 0,264$ »

$\alpha_4 = 4°$, $I_4 = 0,0352$ » $= 0,352$ »

$\alpha_5 = 5°$, $I_5 = 0,0440$ » $= 0,440$ »

298. — Une certaine pile constante fait dévier l'aiguille d'une boussole des tangentes de 35°. En intercalant dans le circuit un interrupteur cylindrique, tournant rapidement, la déviation de l'aiguille n'est plus que de 28' 30'. Quel est le rapport entre les largeurs des pièces isolantes et les pièces conductrices de l'interrupteur ?

RÉPONSE : — Comme les quantités d'électricité débitées dans les deux cas sont dans le même rapport que les largeurs des pièces de l'interrupteur, et d'autre part comme les quantités débitées sont entre elles comme les moyennes des intensités, soit comme les tangentes des angles de déviation, on doit avoir

$$l_c : l_i = \text{tg } 35° : \text{tg } 28° \ 30', \qquad \text{d'où} \qquad \frac{l_c}{l_i} = 1,29.$$

C. — *Mesure de l'intensité au moyen de la boussole des sinus.*

299. — Quelle est la valeur de la constante d'une boussole des sinus de 24 fils enroulés sur un cadre circulaire de 7 cm de rayon ?

$$\text{RÉPONSE :} \quad C = \frac{r \ H}{2\pi \ n} = \frac{7.0,2}{2\pi. \ 24} = 0,0093.$$

300. — Une boussole des sinus de 32 fils avec un cadre circulaire de 12 cm de rayon et une aiguille aimantée contenant 0,6 U. E. M., indique une déviation de 24°. Quelle est l'intensité du courant ?

RÉPONSE :

$$I = \frac{r\,H}{2\pi\,n}\, . \sin \alpha = \frac{12.0,2}{2\pi\,32}\, . \sin 24° = 0,004855\ \text{U. E. M.}$$

301. — Deux éléments Grove, en circuit à faible résistance, donnent un courant pour la mesure duquel on doit dévier de 70° le cadre d'une boussole des sinus. En intercalant une forte résistance de fils fins et longs la déviation nécessaire est de 9°. Quel est le rapport des intensités des deux courants? (Thompson.)

RÉPONSE : — En employant deux fois la même boussole les intensités des courants seront

$$I_1 = C \sin \alpha_1, \qquad \text{et} \qquad I_2 = C \sin \alpha_2$$

Le rapport demandé sera :

$$\frac{I_1}{I_2} = \frac{\sin \alpha_1}{\sin \alpha_2} = \frac{\sin 70°}{\sin 9°} = \frac{0,9397}{0,1564} = \frac{6}{1}$$

302. — Quelle est l'intensité du courant le plus fort que l'on peut encore mesurer avec la boussole des sinus du numéro 299 ?

RÉPONSE : — Comme on doit obtenir une valeur positive de I, il faut que I limite soit plus petit que la valeur maximale de $\frac{r\,H}{2\pi\,n} \sin \alpha$, mais le maximum de $\frac{r\,H}{2\pi\,n} \sin \alpha$ étant $\frac{r\,H}{2\pi\,n}$, il faut que $I < \frac{r\,H}{2\pi\,n}$, soit plus petit que $\frac{7.0,2}{2\pi.24}$, ou que $I < 0,00928$ U.E.M., ou $I < 0,0928$ ampères.

303. — Combien de fils doit avoir une boussole des sinus si le rayon du cercle ne doit pas être plus petit que 5 cm et si l'on veut pouvoir mesurer des courants jusqu'à 1 ampère ?

RÉPONSE : — Il faudra que

$$1 \text{ ampère} = 1.\, 10^{-1} \text{ U.E.M.} < \frac{r\,H}{2\pi\,n} ;$$

ou que $\frac{1}{10} < \frac{r\,H}{2\pi\,x}$, d'où $x < \frac{5.0,2.10}{2\pi}$; c'est-à-dire $< 1,6$.

304. — On veut construire deux boussoles des sinus, l'une à 1, l'autre à 12 fils ; la première pour mesurer des courants jusqu'à 1 ampère ; la seconde pour des courants jusqu'à $\frac{1}{50}$ d'ampère ; quels sont les diamètres de la première et de la seconde boussole ?

RÉPONSE : — On doit avoir : 1 ampère $< \dfrac{x.0,2}{2\pi.1.}$ pour la première boussole et $\dfrac{1}{50}$ ampère $< \dfrac{y.0,2}{2\pi.12}$ pour la seconde ;

il s'ensuit que x, le rayon de la première, est de $3,14^{\text{cm}}$ et que y, le rayon de la seconde, doit avoir $0,75^{\text{cm}}$.

305. — La constante d'une boussole des sinus est $C = 0,0098$; quelles sont les intensités en U. E. M. et en ampères, qui correspondent aux angles de 1°, 2°, 3°... , 10°, 20°, 30°... 90° ?

RÉPONSE : — En résolvant l'équation $I = C \sin \alpha = 0,0098 \sin \alpha$, pour chaque cas proposé, on trouve pour $\alpha_1 = 1°$, $I_1 = 0,000171$; $\alpha_2 = 2°$, $I_2 = 0,000342$; $\alpha_{10} = 10°$, $I_{10} = 0,001702$; $\alpha_{20} = 20°$, $I_{20} = 0,003352$ U.E.M.

XI. — Résistance.

A. — *Influence de la longueur et de l'épaisseur du conducteur.*

306. — La résistance d'un fil télégraphique de 32 km est de 250 ohms ; quelle est la résistance de 7,2 km de ce même fil?

Réponse : — 32 km : 7,2 km $=$ 250 ohms : x ohms,

$$d'où \quad x = \frac{7,2}{32} \cdot 250 = 56,25 \text{ ohms.}$$

307. — Un fil de cuivre de 1 000 mètres de long et de 1 mm d'épaisseur a une résistance de 20,57 ohms ; quelle doit être la longueur de ce fil pour que sa résistance soit de 0,11 ohm ?

Réponse :

$$20,57 \text{ ohms} : 0,11 \text{ ohms} = 1000 \text{ m} : x \text{ m,}$$

$$d'où \quad x = \frac{0,11}{20,57} \cdot 1000 = 5,35 \text{ m.}$$

308. — Si la résistance de 32 km de fil télégraphique de 4 mm est de 250 ohms, quelle sera la résistance d'une même longueur de fil de 2 mm de diamètre ?

Réponse : $=$ Les résistances sont inversement proportionnelles aux sections, donc :

$$250 \text{ ohms} : x \text{ ohms} = 2^2 : 4^2, \quad d'où \quad x = 1000 \text{ ohms.}$$

309. — Un fil de zinc de 1 mm de diamètre et de 50 m. de longueur a une résistance de 3,622 ohms; quelle est l'épaisseur d'un fil de zinc de même longueur ayant une résistance de 36, 22 ohms ?

Réponse : — On a :

3,622 ohms : 36,22 ohms $= x^2 : 1^2$, d'où $x = 0,3162$ mm.

310. — Comment trouve-t-on la résistance d'un fil de nickel de 200 m. de long et de $\frac{1}{8}$ mm. de diamètre, sachant que 1,5 km de ce fil de 2 mm d'épaisseur a une résistance 60,15 ohms?

Réponse : — La résistance d'un fil est donnée par la formule $R_1 = c_1 \frac{l_1}{s} = c_1 \frac{l_1}{d_1^2}$; pour un autre fil on a $R_2 = c_2 \frac{l_2}{d_2^2}$. Pour deux fils de même nature $c_1 = c_2$, et le rapport des résistances est alors $\frac{R_1}{R_2} = \frac{l_1}{l_2} \cdot \frac{d_2^2}{d_1^2}$, d'où

$R_2 = \frac{l_2}{l_1} \left(\frac{d_1}{d_2}\right)^2 R_1$ et dans notre cas $R_2 = 60,15 . \frac{200}{1500} \left(\frac{2}{\frac{1}{8}}\right)^2$ $= 2053,12$ ohms.

311. — Deux fils de laiton doivent avoir la même résistance; leurs longueurs sont de 18 m. et de 0,5 m; quel doit être le diamètre du plus long, si le plus court a une épaisseur de 0,75 mm ?

Réponse : — En résolvant la formule du numéro précédent par rapport au diamètre, il vient :

$$d_2 = d_1 \sqrt{\dfrac{R_1\, l_2}{R_2\, l_1}}\ , \text{ et comme } R_1 = R_2, \text{ on aura}$$

$$d_2 = 0{,}75 \sqrt{\dfrac{18}{0{,}5}} = 4{,}5 \text{ mm.}$$

312. — De deux fils de platine, le premier a une longueur de 70 m. et une épaisseur de 1,2 mm ; le second une épaisseur de 0,3 mm et une résistance moitié de celle du premier ; quelle est la longueur du second ?

Réponse : — La formule

$$l_2 = l_1\, \frac{R_2}{R_1} \left(\frac{d_2}{d_1}\right)^2 \text{ donne } l_2 = 70.\, \frac{\frac{1}{2}}{1} \left(\frac{0{,}3}{1{,}2}\right)^2 = 2{,}19 \text{ m.}$$

313. — Quelle est la résistance d'une ligne télégraphique en fer de 4 mm de diamètre et de 80 km de long ?

Réponse : — 1 cm de fil de fer de 1 mm² de section a une résistance de $\dfrac{1}{7{,}8.106}$ ohm ; le diamètre de 4 mm donne une section de $\pi 2^2$ mm² = 12,56 mm² ; le cm de fil télégraphique aura donc une résistance de

$$\frac{1}{7{,}8} \cdot \frac{1}{106} \cdot \frac{1}{12{,}56} \text{ ohm. Les 80 km. demandés auront}$$

$$\frac{1}{7{,}8} \cdot \frac{1}{106} \cdot \frac{1}{12{,}56} \cdot 8000000 = 773{,}7 \text{ ohms de résistance.}$$

Ou bien, d'après la table XI, un fil de fer de 1 m. de lon-

gueur et de 1 mm de diamètre a une résistance de 0,1251
ohm. Le fil en question aura donc

$$R = 0{,}1251 . 80000 . \frac{1}{4^2} = 625{,}5 \text{ ohms.}$$

314. — Le câble transatlantique (1866) a une
longueur de 3 000 klm, son âme en cuivre a
2,5 mm de rayon, quelle est sa résistance ?

Réponse : — 2 468,4 ohms.

315. — Les bobines des électro-aimants des
appareils Morse portant 940 m. de fil de cuivre
de 0,2 mm d'épaisseur ; quelle est la résistance
de ces bobines ?

Réponse :

$$R = \frac{1}{55{,}86} \cdot \frac{100}{106} \cdot \frac{1}{\pi \left(\frac{1}{10}\right)^2} . 940 = 505 \text{ ohms.}$$

ou bien :

$$R = 0{,}02104 . 940 . \left(\frac{1}{0{,}2}\right)^2 = 494{,}4 \text{ ohms.}$$

316. — Un câble à enveloppe de plomb a
une âme de cuivre de 2 mm, une enveloppe
isolante de 6 mm d'épaisseur et une couche protectrice de 10 mm de diamètre extérieur ; sa longueur est de 1 km ; quelle est la résistance de
l'âme et quelle est celle de l'enveloppe ?

RÉPONSE :

Pour le cuivre $R_1 = \dfrac{1}{55,86} \cdot \dfrac{100}{106} \cdot \dfrac{1}{\pi\, 1^2}\, 1000 = 5,3$ ohms.

Pour le plomb $R_2 = \dfrac{1}{4,8} \cdot \dfrac{100}{106} \cdot \dfrac{1}{\pi\,(5^2 - 3^2)}\, 1000 =$
$= 3,9$ ohms.

ou bien : Avec les chiffres de la table XI il est

$$R_1 = 0,02104.\ 1000\ \dfrac{1}{2^2} = 5,26 \text{ ohms.}$$

$$R_2 = 0,2526.\ 1000.\ \dfrac{1}{10^2 - 6^2} = 3,95 \text{ ohms.}$$

317. — En 1854, M. Hipp a posé dans le lac des Quatre-Cantons un câble de 6,4 km de longueur, dont l'âme en fer avait 0,35 cm d'épaisseur la couche isolante 0,9 cm et l'enveloppe protectrice en bandes de fer enroulées en spirale sur la couche isolante avait un diamètre extérieur 1,1 cm ; quelle est la résistance de l'âme et quelle est celle de l'enveloppe protectrice ?

RÉPONSE : — $R_1 = 65,35$ ohms ; $R_2 = 20,01$ ohms.

318. — Le circuit secondaire d'une bobine d'induction est en fil de cuivre de 0,2 mm d'épaisseur et a une résistance de 100 000 ohms ; quelle est sa longueur ?

RÉPONSE :

$$100000 = \dfrac{1}{55,86} \cdot \dfrac{100}{106} \cdot \dfrac{1}{\pi\,(0,1)^2}\, l\,; \text{ d'où } l = 186\ 093 \text{ m.}$$

ou bien

$$100000 = 0,02104\, l \left(\frac{1}{0,2}\right)^2$$

d'où

$$l = 190124 \text{ mètres.}$$

319. — L'électro-aimant d'une dynamo porte des fils de 0,8 mm d'épaisseur ; la résistance de ce fil est de 20 ohms ; quelle est sa longueur et son poids ?

RÉPONSE : — $l = 608$ m ;

$$\text{poids} = 60800.\ \pi.\ 0,0016.8,94 = 2733 \text{ gr.}$$

320. — La résistance d'un fil de cuivre simple d'une boussole des tangentes de 24 cm de diamètre est 0,01 ohm ; quelle est sa section ?

RÉPONSE :

$$0,01 = \frac{1}{55,86}\cdot\frac{100}{106}\cdot\frac{1}{x}\cdot 0,24\pi\ ;\ \text{d'où}\ x = 1,27 \text{ mm}^2$$

ou bien :

$$0,01 = 0,02104.\ \pi.\ 0,24.\ \left(\frac{1}{d}\right)^2$$

donne comme épaisseur $d = 1,2605$ mm, d'où

$$s = \frac{1,2605^2}{4\,\pi} = 1,25 \text{ mm}^2.$$

321. — Quelle est la résistance du mercure contenu dans un tube de verre de 56 cm de long et de 14 mm. de diamètre intérieur ?

RÉPONSE : — $R = \dfrac{1}{106}\cdot 56\cdot\dfrac{1}{\pi\cdot 7^2} = 0,0034$ ohm.

B. — *Influence de la nature du conducteur.*

322. — Quelle est la résistance d'un fil d'antimoine, de fer, de cuivre, d'argent, de zinc de 106 cm de long et de 1 mm² de section ?

RÉPONSE : — D'après la table XI on a :

Pour l'antimoine : $R_1 = \dfrac{1}{2,05} = 0,478$ ohm ;

Pour le fer. . . . $R_2 = \dfrac{1}{9,68} = 0,103$ ohm ;

Pour l'argent. . . $R_3 = \dfrac{1}{63,80} = 0,0156$ ohm ;

Pour le cuivre . $R_4 = \dfrac{1}{55,86} = 0,0179$ ohm ;

Pour le zinc . . . $R_5 = \dfrac{1}{16,64} = 0,0601$ ohm ;

323. — Dans quel rapport la résistance d'une ligne télégraphique change-t-elle si l'on remplace le fil de fer par du fil de cuivre de mêmes dimensions ?

RÉPONSE : — Ce rapport est l'inverse du rapport des coefficients de conductibilité : $\dfrac{9,685}{55,86} = 0,174$ de la conductibilité de la ligne en fer.

324. — On peut choisir entre trois couples thermo-électriques de mêmes dimensions ; le premier est formé de nickel-cuivre, le second d'or-argent ; le troisième de platine-fer ; le second des métaux indiqués a une longueur triple du premier. Quel est le rapport des conductibilités des trois couples ?

RÉPONSE : — Si la longueur du second métal est 3 a cm pour a cm du premier, les conductibilités seront respectivement :

Ni — Cu   p. 3.55,86   +   p. 1.7,374 = p. 174,954 ;
Or — Ag   p. 3.62,12   +   p. 1.44,06 = p. 230,42 ;
Pl — Fe   p. 3.7,861   +   p. 1.6,073 = p. 29,656. .

Les rapports demandés seront donc :

$$I : II : III = 175 : 230 : 30 = 35 : 46 : 6.$$

325. — On veut remplacer une ligne télégraphique en fer de 4 mm de diamètre par une ligne en bronze siliceux dont la conductibilité est 40 fois celle du mercure ; quel doit être son diamètre pour que sa résistance soit la même que celle de la ligne en fil de fer ?

RÉPONSE : — La longueur et la résistance devant être les mêmes, les sections devront être entre elles inversement comme les coefficients de conductibilité. D'après la table XI, la conductibilité du fer est 9,685 fois celle du mercure, de sorte que

$$S_f : S_b = C_b : C_f \text{ ou } \pi\, 2^2 : \pi\, x^2 = 40 : 9,685, \text{ d'où}$$

$x = 0,984$ mm et le diamètre demandé $= 1,968$ mm.

C. — *Influence de la longueur du diamètre et de la nature du fil.*

326. — Quelle est la résistance d'un fil de fer de 1 m. de long et de 2 mm de diamètre ?

RÉPONSE : — La table XI nous indique que là résistance spécifique du fer est 0,1251 ohm ; la résistance d'un mètre de 1 mm. de diamètre est donc 0,1251 ; celle de 1 m. de 2 mm. de diamètre, c'est-à-dire d'une section 4 fois plus grande sera $R = \frac{1}{4} \cdot 0,1251 = 0,0313$ ohm.

327. — Quelle est la résistance d'un fil de fer de 1 525 m. de longueur et de 3 mm de diamètre ?

RÉPONSE : — $R = 21,14$ ohms.

328. — La résistance d'un fil de cuivre de 1 mm de diamètre est de 0,02057 ohm ; quelle est la longueur de ce fil ?

RÉPONSE : — D'après la table XI, cette résistance est celle d'un fil de 1 m. de long.

329. — La résistance d'un fil de cuivre de 5 mm de diamètre est de 0,02057 ohm ; quelle est sa longueur ?

RÉPONSE : — Le fil de 1 mm. de diamètre et de la résistance proposée aurait 1 m. de long ; le fil ayant 5 mm, soit 25 fois plus de section, sa longueur sera 25 fois plus grande, soit de 25 m.

330. — Quelle est la longueur d'un fil de cuivre de 0,1 mm. de diamètre et de 0,02057 ohm de résistance ?

RÉPONSE : — La section étant 100 fois plus petite, la longueur l sera $\dfrac{1}{100}$ de 1 m. ou 1 cm.

331. — La résistance spécifique par cm³ étant 19,85 microhms pour le plomb, quelle est la résistance d'un fil de ce métal de 1 m de long et de 1 mm² de section ?

RÉPONSE : — Le numéro 310 donne

$$R_2 = R_1 \frac{l_2}{l_1} \left(\frac{s_1}{s_2} \right) = 19,85 . \frac{100}{1} \left(\frac{100}{1} \right) \text{ microhms } =$$
$$= 0,1985 \text{ ohm.}$$

332. — La résistance spécifique de l'aluminium étant 2945 U.E.M. (cm, gr, sec.), quelle est la résistance d'un fil de 30 mm de diamètre et de 0,3 cm de longueur ?

RÉPONSE :

$$R = 2945 . \frac{0,3}{1} \left(\frac{1}{\left(\frac{3}{2} \right)^2 \pi} \right) \text{U. E. M.} = 125 \ \text{U. E. M.} =$$
$$= 0,000000125 \text{ ohm.}$$

333. — Un fil de fer a 3 mm² de section et la même résistance qu'un fil de cuivre de 1000 m. de long et d'une section de $\frac{1}{2}$ mm². En suppo-

.sant la conductibilité du fer $= \frac{1}{7}$ de celle du cuivre, quelle doit être la longueur du fil de fer ?

RÉPONSE : — On a : $R_1 = \dfrac{l_1}{\rho_1 \, s_1} = \dfrac{l_2}{\rho_2 \, s_2} = R_2$; donc :

$$l_1 = l_2 \, \frac{\rho_1}{\rho_2} \cdot \frac{s_1}{s_2} = 1000 \, \frac{\frac{1}{7}}{1} \cdot \frac{3}{\frac{1}{2}} = 857 \text{ m.}$$

334. — Un fil de cuivre de 3,6 m. de long et 1,20 gr. a une résistance de 1,12 ohm ; quelle sera la résistance d'un fil de cuivre de 25 cm et pesant 0,80 gr. ?

RÉPONSE : — Soient p_1 et p_2 les poids des deux fils de longueurs l_1 et l_2 et de sections s_1 et s_2 ; on aura :

$$\frac{p_1}{p_2} = \frac{l_1 \, s_1}{l_2 \, s_2} \quad \text{et} \quad \frac{s_1}{s_2} = \frac{l_2 \, p_1}{l_1 \, p_2} \; ;$$ en substituant cette valeur de $\dfrac{s_1}{s_2}$ dans l'équation générale $\dfrac{R_1}{R_2} = \dfrac{c_1}{c_2} \cdot \dfrac{l_1}{l_2} \cdot \dfrac{s_2}{s_1}$. et en remarquant que $c_1 = c_2$, il vient :

$$\frac{R_1}{R_2} = \left(\frac{l_1}{l_2} \right)^2 \frac{p_2}{p_1}, \text{ d'où } R_1 = 1,12 \left(\frac{25}{360} \right)^2 \frac{1,20}{0,80} = 0,008 \text{ ohm.}$$

335. — La résistance d'un fil de cuivre pur de 1 m de long et de 1 gr. de poids est égale à 0,1469 ohm, tandis que la résistance d'un fil de cuivre du commerce de 4 m et de 0,88 gr. est de 2,814 ohms. Quelle est leur conductibilité par rapport au cuivre pur, et quelle est leur conductibilité relative ?

RÉPONSE : — En supposant d'abord le second fil également en cuivre pur, sa résistance doit être :

$$R_2 = 0,1469 \left(\frac{4}{1}\right)^2 \frac{1}{0,88} = 2,671 \text{ ohms.}$$

La conductibilité du fil du commerce est donc :

$$K = \frac{2,671}{2,814} = 94,9 \text{ p. } 100.$$

336. — Un fil de cuivre de 263 cm pèse 5,21 gr. et il a une résistance de 0,2250 ohm ; un autre fil a 176 cm et pèse 4,44 gr., sa résistance étant de 0,1145 ohm ; quelle est leur conductibilité par rapport au cuivre pur et quelle est leur conductibilité relative ?

RÉPONSE : — Si le premier fil était en cuivre pur, il aurait une résistance de $0,1469 \left(\frac{263}{100}\right)^2 \frac{1}{5,21} = 0,1950$; et le second de $0,1469 \left(\frac{176}{100}\right)^2 \frac{1}{4,44} = 1,1025$; leurs conductibilités sont donc respectivement :

$$K = \frac{0,1950}{0,2250} = 86,68 \text{ p. } 100 \text{ et } K = \frac{0,1025}{0,1145} = 89,51 \text{ p. } 100.$$

La conductibilité relative est $K' = 96,8$ p. 100.

337. — Un fil de fer de 4 mm de diamètre pèse 82,32 kgr par km ; sa résistance kilométrique est 13,24 ohm ; quelle est sa conductibilité par rapport à celle du cuivre pur ?

RÉPONSE : — La résistance kilométrique d'un fil de cuivre pur est R $= 0,02104. 1000 \frac{1}{4^2} = 1,315$ ohm ; celle du fer étant 13,24 ohms, le rapport des conductibilités est $\frac{131.5}{1324} = 9,91$ p. 100.

338. — La résistance d'un fil de cuivre de 2,5 mm de diamètre est de 5,3 ohms ; quelle est sa longueur ?

RÉPONSE : — Un fil de cuivre de 1 mm de diamètre et de 1 m de long a une résistance de 0,02057 ohm ; un fil de 1 m et de 2,5 mm de diamètre (soit de section $\frac{25}{4}$ fois plus grande) aura la résistance de $\frac{4}{25}$. 0,0257 ; et pour que le fil proposé ait la résistance de 5,3 ohms, il faut qu'il ait une longueur de $\frac{5,3.25}{4.0,02057} = 1610$ m.

339. — La résistance d'un fil de platine de 1 m. de longueur est 0,1166 ohm ; quelle est son épaisseur.

RÉPONSE — La résistance spécifique du platine étant 0,1166, ledit fil devra avoir un diamètre de 1 mm.

340. — La résistance d'un fil de platine de 16 m de long est 0,1166 ohm ; quelle est son épaisseur?

RÉPONSE : — Un fil de platine de 16 m et de 1 mm a la résistance de 16.0,1166 ohm ; pour une épaisseur de x mm la résistance devient $\frac{16.0,1166}{x^2}$, laquelle doit être $= 0,1166$; il en résulte que $x = 4$ mm.

341. — La résistance d'un fil de platine de 35 cm est 1,36 ohm; quel est son diamètre?

RÉPONSE : — La résistance du fil est :

$$\frac{0,35.0,1166}{x^2} = 1,36, \text{ d'où } x = 0,173 \text{ mm.}$$

342. — Quelle est la longueur d'un fil de cuivre dont le diamètre est de 0,6 mm et dont la résistance est égale à celle de 1 525 m d'un fil de fer de 3 mm d'épaisseur? (Schoentjes.)

RÉPONSE : — La résistance du fil de fer est :

$\frac{1525.0,1251}{9}$ ohms ; la longueur du fil de cuivre étant x m, il faudra que :

$$\frac{x.0,02057}{0,6^2} = \frac{1525.0,1251}{9}, \text{ d'où } x = 371 \text{ m.}$$

343. — Une bande d'étain de 21 cm de longueur de 0,02 cm d'épaisseur doit être introduite dans un circuit pour faire une résistance de 10 ohms.; quelle doit être sa largeur?

RÉPONSE :

$$10 \text{ ohms} = \frac{1}{9,87} \cdot \frac{100}{106} \cdot \frac{21}{0,2\, x\, 100}, \text{ d'où } x = 0,010 \text{ mm;}$$

ou bien :

$$10.\,10^9 \text{ U. E. M.} = 13360. \frac{21}{0,02\, x}, \text{ d'où } x = 0,014 \text{ mm.}$$

344. — Quelle est la résistance d'un filament

de charbon de 9 cm de longueur et de 0,04 cm
d'épaisseur : 1° à froid (15°) et 2° à chaud (900°)?

Réponse :

$$R_f = \frac{1}{0,02\,(1 + 0,0003.15)} \cdot \frac{100}{106} \cdot \frac{1}{\pi\,0,2^2} \cdot \frac{9}{100} \text{ ohms}$$
$$= 33,6 \text{ ohms.}$$

$$R_c = \frac{1}{0,02\,(1 + 0,0003.900)} \cdot \frac{100}{106} \cdot \frac{1}{\pi\,0,2^2} \cdot \frac{9}{100} \text{ ohms}$$
$$= 26,6 \text{ ohms.}$$

345. — Une lampe à incandescence Siemens,
type A, a une résistance à froid de 60 ohms;
le filament a 12 cm de long; quelle est sa section?

Réponse :

$$60 = \frac{1}{0,02\,(1 + 0,0003.15)} \cdot \frac{100}{106} \cdot \frac{1}{x} \cdot \frac{12}{100}, \text{ d'où}$$
$$x = 0,09 \text{ mm}^2.$$

346. — Quelle doit être la longueur du filament de charbon dans une lampe Siemens, type
A, pour que sa résistance soit de 3 ohms?

Réponse : — Comme le diamètre du filament ne varie
pas, c'est la longueur à elle seule qui doit être proportionnelle à la résistance :

$$12 \text{ cm} : x \text{ cm} = 60 \text{ ohms} : 3 \text{ ohms}; \text{ d'où :}$$
$$x = 0,6 \text{ cm.}$$

347. — Pour faire un rhéostat, on veut se
servir de fil de fer de 4 mm, de 3 mm et de 2 mm

de diamètre; quelle sera la longueur de chacun de ces fils qui correspond à 1 ohm?

Réponse : — On doit avoir :

$$1 \text{ ohm} = \frac{1}{9,685} \cdot \frac{100}{106} \cdot \frac{1}{\pi \, 2^2} \cdot \frac{x_1}{100}, \text{ d'où } x_1 = 93,8 \text{ m};$$

$$1 \text{ ohm} = \frac{1}{9,685} \cdot \frac{100}{106} \cdot \frac{1}{\pi \, 1,5^2} \cdot \frac{x_2}{100}, \text{ d'où } x_2 = 53,3 \text{ m};$$

$$1 \text{ ohm} = \frac{1}{9,685} \cdot \frac{100}{106} \cdot \frac{1}{\pi \, 1^2} \cdot \frac{x_3}{100}, \text{ d'où } x_3 = 23,6 \text{ m}.$$

ou bien :

en se basant sur le chiffre de la seconde colonne table XI

$$1 \text{ ohm} = 0,1251 . \, x \, \frac{1}{4^2}, \text{ d'où } x = 127,9 \text{ m}; \ldots$$

348. — Quelle est la conductibilité de l'étain en unités absolues (cm, gr., sec.), si elle est 9,874 fois celle du mercure pur et que l'unité de conductibilité du mercure soit $1,060 . 10^{-5}$ U. E. M.?

Réponse : — Le rapport des conductibilités du mercure et de l'étain étant donné, la conductibilité cherchée sera :

$$C = \frac{1}{R} = 9,874 . \, 1,060 . 10^{-5} \text{ U. E. M.}$$

$$= 10,465 . 10^{-5} \text{ U. E. M.} \left[\frac{\text{sec}}{\text{cm}}\right].$$

349. — Le sulfate de cuivre ayant une conductibilité de 0, 000003 relativement au mercure, quelle est sa conductibilité absolue?

Réponse : — $C = 3,18 . 10^{-11}$.

350. — Quelle est en unités absolues la conductibilité d'un fil de platine de 44 cm de long et de 2 mm de diamètre et quelle est sa résistance en ohms ?

RÉPONSE : — En prenant comme conductibilité du platine par rapport au mercure le chiffre 6,073, la conductibilité absolue du platine sera : $6,073.1,060.10^{-5}$ U. E. M. $= 6,437.10^{-5}$. Le fil indiqué aura donc une conductibilité de :

$$6,437.10^{-5}. \frac{1}{44} \pi\, 0,1^2 = 4,6.10^{-8} \text{ U. E. M. } \left[\frac{\text{sec}}{\text{cm}}\right]$$

La résistance de ce fil sera :

$$R = \frac{1}{6,437} \cdot \frac{100}{106} \cdot 44 \cdot \frac{1}{\pi\, 1^2} = 2,05 \text{ ohms.}$$

351. — La conductibilité absolue du bismuth étant $0,84.10^{-5}$, quelle est sa conductibilité par rapport au mercure?

RÉPONSE : — Un ohm étant la résistance que présente une colonne de mercure de 106 cm de long et 1 mm² de section, ou bien un ohm étant 10^9 U. E. M., un fil de 1 cm de long et 1 cm² de section aura une résistance de $\frac{10^9}{106.100}$ ou la conductibilité $\frac{106.100}{10^9} = 1,06.10^{-5}$. En la comparant à celle du bismuth, on trouve le rapport 0,792.

352. — Dans un élément Minotto, les deux disques de zinc et de cuivre ont un diamètre de 12 cm, leur distance est de 8 cm; en prenant comme résistance spécifique de la solution de

sulfate de cuivre en U. E. M. le nombre $1,95.10^{10}$, quelle est la résistance de la pile?

RÉPONSE : — La section de la colonne liquide à traverser est $\pi \left(\dfrac{12}{2}\right)^2$, sa longueur 8 cm.; la résistance sera par suite

$$\frac{1,95.10^{10}.\ 8}{\pi.36} \text{ U. E. M.} = 1,38.10^9 \text{ U. E. M.} = 1,38 \text{ ohm.}$$

353. — Dans un cylindre à bases conductrices mais à parois isolantes, de 10 cm de diamètre, on verse de l'eau avec 20 p. 100 d'acide sulfurique; quelle doit être la distance des bases pour que la résistance du liquide interposé soit de 1 ohm?

RÉPONSE : — La Table XII nous apprend que l'eau acidulée à 20 p. 100 a une résistance spécifique de $1,44.10^9$ U. E. M.; soit de 1,44 ohm par cm^3. La section étant $\pi\ 25\ cm^2$ et la hauteur x cm il faudra que $\dfrac{1,44.x}{\pi.\ 25} = 1$ ohm, soit que $x = 54,5$ cm.

354. — La résistance des fils de cuivre sur les inducteurs d'une dynamo est de 26,23 ohms à la température de 15°; quelle est-elle à 40°?

RÉPONSE : — D'après les résultats obtenus par Matthiessen, la résistance demandée est :

$$R_{40} = 26,23\ (1 + 0,0038240.25 + 0,000001260.25^2)$$
$$= 28,748 \text{ ohms.}$$

355. — Les anneaux d'une machine Gramme
ont à froid une résistance de 38 ohms et à chaud
de 45 ohms ; quelle est l'élévation de température
du cuivre de ces anneaux ?

RÉPONSE : — On a :

$$45 \text{ ohms} = 38\ (1 + 0,003824\ x + 0,000001260\ x^2);$$
$$\text{d'où } x = 47°.$$

356. — Un fil de cuivre de 9 m. de long,
pesant 18 gr. a une résistance de 0,800 ohm à la
température de 15° C. ; quel est son degré de
pureté, soit sa conductibilité spécifique ?

RÉPONSE : — D'après la table XI, la résistance d'un fil
de cuivre pur de 1 m. de longueur et pesant 1 gr à la
température de 15° C. est 0,1469. La résistance d'un fil de
1 m. pesant 18 gr. serait donc 0,1469 : 18 = 0,00816 ohm
et celle d'un fil de 9 mètres 9 × 0,00816 = 0,07345 ohm.
La conductibilité cherchée se tire de la proportion :

$$0,800 : 0,07345 = 100 : x; \text{ d'où } x = 91,8 \text{ p. } 100.$$

357. — Quelle est la résistance d'une colonne
de mercure de 1 m. de long et pesant 1 gr. ?

RÉPONSE : — Une colonne de mercure de 1 m. de long
et d'un poids de 1 gr. aura un diamètre d tel que :

$$\pi \left(\frac{d}{2}\right)^2 100.13,59 \text{ gr.} = 1 \text{ gr.}; \text{ d'où } d = 0,035 \text{ cm.}$$

Comme un cm³ de mercure a $99,06.10^{-6}$ ohms de résistance, la résistance cherchée sera :

$$99,06.10^{-6}.100 \; \frac{1}{\pi \left(\dfrac{d}{2}\right)^2} = 99,06.\,10^{-6}.100\,(100.\,13,59)$$

$$= 13,46 \text{ ohms.}$$

358. — Quelle est la résistance d'une colonne d'une substance de densité δ et de résistance absolue ρ U. E. M., ayant 100 cm de long et un poids de 1 gr.?

RÉPONSE : — Le rayon de la colonne se déduit de :

$$\pi \; r^2 \; 100.\delta = 1 \text{ gr.}$$

et la résistance électrique est $R = \rho \; 100 \; \dfrac{1}{\pi \; r^2}$.

En éliminant r, il vient $R = 10^4 \delta \rho$ U. E. M $= 10^{-5} \delta \, \rho$ ohms.

359. — Un élément Bunsen de 20 cm de hauteur a une résistance intérieure de $R = 0,05$ ohm; quelle sera la résistance approximative d'un élément Bunsen de 13 cm et d'un autre de 35 cm et quelles seront les intensités maximales des courants que fournissent ces éléments?

RÉPONSE : — Les éléments Bunsen étant semblables, les sections des éléments, soit les surfaces des zincs et des charbons, ainsi que la résistance intérieure varieront proportionnellement au carré de la hauteur. Les résistances seront donc :

$$R_1 : R_2 : R_3 = 0,05 : \left\{ \left(\frac{20}{13}\right)^2 .\; 0,05 \right\} : \left\{ \left(\frac{20}{35}\right)^2 .\; 0,05 \right\} =$$

$$= 0,05 : 0,12 : 0,016 \text{ ohm.}$$

Comme la F. E. M. d'un élément Bunsen est de 1,9 volt,

les courants auront, autant que les conditions restent
les mêmes, respectivement les intensités :

$$I_1 = \frac{1.9}{0,05} = 38 \text{ ampères} ; \quad I_2 = \frac{1,9}{0,12} = 15,8 \text{ ampères} ;$$

$$I_3 = \frac{1,9}{0,016} = 119 \text{ ampères.}$$

360. — Un élément Daniell de 15 cm de hauteur, ayant une résistance intérieure de 0,61
ohm, quelle sera la résistance d'un élément de
3 cm de hauteur? Quels sont les courants que
fournissent ces éléments dans un circuit dont la
résistance est négligeable?

RÉPONSE : — Comme dans le numéro précédent, les
résistances seront entre elles comme les carrés des hau-
teurs ; donc la résistance demandée sera :

$$R_2 = \left(\frac{15}{3}\right)^2 . \, 0,61 = 15,2 \text{ ohms.}$$

Les intensités sont :

$$I_1 = \frac{1}{0,61} = 1,64 \text{ ampère.}$$

$$I_2 = \frac{1}{15,2} = 0,06 \text{ ampère.}$$

361. — Quel est le nombre de coulombs qui
traverseraient en 100 ans une plaque de gutta-
percha de 1 cm d'épaisseur et 1 m² de surface
dont les deux faces seraient recouvertes de
feuilles d'étain, si celles-ci sont réunies aux pôles
d'une batterie de 100 éléments Daniell ?

Réponse : — La résistance spécifique de la gutta est $4,5.10^{23}$; l'année a 315 36000 secondes de sorte que le nombre d'ampères-secondes qui traversent la plaque est de

$$Q = 315\ 3600000.\ \frac{100}{4,5.\ 10^{23}.\ 10^{-9}\ \dfrac{1}{10000}} = 7,01 \text{ coulombs.}$$

XII. — Force électromotrice.

A. — *Mesure au moyen des boussoles.*

362. — Dans un circuit qui contient une boussole des tangentes, on intercale deux éléments dont on veut comparer les forces électromotrices; on dispose les éléments une fois dans le même sens, une fois en sens inverse l'un de l'autre. Comment parvient-on à exprimer E_1 en fonction de E_2 ?

Réponse : — En intercalant les éléments dans le même sens, on obtient en désignant par R la résistance totale du circuit $R\,I_1 = E_1 + E_2$, et en les intercalant en sens inverse $R\,I_2 = E_1 - E_2$.; d'où l'on tire $I_1 : I_2 = (E_1 + E_2) : (E_1 - E_2)$. ou $E_1 = E_2\ \dfrac{I_1 + I_2}{I_1 - I_2}$. En introduisant les angles donnés par la boussole des tangentes, on aura.

$$E_1 = E\ \frac{\operatorname{tg}\alpha_1 + \operatorname{tg}\alpha_2}{\operatorname{tg}\alpha_1 - \operatorname{tg}\alpha_2} = E_2\ \frac{\sin(\alpha_1 + \alpha_2)}{\sin(\alpha_1 - \alpha_2)}$$

363. — Un élément Daniell et un élément

Bunsen ont été intercalés dans un même circuit avec une boussole des tangentes. Quand les éléments étaient tournés dans le même sens, la boussole accusait une déviation de $\alpha_2 = 34°$, tandis que, lorsque les éléments étaient tournés en sens inverse, $\alpha_1 = 11°$. Quelle est la force électromotrice de l'élément Bunsen ?

RÉPONSE :

$$E_B = E_D \frac{\sin 45°}{\sin 23°} = 1,81 \text{ fois celle du Daniell.}$$

364. — On a trouvé que 14 éléments Daniell disposés en série et en opposition avec 11 éléments Leclanché, également disposés en série, n'ont point donné de courant dans un galvanomètre sensible; quel doit être le rapport des forces électromotrices des deux espèces d'éléments ?

RÉPONSE : — $E_D : E_L = 11 : 14$.

B. — *Mesure au moyen de condensateurs.*

365. — On veut comparer les forces électromotrices de deux éléments au moyen d'un condensateur; à cet effet, on le charge avec l'un et l'autre des deux éléments, en mettant chaque fois l'un des pôles de l'élément et l'un des pôles du condensateur à terre; la décharge du con-

densateur par un galvanomètre très sensible donne à celui-ci une fois une déviation de 2° et l'autre fois de 6°; quel est le rapport des forces électromotrices des éléments ?

RÉPONSE : — On a $Q_1 = C V_1$. et $Q_2 = C V_2$; d'où

$$\frac{Q_1}{Q_2} = \frac{V_1}{V_2}, \text{ ou } \frac{Q_1}{Q_2} = \frac{E_1}{E_2}. \text{ On a en outre}$$

$$Q_1 : Q_2 = \sin \frac{\alpha_1}{2} : \sin \frac{\alpha_2}{2}, \text{ donc on a}$$

$$E_1 : E_2 = \sin 1° : \sin 3° ; \text{ d'où } E_2 = E_1 \frac{\sin 3°}{\sin 1°} = 3 E_1.$$

366. — Par la décharge d'un condensateur à travers un galvanomètre, le courant correspondant à un élément Daniell normal (F. E. M. $= 1,142. 10^8$ U. E. M.) a produit une déviation de l'aiguille de 3° 20'; quelle est la force électromotrice d'un autre élément qui charge le condensateur de façon à ce que celui-ci par la décharge produise une déviation de 5°34' ?

RÉPONSE : — $E : 1,142.10^8 = \sin \dfrac{3° \ 20'}{2} : \sin \dfrac{5°34'}{2}$; d'où $E = 1,733.10^8$ U. E. M.

367. — Un galvanomètre à miroir devant servir à la mesure des forces électromotrices par la décharge d'un condensateur a été gradué à l'aide d'un Daniell normal (F. E. M. $= 1,142. 10^{-8}$ U. E. M.) ; la déviation du miroir a produit un

déplacement de 216 mm sur une échelle située à 300 cm du miroir. Quelle est la constante du galvanomètre ?

Réponse : — La déviation en degrés se trouve de $\tan 2u = \dfrac{216}{3000}$ comme étant $2u = 4° 7' 44''$ et comme la F. E. M. est liée à l'angle de déviation par la formule $E = A \sin \dfrac{u}{2}$, on a $1,142.10^8 = A \sin (1° 1' 56'')$; d'où

$$A = 6,34.10^9.$$

XIII. — De la capacité.

368. — Un condensateur a été chargé ; l'un de ses pôles est directement mis à terre, tandis que l'autre communique par un interrupteur et une résistance de 15.10^7 ohms avec un galvanomètre à miroir très sensible. Le circuit a été fermé toutes les secondes et la déviation a indiqué des courants de $77,2.18^{-8}$ ampères, $68,3.10^{-8}$ amp., $59,4.10^{-8}$ amp., $50,5.10^{-8}$ amp. Quelle est la capacité du condensateur ?

Réponse : — Comme la grande résistance a pour effet de rendre constant le décrément logarithmique des intensités du courant dans les décharges successives, et de le rendre proportionnel au temps et au potentiel, et inversement proportionnel à la charge et à la résistance, on obtient la relation $\delta = \dfrac{tV}{QR}$; et comme d'autre part,

$C = \dfrac{Q}{V}$, il en résulte que

$$C = \frac{t}{R\,\delta} = \frac{1 \text{ sec}}{(\log 68,3 - \log 59,4) \times 15.10^7}$$

$$= 1,0996.10^{-6} \text{ farad} = 1,0996 \text{ microfarad}.$$

369. — Avec une même pile de 62 Daniell, on a chargé successivement un condensateur de 1,33 microfarad et une batterie de bouteilles de Leyde ; le second pôle et la seconde armature étaient mis à terre ; en les déchargeant par un galvanomètre à miroir très sensible, celui-ci a donné des déviations de 786 mm et de 24 mm. sur une échelle distante de 240 cm du miroir. Quelle est la capacité de la batterie ?

Réponse : — Désignons par C la capacité inconnue, par V le potentiel de la pile. Les charges du condensateur et de la bouteille sont alors respectivement $Q_1 = 1,33.10^{-6}$ V et $Q_2 = C$ V coulombs. On a donc : $Q_1 : Q_2 = 1,33.10^{-6} : C$. D'autre part, les quantités déchargées sont entre elles dans la proportion $Q_1 : Q_2 = \sin \dfrac{\alpha_1}{2} : \sin \dfrac{\alpha_2}{2}$, d'où l'on tire C $= 0,0422$ microfarad.

370. — En procédant d'après la méthode du pont, indiquée par de Sauty, les deux résistances intercalées ont eu les valeurs de 456 ohms et de 173 ohms. Le premier condensateur ayant une capacité de 1,33 microfarad, quelle est la capacité du second condensateur ?

Réponse : — Les dispositions de cette méthode sont telles que l'on a $C_1 : C_2 = R_2 : R_1$; on a donc, dans le cas du problème :.

$$C = \frac{1,33.456.}{173} = 3,5066 \text{ microfarads}$$

XIV. — Loi de Ohm.

371. — Quelle est la force électromotrice dans un circuit dans lequel la résistance est de 1 ohm et le courant de 1 ampère ?

Réponse : — La formule demande :
1 ampère $\times$ 1 ohm $= x$ volt, d'où $x = 1$ volt.

372. — Dans un circuit on intercale 1 élément Daniell normal, une boussole des tangentes à résistance négligeable et une colonne de mercure de 1 mm² de section et de 3 m. de longueur ; la boussole indique un courant de 0,27 ampère. Quelle est la résistance intérieure de l'élément Daniell ?

Réponse : — On a la relation

$$0,27 = \frac{1}{\frac{100}{105}.3 + x} \text{, d'où } x = 0,873 \text{ ohm.}$$

373. — Une pile humide a une force électro-motrice de 1,30 volts, une résistance intérieure de 21 ohms ; quelle est l'intensité maximale du courant que cette pile peut donner ?

RÉPONSE : — L'intensité du courant est maximale quand la résistance extérieure est nulle ; alors on a :

$$I = \frac{1,30}{21} = 0,062 \text{ ampère.}$$

374. — Un accumulateur de petites dimensions a une force électromotrice de 1,98 volts et une résistance intérieure de 0,3 ohm ; quel est le courant qu'il peut fournir ?

RÉPONSE :

$$I = \frac{1,98}{0,3} = 6,6 \text{ ampères.}$$

375. — Les pieds et l'une des mains sont reliés aux pôles d'une machine donnant 35 000 volts (étincelle de 2 cm). La résistance du corps humain étant alors 905 ohms, quelle est l'intensité du courant qui traverse le corps ?

RÉPONSE :

$$I = \frac{35000}{905} = 38,7 \text{ ampères.}$$

Si la source d'électricité était une bouteille de Leyde, on pourrait trouver la durée de la décharge en la supposant uniforme ; en effet : la capacité d'une bouteille ordinaire de taille moyenne étant 1000 U. E. S., la charge serait $Q = 1000.35000 : 300 = 117000$ U. E. S. =

$= 0{,}000039$ coulomb $= 0{,}000039$ ampère pendant une seconde. En supposant un écoulement constant, la décharge de la bouteille à travers le corps humain à raison de 39,8 ampères aurait donc lieu en

$$\frac{0{,}000039}{39{,}8} = 0{,}000001 \text{ seconde.}$$

376. — En imprimant au disque d'une machine de Holtz une vitesse de 450 tours par minute, elle a une résistance intérieure de $646 . 10^6$ ohms et elle produit une différence de potentiel de 53 000 volts. Quel doit être le courant dans un circuit extérieur de résistance négligeable ?

Réponse :

$$I = \frac{53000}{646000000} = 0{,}000082 \text{ ampère.}$$

377. — Un élément Daniell de 1 volt de force électromotrice et d'une résistance intérieure de 0,8 ohm est relié par des fils à résistance négligeable à une boussole des sinus, qui indique un courant de 0,012 ampère; quelle est la résistance de la boussole ?

Réponse : — La formule donne directement :

$$0{,}012 = \frac{1}{0{,}8 + x} \text{ , d'où } x = 82{,}5 \text{ ohms.}$$

378. — On dispose d'une boîte de résistance et d'une boussole des tangentes graduée et à ré-

sistance connue. On demande la force électromotrice E, la résistance R, et l'intensité I du courant dans un circuit donné par une méthode
telle que le résultat ne soit pas altéré par l'intercalation de la boussole et du rhéostat ?

RÉPONSE : — Entre les 3 quantités demandées il y a la
relation :

$$I = \frac{E}{R} \quad (1).$$

Si l'on intercale la boussole des tangentes à résistance
r_1 et qu'on obtienne le courant I_1, la relation nouvelle sera :

$$I_1 = \frac{E}{R + r_1} \quad (2).$$

Par l'intercalation d'une résistance ρ du rhéostat, l'intensité change de nouveau et l'on a :

$$I_2 = \frac{E}{R + r_1 + \rho} \quad (3).$$

En résolvant les trois équations par rapport à I, R, et E,
on a :

$$I = \frac{E}{R} = \frac{I_1\,I_2\,\rho}{I_2\,(r + \rho) - I_1\,r_1} \,;\; E = \frac{I_1\,I_2\,\rho}{I_1 - I_2} \,;$$

$$R = \frac{I_2\,(r_1 + \rho) - I_1\,r_1}{I_1 - I_2}.$$

379. — Quelle est l'erreur qu'on commet
pour l'intensité en ne tenant pas compte de la
résistance de la boussole, et quel est le rapport
de l'erreur commise à l'intensité réelle ?

Réponse : — En employant la même notation que dans l'exercice précédent, on a pour l'erreur commise :

$$ I - I_1 = \frac{E}{R} - \frac{E}{R + r_1} = \frac{E\,r_1}{R\,(R + r_1)} ; $$

et le rapport demandé est :

$$ \frac{I - I_1}{I} = \frac{E\,r_1}{R\,(R + r_1)} \cdot \frac{R}{E} = \frac{r_1}{R + r_1} . $$

380. — Quand on ne dispose que d'une seule bobine étalonnée de résistance a, d'un galvanomètre gradué et d'une pile à force électromotrice constante, comment peut-on trouver la valeur x d'une résistance ?

Réponse : — En fermant le circuit de façon qu'il ne contienne que la pile et le galvanomètre, on obtient :

$$ I_1 = \frac{E}{R} ; $$

puis, en fermant le circuit après introduction de la résistance connue a,

$$ I_2 = \frac{E}{R + a} $$

et enfin, remplaçant a par x, on a :

$$ I_3 = \frac{E}{R + x} . $$

Éliminons E et R entre ces trois équations; on obtient alors :

$$ x = \frac{I_2\,(I_1 - I_3)}{I_3\,(I_1 - I_2)} \, a. $$

381. — Une lampe Swan a une résistance à

chaud de 32 ohms; elle doit être alimentée par un courant ayant 104 volts à l'entrée de la lampe, quelle est l'intensité qu'elle demande?

RÉPONSE : — La loi de Ohm demande

$$I = \frac{104}{32} = 3,25 \text{ ampères.}$$

382. — Quelle doit être la résistance d'une lampe Edison si elle doit donner une quantité de lumière normale avec un courant de 0,74 ampère et une force électromotrice de 52 volts?

RÉPONSE : — R = 70 ohms.

383. — Les bobines d'un appareil Morse ont une résistance de 400 ohms, ce dernier fonctionne en circuit local avec une pile de 4 éléments, chacun de 0,95 volts; quelle est l'intensité du courant qui passe dans les bobines ?

RÉPONSE : — $I = \dfrac{4.0,95}{400} = 9,5$ milliampères.

384. — Combien d'éléments de 0,95 volt faut-il pour les transmissions télégraphiques sur une ligne dont la résistance est égale à celle des bobines de l'appareil Morse, soit de 400 ohms chacune, pour que le courant soit de 17 milliampères ?

Réponse :

$$0,017 \text{ ampère} = \frac{x.0,95.}{2400}, \text{ d'où } x = 15 \text{ éléments.}$$

385. — Une machine Brush qui alimentait plusieurs lampes à la fois, avait une force électromotrice de 839,02 volts, une résistance intérieure de 10,55 ohms et une résistance extérieure, y compris les lampes, de 73,02 ohms. Quelle était l'intensité du courant?

$$\text{Réponse} : - I = \frac{839,02}{10,55 + 73,02} = 10,04 \text{ ampères.}$$

386. — Une dynamo a une résistance intérieure de 0,8 ohm, le courant qu'elle produit dans un circuit de 3 ohms et contenant 6 lampes à arc en série de 45 volts de force électromotrice contraire, est de 12 ampères. Quelle est la force électromotrice de la machine?

$$\text{Réponse} : - 12 = \frac{E - 6.45}{0,8 + 3}, \text{ d'où } E = 315,6 \text{ volts.}$$

387. — Deux lampes à arc sont disposées en série. La dynamo a 2,5 ohms de résistance ; elle est à 330 volts et donne 15 ampères. La résistance du circuit étant de 4 ohms, quelle est la résistance apparente moyenne d'une des lampes à arc? — Quel doit être le nombre de lampes pour que la résistance apparente d'une seule lampe ait la valeur ordinaire de 3,1 ohms?

Réponse : — $350 = 15 (2x + 2,5 + 4)$; d'où

$$x = 7,75 \text{ ohms.}$$

Le nombre de lampes donnant un éclairage rationnel se déduit de

$$350 = 15 (y.3,1 + 2,5 + 4)$$

d'où

$$y = 5 \text{ lampes.}$$

388. — Dans un circuit de 210 ohms de résistance l'intensité du courant d'une dynamo est de 0,5 ampère, la machine étant à 150 volts ; quelle est la résistance intérieure de la machine ?

Réponse : — $0,5 (210 + R_i) = 150$, d'où $R_i = 90$ ohms.

389. — Huit lampes à incandescence chacune de 50 ohms de résistance à chaud sont disposées en série ; le conducteur a une résistance de 4 ohms ; le courant produit par la machine est de 1,25 ampère ; quelle est la force électromotrice de la machine ?

Réponse : — $E = 1,25 (8.50 + 4) = 505$ volts.

XV. — Loi de Joule.

390. — Un circuit se bifurque en deux branches de même longueur dont les sections sont comme

1 : 2 ; quel est le rapport des quantités de chaleur dégagées ?

RÉPONSE : — Les sections étant comme 1 : 2, les résistances sont comme 2 : 1 et les intensités comme 1 : 2 et par suite les quantités de chaleur comme

$$1^2.2 \;:\; 2^2.1 = 2 : 4 = 1 : 2.$$

391. — Deux portions d'un même circuit ont des résistances qui sont entre elles comme 3 : 10 ; quel est le rapport des quantités de chaleur ?

RÉPONSE : — Les deux portions doivent avoir la même intensité ; donc les quantités de chaleur seront entre elles comme les résistances, comme 3 : 10.

392. — Deux portions d'un même circuit sont formées l'une d'un fil de fer, l'autre d'un fil de cuivre de mêmes dimensions ; quel est le rapport des quantités de chaleur dégagées dans un même temps donné ?

RÉPONSE : — Les quantités de chaleur sont entre elles comme les résistances et celles-ci inversement comme les coefficients de conductibilité ; donc :

$$Q_f : Q_{cu} = R_f : R_{cu} = \frac{1}{C_f} : \frac{1}{C_{cu}} = 0,1251 : 0,02057 = 6 : 1.$$

393. — On a dans un même circuit un fil de platine de 20 cm de longueur et de 0,4 mm de diamètre, et un fil d'argent de 400 cm de longueur et de 0,6 mm de diamètre ; quel est le rap-

port des quantités de chaleur dégagées par le même courant ?

Réponse : — Les quantités de chaleur sont respectivement :

$$Q_1 = \rho_1 \frac{l_1}{d_1^2} I^2 \quad . \text{et} \quad Q_2 = \rho_2 \frac{l_2}{d_2^2} I^2$$

et leur rapport

$$\frac{Q_1}{Q_2} = \frac{\rho_1 \, l_1 \, d_2^2}{\rho_2 \, l_2 \, d_1^2} = \frac{9158.20.0,6^2}{1652.400.0,4^2} = 0,624.$$

394. — La résistance d'un circuit est de 35 ohms, l'intensité du courant est de 0,4 ampère ; quelle est la quantité de chaleur dégagée par seconde ?

Réponse : — Comme un courant d'un ampère produit 0,24 cal. gr. par seconde, dans un circuit de 1 ohm de résistance, la chaleur dégagée dans les conditions indiquées dans le problème sera :

$$Q = 0,4^2.0,24.35 = 1,344 \text{ cal. gr. par seconde.}$$

395. — Dans un circuit de 373,16. 10^9 U. E. M. de résistance, il y a un courant de 3.10^{-6} U. E. M. de courant ; quelle est la quantité de chaleur dégagée par minute ?

Réponse : — $Q = \dfrac{1}{0,418.10^8} (3.10^{-6})^2. \, 373,16.10^9 \times 60$

$$= 482.10^{-8} \text{ cal. gr.}$$

396. — Un tuyau en verre, en forme de T, est fermé en deux de ses extrémités par des crayons de charbon de 0,16 cm de diamètre ; la distance des deux bases est de 18 cm et l'intervalle est rempli de mercure. Le thermomètre plongeant dans ce mercure par la troisième branche indique au bout de 10 minutes une augmentation de température de 24°. Quelle était l'intensité moyenne du courant ?

RÉPONSE : — La résistance du mercure est

$$R = \frac{99060.18}{\pi.0,0064} \text{ U. E. M.}$$

La quantité de chaleur accumulée dans le mercure par seconde est

$$\frac{1}{10.60} \times \pi.0,0064.18 \times 13,59 \times 0,0333 \times 24 ;$$

on doit avoir

$$\frac{\pi.0,0064.18}{600} . 13,59.0,0333.24 = I^2 . \frac{99060.18}{\pi.0,0064} . \frac{1}{0,418.10^8} ,$$

d'où $\qquad I = 0,031$ ampère.

397. — Un fil télégraphique en fer, long de 1 km., épais de 4 mm, est parcouru par un courant continu de 0,05 ampère ; quelle est la quantité de chaleur dégagée par heure ?

RÉPONSE : — Puisque la résistance d'un fil de fer de 1 m. de long et de 1 mm² de section est de 0,1251 ohm, la résistance du fil donné sera $R = \dfrac{0,1251.1000}{4^2}$ et sachant que 1 cal. gr. = 4,18 joules,

$$Q = \frac{1}{4,18} . 0,05^2 \times \frac{0,1251.1000}{16} \times 3600 = 16,8 \text{ cal. gr.}$$

398. — Partant des balais, le circuit d'une dynamo se bifurque en deux branches, l'une formant la bobine excitatrice et l'autre le circuit extérieur ou utile. Le courant induit a une intensité de 18,1 ampères et l'armature une résistance de 2,2 ohms, tandis que le circuit excitateur a une résistance R' de 18,5 ohms et le circuit extérieur·une autre R'' de 10 ohms. Quelle est la quantité de chaleur dégagée par minute dans chacun des circuits?

Réponse : — Les quantités de chaleur produites sont :

1) dans l'armature $Q = \dfrac{1}{4,18} . 18,1^2 . 2,2 = 172,5$ cal. gr.

Les intensités dans les deux circuits en dérivation sur l'armature sont I'.: I'' $= 10 : 18,5$ et comme en outre I' $+$ I'' $= 18,1$ ampères, on a I' $= 6,35$, I'' $= 11,65$ ampères; et par suite

2) dans le circuit excitateur

$$Q' = \frac{1}{4,18} . 6,35^2 . 18,5 = 178,5 \text{ cal. gr.}$$

3) dans le circuit extérieur

$$Q'' = \frac{1}{4,18} . 11,65^2 . 10 = 324,7 \text{ cal. gr.}$$

399. — L'armature d'une grande dynamo Edison a une résistance de 0,008 ohm. Quelle est la quantité de chaleur qui y est produite par seconde, si le courant est de 900 ampères ? (Day.)

Réponse : — $Q = \dfrac{1}{4,18} .900^2.0,008 = 1550$ cal. gr.

400. — Un circuit est relié aux deux extrémités d'un cylindre de mercure de 6 cm de diamètre et de 30 cm de hauteur ; le courant qui y est conduit est de 5 ampères. Quelle est la quantité de chaleur dégagée par seconde ?

Réponse :

$$Q = \dfrac{1}{4,18} \times 5^2 \times \dfrac{1,2247.0,30}{60^2} = 0,00061 \text{ cal. gr.}$$

401. — En supposant que le fil de platine de l'amorce électrique à quantité ait 0,01 cm d'épaisseur et 2 cm de longueur et qu'il y passe un courant de 0,3 ampère pendant 0,2 seconde, quelle est la quantité de chaleur dégagée dans ce fil ?

Réponse : — $Q = \dfrac{1}{4,18} (0,3)^2. 0,2332. \dfrac{1}{5} = 0,001$ cal. gr.

402. — La différence de potentiel aux charbons d'une lampe à arc est de 40 volts et le courant de 12 ampères ; quelle est la quantité de chaleur dégagée par heure ?

Réponse :

$$Q = \dfrac{1}{4,18} \text{ E.I.}t = \dfrac{1}{4,18} 40.12.3600 = 413400 \text{ cal. gr.}$$

403. — Une lampe Swan à incandescence de

60 volts présente à chaud une résistance de 55 ohms ; quelle est la quantité de chaleur qu'elle débite par heure et combien, si 6 p. 100 de l'énergie électrique sont transformés en lumière ?

RÉPONSE : — $Q = \dfrac{1}{0,418.10^8} \cdot 55.10^9 \cdot \left(\dfrac{60.10^8}{55.10^9}\right)^2 \cdot 3600 =$

$= 56348$ cal. et les 6 p. 100 de 56348 cal. sont 3381 cal. ; donc il reste comme chaleur $56348 - 3381 = 52967$ cal.

404. — Quelle est la température à laquelle arrive un fil de conductibilité électrique c, de rayonnement spécifique K et de diamètre d, si le courant est de I ampères ?

RÉPONSE : — La température maximale sera atteinte quand la quantité de chaleur produite par le courant sera égale à la quantité de chaleur perdue par rayonnement à la surface. La première vaut $Q = \dfrac{I^2\,R}{4,18}$ cal., la seconde est $Q = K.S.t$, d'où $K.S.t = \dfrac{I^2\,R}{4,18}$ ou bien, puisque $R = \dfrac{4\,l}{c\,d^2\,\pi}$ et $S = \pi\,d\,l$, l'excès de température du fil sur le milieu ambiant sera :

$$t = \frac{4\,I^2}{Kc.\,\pi^2\,d^3} \cdot \frac{1}{4,18} \text{ degrés.}$$

405. — On utilise un câble à âme de cuivre, substance isolante de résine et enveloppe de plomb, pour transmettre un courant de grande quantité. L'âme en cuivre a 5 mm de diamètre.

Quel est le minimum de quantité d'électricité qui ferait fondre la résine (70°) si la température initiale du câble est de 10° ?

RÉPONSE : — Il faut donc que $I^2 R = \dfrac{kSt}{4,18.10^7}$, où S est la surface de l'âme, k le coefficient de conductibilité calorifique de la résine et t la différence de température entre la résine et l'âme. Comme $S = 2\pi\, r\, l.$ et $R = \dfrac{l}{c\pi\, r^2}$, c étant le coefficient de conductibilité électrique du cuivre, on a :

$$I = \frac{\pi}{2}\sqrt{4,18.10^7\ c.k.t.\ d^3}\quad,\quad\text{d'où}$$

$$I = \frac{22}{2.7}\sqrt{4,18.10^7 \times \frac{1}{1652} \times 0,00014 \times (70° - 10°) \times 0,5^3}\ \text{U.E.M.}$$

$$= 8,1\ \text{U.E.M.} = 81\ \text{ampères.}$$

406. — Quelle est l'intensité I d'un courant qui fait fondre un fil de diamètre r cm ? (G. Roux.)

RÉPONSE : — En désignant par T la température de fusion du métal, par l sa longueur, par t la température ambiante, par a le coefficient de refroidissement et par R la résistance du fil, il faudra que la quantité de chaleur perdue par le rayonnement soit égale à la quantité de chaleur produite par le courant $I^2 R = a\,(T - t)\,\pi\, d\, l$; ou bien, en introduisant la résistance spécifique ρ du métal, il faut que

$$I^2\,\frac{\rho.l}{\pi\left(\dfrac{d}{2}\right)^2} = a\,(T - t)\,\pi\, d\, l,\ \text{d'où}\ I = \frac{\pi}{2}\sqrt{\frac{a\,(T - t)\,d^3.}{\rho}}$$

En posant $\dfrac{\pi}{2}\sqrt{\dfrac{a\,(T - t)}{\rho}} = A$, on a $I = A\sqrt{d^3}$.

407. — Quelle est l'intensité du courant nécessaire pour fondre un fil de plomb de 4 mm d'épaisseur ?

RÉPONSE : — La table XIV donne pour le plomb le coefficient $A = 12,7$, donc $I = 12,7 \sqrt{4^3} = 102$ ampères.

408. — Quel doit être le diamètre d'un fil de sûreté en platine pour que le courant dans le circuit ne dépasse pas 1,25 ampère ?

RÉPONSE : — $1,25 = 37 \sqrt{x^3}$,   d'où $x = 0,104^{mm}$

409. — On a un fil de fer de 0,32 mm ; avec quel courant ce fil peut-il être fondu ?

RÉPONSE : — $I = 22,6 \sqrt{0,32^3} = 4,1$ ampères.

410. — Pour poser une pièce de sûreté dans un circuit, on peut choisir entre un fil de fer, un fil de cuivre et un fil de laiton. Quel doit être le rapport des épaisseurs de ces fils pour qu'ils satifassent également bien au besoin ?

RÉPONSE : — Le courant limite étant toujours le même, on aura pour les trois métaux :

$$I = A_1 \sqrt{d_1^3} = A_2 \sqrt{d_2^3} = A_3 \sqrt{d_3^3}.$$

d'où :
$$d_2 = \left(\frac{A_1}{A_2}\right)^{\frac{2}{3}} d_1 = 0,445 . d_1 ;$$

$$d_3 = \left(\frac{A_1}{A_3}\right)^{\frac{2}{3}} d_1 = \left(\frac{22,6}{51,6}\right)^{\frac{2}{3}} . d_1 = 0,577 \, d_1.$$

411. — Lequel des métaux argent, magnésium, nickel, se prête-t-il le mieux pour la fabrication des pièces de sûreté ?

RÉPONSE : — Les constantes A étant 88,4 ; 37,8 ; 40,6, il semblerait à première vue que le magnésium fût le plus avantageux des trois ; mais sa faible ductilité le fait distancer de beaucoup par le nickel.

412. — Un fil de cuivre pur de 1,65 mm de diamètre et de 100 cm de longueur est traversé par un courant de 10 ampères. Quelle est la température limite qu'il peut atteindre si la résistance spécifique du cuivre pur est de 1,65 microhm par cm^3 et si le rayonnement par cm^2 et par degré est environ de $\dfrac{1}{4000}$ de la différence de température entre le fil et le milieu ambiant ? (Day.)

RÉPONSE : — Un mètre du fil de cuivre indiqué aura la résistance de $\dfrac{1650 \times 100}{\pi . \, 0{,}0825^2} = 7{,}7.10^6$ U.E.M. et par suite la quantité de chaleur dégagée sera :

$$Q = \frac{1}{0{,}418.10^8} \times 7{,}7.10^6 \times (10.10^{-1})^2 = 0{,}1857 \text{ cal. gr.}$$

D'autre part, 1 m de ce fil aura une surface de :

$\pi . \, 0{,}165.100 = 51{,}8 \; cm^2$ et la quantité de chaleur dégagée par seconde et par cm^2 de surface sera : $\dfrac{0{,}1857}{51{,}8} = 0{,}00358$ cal. gr. En désignant par x_0 la température maximale à laquelle le fil peut arriver, la perte maximale en suite du rayonnement sera $\dfrac{x_0}{4000}$ par cm². La température du fil restera constante quand la quantité de chaleur fournie par le courant sera égale à la quantité perdue par le rayonnement, quand $\dfrac{x_0}{4000} = 0,00358$, d'où $x = 14,32°$ Cels. ; c'est-à-dire qu'à l'air libre la température de ce fil ne s'élève pas au-dessus de 14,32° Cels.

413. — Dans un circuit devant avoir au plus 7,2 ampères, on intercale un fil de plomb comme pièce de sûreté ; quel doit être le diamètre de ce fil si la résistance spécifique est 19,85. 10⁻⁶ ohm par cm³ et si le point de fusion du plomb est à 335° ? (Day.)

Réponse : — Désignant par x le diamètre du fil, sa résistance par cm de longueur sera $= 19,85. 10^{-6}. \dfrac{4}{\pi\, x^2}$ ohm, et la quantité de chaleur dégagée par seconde et par cm² sera :

$$Q = \frac{1}{0,418.10^8} \cdot \frac{19,85.10^{-6}.4}{\pi\, x^2} \cdot (7,2.10^{-1})^2 \text{ cal. gr.}$$

Or, la surface de 1 cm du fil étant πx cm², la quantité de chaleur dégagée par cm² sera $\dfrac{Q}{\pi x}$ cal. par seconde.

Pour que la quantité de chaleur produite soit égale à celle perdue par rayonnement, et cela à la température la plus basse, réglable d'après celle de la fusion du plomb, il faudra donc choisir x de façon que

$$\frac{335}{4000} = \frac{Q}{\pi x} = \frac{4.19850. \, 0,72^2}{0,418. \, 10^8 \, \pi^2 x^3}, \text{ d'où } x = 0,106 \text{ cm.}$$

414. — Une pièce de sûreté en plomb est intercalée dans un circuit dans lequel le courant ne doit pas dépasser 20 ampères ; quel doit être le diamètre du fil ?

Réponse : — $x = 0,209$ cm.

415. — Les pièces de sûreté en plomb dans les installations électriques d'éclairage à incandescence, système Edison (Milan), ont 3,2 cm de large, 0,3 cm d'épaisseur sur environ 7 cm de long ; quelle est l'intensité du courant qui ferait entrer une telle pièce en fusion ?

Réponse : — Ce ruban de plomb de 7 cm de long aura une résistance de $\dfrac{19,85.\ 10^3.7}{0,3.\ 3,2}$ et si l'on désigne par x l'intensité maximale du courant en ampères, la quantité de chaleur dégagée par seconde sera

$$Q = \frac{1}{0,418.10^8} \; \frac{19,85.\ 10^3.\ 7}{0,3.\ 3,2.} \left(\frac{x}{10}\right)^2 \text{cal.}$$

La pièce entre en fusion seulement à 335° et quand la chaleur rayonnée est égale à la chaleur produite. La surface de la pièce étant 7 cm² par cm de longueur, il faudra que

$$\frac{335}{4000} = \frac{Q}{7} = \frac{1}{0,418.10^8} \cdot \frac{19,85.10^3.\ 7.\ x^2}{0,3.3,2.\ 100} \cdot \frac{1}{7}$$

d'où $\qquad\qquad x = 1300$ ampères.

416. — Un fil de cuivre est intercalé comme pièce de sûreté dans un circuit dont le courant ne doit pas dépasser 500 ampères. Le point de fusion du cuivre étant à 1050° Celsius, quel doit être le diamètre du fil ? (Day.)

RÉPONSE : — $d = 0,53$ cm.

417. — Un bâton de zinc doit être intercalé dans un circuit comme pièce de sûreté pour un courant de 500 ampères ; quel est le diamètre qu'il doit présenter si son point de fusion est à 422° et si sa résistance spécifique par cm³ est de 5,689 microhms ? (Day.)

RÉPONSE : — $d = 1,09$ cm.

418. — Un élément Grove a une force électromotrice de 1,9 volt et sa résistance intérieure est de 0,4 ohm. Quel est le rapport de la quantité de chaleur dégagée dans l'élément en fermant le circuit avec une résistance de 3 ohms à la quantité dégagée en fermant le circuit avec une résistance de 30 ohms ?

RÉPONSE : — $Q_1 : Q_2 = c.I_1^2 R_1 : c I_2^2 R_2 = I_1^2 : I_2^2$, puisque la résistance dans l'élément reste la même. Les intensités du courant dans les deux cas sont

$$I_1 = \frac{1,9}{3,4} \quad \text{et} \quad I_2 = \frac{1,9}{30,4}, \quad \text{de sorte que}$$

$$Q_1 : Q_2 = (30,4)^2 : (3,4)^2 = 304^2 : 34^2 = 80 : 1.$$

419. — On soude bout à bout trois fils de pla-

tine dont les épaisseurs sont entre elles comme
1 : 2 : 3. Quelle est l'élévation de température
dans chacun d'eux, au moment où le plus mince
atteint la température de 405° ?

Réponse : — Si p désigne le poids du centimètre de fil,
c sa chaleur spécifique et 0 l'élévation de température
produite par Q calories, on aura

$$c\, p\, 0 = Q = 0{,}24\ \text{I}^2.\text{R}.\ t,$$

donc

$$0 = 0{,}24\ \frac{\text{I}^2 \text{R} t}{c p}$$

Mais on a

$$R = \frac{4\rho}{\pi\, d^2}, \qquad \text{et} \qquad p = \frac{\pi\, d^2\, \delta}{4}$$

par mètre, d étant le diamètre du fil et δ le poids spécifique, alors :

$$0 = 0{,}24\ \frac{\text{I}^2\, t}{c} : \frac{16\,\rho}{\pi\, d^4\, \delta}$$

Le rapport des températures atteintes par des fils de
même substance dont le diamètre seul diffère, devient

$$Q_1 : Q_2 = d_2{}^4 : d_1{}^4$$

Dans notre exemple les rapports sont

$$Q_1 : Q_2 : Q_3 = 3^4 : 2^4 : 1^4 = 81 : 16 : 1.$$

Les températures demandées sont pour le fil le plus
mince 405°, pour le fil moyen 80°, et pour le plus gros 5°.

420. — On intercale successivement une
résistance de 20 ohms et une de 5 ohms dans le
circuit d'une dynamo qui a 2,2 ohms de résistance intérieure ; la force électromotrice de la

machine est de 126 volts ; quel est le rapport des quantités de chaleur dégagées les deux fois dans l'armature de la machine ?

RÉPONSE : — $Q_1 : Q_2 = (22,2)^2 : (7,2)^2 = 9,5 : 1$.

421. — Le courant d'une pile de Beetz de 240 éléments, ayant chacun une force électro-motrice de $1,101 . 10^8$ U. E. M. et une résistance intérieure de $18,3 . 10^9$ U. E. M. passe dans les fils d'un galvanomètre dont la résistance est $96,82 . 10^9$ U. E. M. Quelle est la chaleur dégagée dans ces bobines pendant 3 minutes ?

RÉPONSE : — Le courant que fournit la pile est

$$I = \frac{240 . 1,101 . 10^8}{(240.18,3 + 96, 82) 10^9} \text{ U.E.M.} = 0,05887.10^{-1} \text{ U.E.M.}$$

Ce courant pourra produire une quantité de chaleur égale à

$$Q = \frac{1}{0,418 . 10^8} . 0,005887^2 . \times 96,82.10^9 . 180 \text{ cal. gr.} =$$
$$= 14,45 \text{ cal. gr.}$$

422. — Dans la bobine d'un électro-aimant en forme de cloche passe un courant de 3,6 ampères. La bobine est formée de fils de cuivre de 0,7 mm d'épaisseur et présentant une résistance de 4 ohms et une température initiale de 12°. Quelle sera la température de cette bobine après 5 minutes ?

Réponse : — La quantité de chaleur dégagée par le courant est $Q = \dfrac{1}{4,18} \cdot 3,6^2 \cdot 4 \cdot 300$ cal. gr. $= 2720$ cal. gr. La longueur du fil de cuivre se déduit de son diamètre et de sa résistance

$$4 \text{ ohms} = 0,02104 \cdot l \left(\frac{1}{0,7}\right)^2, \quad \text{d'où} \quad l = 95,05 \text{ m.}$$

Désignons par T la température du cuivre ; la quantité de chaleur qu'il a dû absorber est alors :

$$\pi \left(\frac{0,07}{2}\right)^2 \cdot 9505 \cdot 8,92 \cdot 0,0933 \, (T — 12^\circ) \text{ cal. gr.}$$

$= 30,46 \cdot (T — 12)$ cal. gr. Comme cette quantité est identique avec celle fournie par le courant, on a :

$$30,46 \, (T — 12^\circ) = 3720,$$

d'où $\qquad\qquad\qquad T = 134^\circ.$

423. — Un fil de platine de 43,2 cm de long et de 0,062 cm de diamètre est développé dans un vase en verre rempli d'air et bien protégé contre les influences du rayonnement et de la conductibilité. Ce vase communique avec un long tuyau horizontal gradué en dixièmes de cm³ et ouvert à l'autre extrémité. Avant le passage du courant l'indice de mercure a déterminé un volume d'air de 842,4 cm³ ; après 10 minutes, l'indice s'était avancé de 143 divisions. Quelle était l'intensité du courant ?

Réponse : — La loi de Mariotte-Gay-Lussac nous fournit d'abord l'élévation de température, car le tube étant ouvert, la pression initiale est égale à la pression finale et la formule $v = v_0 \, (1 + \alpha t)$ donne

$$(842,4 + 14,3) = 842,4 \left(1 + \frac{1}{273} t\right), \text{ d'où } t = 4,635°.$$

La quantité de chaleur nécessaire pour une telle élévation de température est :

$$Q = 842,4 : 0,001293 . 0,2377 . 4,635 = 1,2 \text{ cal. gr.}$$

Comme cette quantité de chaleur est produite par le courant d'intensité i U. E. M, il faudra que

$$1,2 = \frac{1}{0,418 . 10^8} . 0,1166 . 10^9 . \frac{43,2}{100} . \frac{1}{(0,62)^2} i^2 . 600.$$

d'où $i = 0,02526$ U. E. M $= 0,2526$ ampères.

XVI. — Magnétisme.

424. — Deux aimants rectilignes et placés en ligne droite ont leurs pôles de même nom placés en regard. Les masses magnétiques étant a et b et la distance des aimants d, où faut-il placer une petite boule en fer doux pour qu'elle ne s'approche ni de l'un ni de l'autre des aimants?

Réponse : — x et y étant les distances de la boule aux pôles de l'aimant, on doit avoir

$$x + y = d; \qquad \frac{a}{x^2} = \frac{b}{y^2}; \qquad y = \frac{d}{b - a}\left\{ b - \sqrt{ab} \right\}.$$

425. — Deux aimants rectilignes se trouvent dans une même verticale ; l'aimant supérieur est fixe et son pôle a la masse magnétique m. L'aimant inférieur qui pèse p gr. lui présente

son pôle de nom contraire, ayant la masse μ. A quelle distance de l'aimant supérieur cet aimant flotte-t-il dans l'air ?

$$\text{Réponse :} - \quad \frac{m\,\mu}{x^2} = 981\,p ; \quad x = \sqrt{\frac{m\,\mu}{981\,p}}.$$

426. — Quelle est la force avec laquelle agissent l'un sur l'autre deux pôles distants de 6 cm et chargés respectivement de 9 et de 16 U. E. M. ?

$$\text{Réponse :} - \frac{9.16}{6^2} = 4 \text{ dynes.}$$

427. — Un pôle de 40 U. E. S. agit avec une force de 32 dynes sur un autre pôle distant de 5 cm. Quelle est l'intensité de ce pôle ?

Réponse : — On a la relation

$$\frac{40.x}{5^2} = 32 \text{ dynes,}$$

d'où $\quad x = 20$ U. E. M.

428. — En plaçant un aimant rectiligne dans la direction d'une petite aiguille mobile, distante de 60 cm, et qui était perpendiculaire au méridien magnétique, cette aiguille déviait d'un angle dont la tangente est 12 : 260. La composante horizontale du magnétisme terrestre était

égale à 0,2 U. E. M. Quel est le moment magnétique de cet aimant ?

Réponse : — Ces données permettent de calculer la
valeur du moment approximativement par la formule

$$M = \frac{D^3}{2} H.\ \text{tg}\ \varphi = \frac{60^3}{2} \cdot 0,2 \cdot \frac{12}{260} = 997 \text{ U. E. M.}$$

429. — Le moment magnétique de 997 U. E.
M. appartient a un barreau dont les dimensions
sont 12 cm, 0,9 cm et 0,3 cm, et qui pèse 28,3
grammes. Quel est pour cet aimant : 1° le magnétisme spécifique ; — 2° l'intensité d'aimantation ? — 3° l'intensité du pôle ? — 4° la masse
magnétique ?

Réponse : — Le magnétisme spécifique est le moment
magnétique, par gramme de l'aimant, donc

997 : 28,3 = 35,2 U. E. M. de moment.

L'intensité d'aimantation est le moment magnétique
par cm³, donc

997 : 3,24 = 307,7 U. E. M. d'intensité.

L'intensité du pôle multipliée par la longueur de l'aimant est identique au moment magnétique ; elle est donc

997 : 12 = 83,08 U. E. M. de masse.

L'intensité du pôle est identique à la masse magnétique.

430. — Un autre aimant, qui pèse 498 gr. et
qui a 30 cm de longueur, a un magnétisme spécifique égal à 19. L'un des pôles est placé à 5 cm
du pôle de nom contraire de l'aimant décrit dans

le n° 429. Quelle est la force avec laquelle les deux aimants tendent à se rapprocher ? — Quelle doit être la distance pour que le grand retienne le petit suspendu dans l'air ?

RÉPONSE : — Ce grand aimant a un moment magnétique de

$$19 \times 498 = 9462 \text{ U. E. M. de moment,}$$

donc une masse magnétique de

$$9462 : 30 = 315,4 \text{ U. E. M. de masse.}$$

Placés à 5 cm, les deux aimants s'attirent avec une force de

$$f = \frac{315,4.83,08}{5^2} = 1058 \text{ dynes} = 1,1 \text{ gr.}$$

Pour que le petit aimant soit juste retenu, il faut que

$$28,3 \text{ gr. ou } 27762 \text{ dynes} = \frac{315,4.83,08}{x^2},$$

d'où

$$x = 0,97 \text{ cm.}$$

431. — Quel est le point de l'axe du grand aimant qui a la même intensité de champ que le point se trouvant sur l'axe du petit aimant à 2 cm du pôle ?

RÉPONSE : — L'intensité du champ à 2 cm du pôle du petit aimant étant $83,08 : 2^2 = 20,77$, il faudra que

$$20,77 = \frac{315,4}{x^2},$$

d'où

$$x = 3,896 \text{ cm.}$$

432. — Les deux aimants décrits au n° 430 sont suspendus horizontalement et dirigés perpendiculairement au méridien magnétique ; quels sont les moments statiques qu'ils déterminent ?

RÉPONSE : — Le moment statique est le produit de la force par la longueur, ou bien : le produit de l'intensité du champ magnétique par la masse magnétique multiplié par la longueur, ou bien encore : l'intensité du champ par le produit de la masse magnétique et de la longueur, ou bien : de l'intensité du champ par le moment magnétique ; donc

$$M_1 = 0,2.9462 = 1892 \text{ U. E. M.}$$

ce qui serait égal, par exemple, au moment statique que déterminent 128 dynes appliquées à l'extrémité de l'aimant.

$$M_2 = 0,2.997 = 199 \text{ U. E. M.} \left\{ = 6 \text{ cm} \times 34 \text{ dynes} \right\}$$

433. — Deux points, distants de 6 cm et situés sur l'axe d'un aimant, ont une intensité du champ de 12 et de 3 U. E. M. Quelle est l'intensité du pôle ? — Quelle est sa distance aux deux points ?

RÉPONSE : — La distance des deux points étant d, l'intensité du champ en ces points étant a et b, la masse magnétique au pôle étant M et sa distance au point a étant x, on doit avoir les relations

$$\frac{M}{x^2} = a, \quad \text{et} \quad \frac{M}{(x+d)^2} = b,$$

d'où

$$x = \frac{d\sqrt{b}}{\sqrt{a} - \sqrt{b}}, \quad \text{et} \quad M = \frac{abd}{(\sqrt{a} - \sqrt{b})^2}$$

Dans l'exemple donné, on aura

$$x = 6 \text{ cm}, \quad M = 432 \text{ U. E. M. de masse.}$$

434. — Un fil de fer doux de 0,1 cm de diamètre et 100 cm de longueur est placé parallèlement au champ terrestre à Paris ; quelle sera l'intensité de son aimantation, si le coefficient de susceptibilité du fer doux est de 33, et quel sera son moment magnétique ? (Witz.)

Réponse : — L'intensité de l'aimantation est le produit du coefficient de susceptibilité par l'intensité du champ. D'après la table XVI, celle-ci est de 0,464, donc

$$I = KH = 33.0,464 = 15,31 \text{ U. E. M.}$$

Le volume de l'aimant étant $0,0079.100 = 0,79 \text{ cm}^3$, on obtient

$$M = v.\,I = 0,79.15,31 = 12,10 \text{ U. E. M.}$$

435. — Quelle est la force avec laquelle agissent deux pôles de même nom de 70 et de 110 unités à la distance de 5 cm, sur un point situé à $r = 2$ cm du pôle à masse $= 70$ unités ?

$$\text{Réponse} : — f = \frac{70}{2^2} - \frac{110}{3^2} = \frac{190}{36} = 5,3 \text{ dynes.}$$

436. — Un aimant de 10 cm de longueur a la masse magnétique 80 U. E. M. Quel est le potentiel en un point de son axe, distant de 6 cm de l'un des pôles? (Thompson.)

Réponse : — On a $\dfrac{80}{6} - \dfrac{80}{16} = 8,33$ U. E. M. de potentiel, si le point est en dehors des pôles, et

$$\dfrac{80}{4} - \dfrac{80}{6} = 6,66 \text{ U. E. M. de potentiel,}$$

s'il est entre les pôles.

437. — Sur une même ligne on suppose un pôle nord de 120 U. E. M. et un pôle sud de 60 U. E. M. distant l'un de l'autre de 6 cm. Quels sont sur cette ligne les points qui ont le potentiel zéro? (Thompson.)

Réponse : — Si le point doit se trouver entre les masses magnétiques, on a

$$\dfrac{120}{x} - \dfrac{60}{6-x} = 0, \quad \text{d'où} \quad x = 4 \text{ cm,}$$

c'est-à-dire que le point est à 4 cm du pôle sud.
Si le point cherché est en dehors :

$$\dfrac{120}{y} - \dfrac{60}{y-6} = 0, \quad \text{d'où} \quad y = 12 \text{ cm.}$$

438. — Quel est le point de l'axe du grand aimant (n° 429) qui a le même potentiel que le point qui se trouve sur l'axe du petit aimant à 3 cm du pôle?

RÉPONSE : — Le potentiel magnétique est le rapport du travail à la masse magnétique, ou, ce qui revient au même, de la masse magnétique à la distance. Le potentiel du point sur l'axe du petit aimant est donc $V = 83,08 : 3 = 27,69$ U. E. M. — Pour le grand aimant il faudra donc que

$$27,69 = 315,4 : x , \qquad \text{d'où} \qquad x = 11,4 \text{ cm.}$$

439. — Quelle est l'intensité du champ magnétique aux deux points indiqués dans le numéro précédent?

RÉPONSE : — L'intensité du champ magnétique est le rapport de la force existant entre le pôle de l'aimant et la masse au point considéré, à la masse magnétique de ce point, ou bien, la masse au pôle divisée par le carré de la distance. En effet, on a

$$I = \frac{f}{M} = \frac{M \cdot m}{d^2} : m = \frac{M}{d^2} ,$$

donc, respectivement

$$I_1 = \frac{315,4}{11^2} = 2,60 , \quad \text{et} \quad I_2 = \frac{83,08}{3^2} = 9,23.$$

440. — n aimants de même longueur l et de même force sont rangés en une ligne droite. Les pôles contenant chacun la masse m se trouvent distants de $\frac{1}{10} l$ et alternent quant aux signes. Quel est le potentiel au milieu de la ligne et quel est-il à l'une des extrémités?

RÉPONSE : — Pour le point situé au milieu de la série,

il y a toujours deux masses égales et de signes contraires qui agissent sur lui ; leur effet est nul, on a donc :

$$\sum\left(\frac{m}{r}\right) = V = 0.$$

Pour le point situé à l'une des extrémités, on a

$$\sum\left(\frac{m}{r}\right) = \frac{m}{0,1\,l} - \frac{m}{0,9\,l} + \frac{m}{1,1\,l} - \frac{m}{1,9\,l} + \ldots =$$

$$= \frac{10\,m}{l}\left(1 - \frac{1}{9} + \frac{1}{11} - \frac{1}{19} + \ldots\right) = 9,712\,\frac{m}{l}.$$

441. — Quel est le potentiel au centre d'un polygone régulier de six côtés, si les sommets ont : 1° des pôles de même nom ; 2° des pôles de noms contraires ?

Réponse : — Comme dans les deux cas, il y a sur un même diamètre des pôles égaux et de signes contraires, l'effet est $\sum\left(\frac{m}{r}\right) = 0.$

442. — n aimants de même longueur l ont les pôles S disposés sur une première circonférence de rayon r et les pôles N sur une seconde circonférence concentrique à la première, les aimants étant dirigés suivant des rayons. Quel est le potentiel au centre ?

Réponse : — $V = + \dfrac{m}{r} + \dfrac{m}{r} + \ldots - \left(+ \dfrac{m}{r+l} + \dfrac{m}{r+l} + \right.$

$$\left.+ \ldots\right) = \frac{n\,m}{r} - \frac{n\,m}{r+l} = n\,m\left\{\frac{1}{r} - \frac{1}{r+l}\right\} = \frac{l\,m\,n}{r(r+l)}.$$

443. — Quel est le potentiel si les pôles alternent sur chacune des périphéries?

Réponse :

$$V = + \frac{m}{r} - \frac{m}{r} + \dots - \frac{m}{r+l} + \frac{m}{r+l} - \dots = 0.$$

444. — Sur une planche qui flotte sur l'eau sont placés plusieurs aimants identiques de longueur e, de direction α, de masse magnétique m et à égale distance d les uns des autres. Quelle est la valeur du moment magnétique correspondant à cet angle α : 1° si tous les pôles de même nom sont tournés du même côté ; — 2° si n_1 pôles sont opposés aux $n - n_1$ autres, par rapport à l'extrémité du premier aimant?

Réponse : — Un aimant détermine le moment magnétique $m\,H.l.$ sin α et les n aimants auront dans le premier cas un moment magnétique égal à $n.m.H.l.$ sin $\alpha. = M_1$; tandis que, dans le second cas, le moment n'est plus que ;

$$M_2 = n_1\, m\, H\, l \sin \alpha - (n - n_1)\, m\, H\, l \sin \alpha =$$
$$= (2\, n_1 - n)\, m\, H\, l \sin \alpha.$$

445. — Les arêtes d'un cube, placé sur une planche flottant sur l'eau, sont formées par 12 aimants égaux dont les 4 verticaux ont les pôles S en bas et dont les 4 dans les plans horizontaux se touchent par les pôles de noms contraires. Quel est le moment magnétique du système que détermine le magnétisme terrestre, par rapport à l'une des arêtes verticales?

Réponse : — L'effet des arêtes verticales est nul, chaque aimant ayant deux pôles de noms contraires qui doivent rester dans la verticale. Dans chacun des plans horizontaux, on trouve huit moments statiques qui ont tous la même valeur. Leur moment résultant se compose de deux fois huit moments qui ne se distinguent que par le sens de rotation, en vertu de la nature des pôles. En exprimant les bras des moments composants par la longueur de l'arête et l'angle que l'une d'elles forme avec le méridien magnétique, on trouve que la somme des bras des moments tournant dans le sens positif est égale à la somme des bras des moments tournant dans le sens négatif, quelle que soit la valeur de l'angle. Il s'ensuit que le moment résultant est nul.

446. — En deux lieux différents du globe ayant comme angle d'inclinaison β et β', une même aiguille aimantée a comme durées d'oscillation t et t'. Quel est le rapport des intensités du magnétisme terrestre?

Réponse : — $H : H' = t'^2 \cos \beta' : t^2 \cos \beta$.

447. — Deux aiguilles aimantées ont le même moment magnétique, mais des longueurs différentes l et l'; quel est le rapport de leurs masses magnétiques?

Réponse : — $2\, l_1\, \mu_1\, H = 2\, l_2\, \mu_2\, H$; donc $\dfrac{\mu_1}{\mu_2} = \dfrac{l_2}{l_1}$.

448. — On transporte un même barreau aimanté en deux endroits différents de la terre pour le faire osciller dans un plan horizontal. Les durées d'oscillation observées sont t_1 et t_2 ; quel est le rapport des composantes horizontales du magnétisme terrestre ?

RÉPONSE : — Un aimant suspendu horizontalement a pour durée d'oscillation (d'après la formule du pendule composé)

$$t = 2\pi \sqrt{\frac{J}{HM}}.$$

Pour un même barreau les quantités J (moment d'inertie et M (masse magnétique) sont constantes ; on a donc :

$$H_1 : H_2 = t_2{}^2 : t_1{}^2.$$

449. — Quel est le rapport des composantes horizontales du magnétisme terrestre à Paris, à Londres et à Berlin, si un même barreau fait 20 oscillations en 59 secondes à Paris, 20 oscillations en 61 secondes à Londres, et 30 oscillations en 60 secondes à Berlin ?

RÉPONSE : — $H_P : H_L : H_B = 61^2 : 59^2 : 60^2$
$$= 372 : 348 : 360.$$

450. — La force totale du magnétisme terrestre est de 0,48 U. E. M. pour Berlin et pour le Mexique ; quels sont les valeurs des composantes horizontales en ces mêmes lieux ?

RÉPONSE : — Elles ne sont pas égales, parce que, d'après la table XVI, les inclinaisons sont inégales. D'après ces valeurs de l'inclinaison on obtient :

$$H_B = 0{,}47 \cos 64° = 0{,}206 \text{ U. E. M.};$$

$$H_M = 0{,}332. \text{ U. E. M. } \left[L^{-\frac{1}{2}} M^{\frac{1}{2}} T^{-1} \right].$$

451. — Un aimant d'acier (Rolland) en forme de fer à cheval, pesant 1 kilogr., porte 20 fois son propre poids. Quelle est la valeur de la constante a dans la formule de Bernouilli pour un pareil aimant ?

Réponse : — La formule de Bernoulli étant

$$p = a \sqrt[3]{w^2},$$

on aura

$$20.1000 = a \sqrt[3]{1000^2}, \quad \text{d'où} \quad a = 200.$$

XVII. — Effets des courants sur les aimants.

452. — Un courant de 0,24 ampère passe dans une bobine à section circulaire ayant 72 tours de fil ; le diamètre moyen de cette bobine est de 20 cm. Quelle est l'intensité du champ magnétique produit par le courant au centre de la bobine ? (Thompson.)

Réponse : — L'intensité du champ magnétique demandée est la force f qui sollicite l'unité de masse magnétique située au centre de la bobine. Cette force est proportionnelle à l'intensité du courant $i = 0{,}24$ ampère $= 0{,}024$ U. E. M., et à la masse magnétique $m = 1$ U. E. M., et à la longueur du fil $l = 20. \pi. 72$ cm ; mais inversement proportionnelle au carré de la distance du pôle au circuit $d = 10$ cm. Donc :

$$f = \frac{i\,m\,l}{d^2} = \frac{0{,}024 \times 20 \,.\, \pi \,.\, 72 \times 1}{10^2} = 1{,}086 \text{ U. E. M.}$$

453. — Une aiguille aimantée très courte et un fil de cuivre de $2\,l$ cm se trouvent dans un même plan vertical ; le pôle magnétique contient m U. E. M. et il est à h centimètres au-dessous du milieu du fil de cuivre. Dans celui-ci passe un courant de i U. E. M. Quelle est la force avec laquelle le courant agit sur le pôle et quelle serait cette force pour une longueur infinie du fil ?

Réponse : — D'après la loi de Savart, l'effet élémentaire est $\dfrac{m\,.\,i\,.\,dl}{h^2 + x^2} \sin \delta$, en désignant par δ l'angle que forme dl avec la direction de l'élément dl au pôle, et où x désigne la distance de dl au milieu du fil. On voit que $x = h \cot \delta$, donc $dx = dl = -\dfrac{h\,d\,\delta}{\sin^2 \delta}$ et $h^2 + x^2 = \dfrac{h^2}{\sin^2 \delta}$; en sorte que l'effet élémentaire peut s'écrire $-\dfrac{m\,i}{h} \sin \delta\, d\delta$; cela donne par intégration de $- l$ à $+ l$, la valeur

$$f = \frac{2m\,i\,l}{h\,\sqrt{l^2 + h^2}} = \frac{2\,m\,i}{h\,\sqrt{1 + \dfrac{h^2}{l^2}}} \cdot$$

Posant $l = \infty$, la force devient $f = \dfrac{2\,m\,i}{h} \cdot$

454. — Dans la boussole de M. Denzler se trouvent deux aiguilles aimantées, l'une au-dessus, l'autre au-dessous du milieu d'un fort cadre rectangulaire, dont deux côtés sont horizontaux, les deux autres verticaux et dont le plan est orienté dans le méridien magnétique. Quel est l'effort d'un courant i sur une aiguille à m U. E. M. et placée à h cm et h_1 cm respectivement des côtés horizontaux?

RÉPONSE : — Comme l'effet des deux côtés verticaux s'annule, on aura d'après le numéro précédent :

$$f = 2\,m\,i\,l \left\{ \frac{1}{h\,\sqrt{h^2 + l^2}} - \frac{1}{h_1\,\sqrt{h_1^2 + l^2}} \right\}$$

XVIII. — Electro-aimants.

455. — La bobine d'un électro-aimant à noyau très épais est parcourue successivement par un courant de 2,5 ampères et de 10 ampères; comment l'intensité du champ magnétique varie-t-elle?

RÉPONSE : — Comme l'intensité du champ est proportionnelle à l'intensité du courant, toutes autres choses égales d'ailleurs, les deux intensités seront entre elles comme 2,5 est à 10, ou comme 1 : 4.

456. — Dans quelle proportion l'intensité magnétique d'un électro-aimant à noyau très épais varie-t-elle si l'on maintient l'intensité du courant, mais si l'on augmente le nombre de spires de 250 à 650?

Réponse : — L'intensité magnétique étant proportionnelle au nombre de spires, la proportion est $25 : 65 = 1 : 2,6$.

457. — Un électro-aimant avait 2 couches de 60 spires; on lui a donné 5 couches de 50 spires; que devient l'intensité du champ magnétique comparée à la première, si l'intensité du courant est restée la même dans les deux cas?

Réponse : — Le nombre de spires étant 120 et 250, le rapport des intensités magnétiques est de $12 : 25 = 1 : 2,1$.

458. — Entre deux points A et B d'un circuit il y a un embranchement; l'une des branches a la résistance connue R_1; l'autre forme un électro-aimant. Quel est le nombre maximum d'ampère-tours qu'on peut mettre sur la bobine de l'électro aimant, si son courant doit être 0,04 du courant dans la branche à résistance R_1 et si l'enveloppe isolante du fil prend un tiers du volume du cuivre?

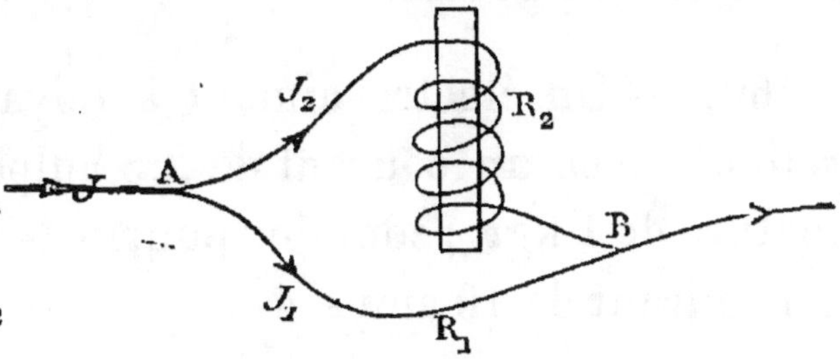

Réponse : — On a $I_2 = 0,04\, I_1$, donc $I_2 R_2 = 0,04\, I_1 R_2 = I_1 R_1$, d'où $R_2 = 25\, R_1$. — Etant d cm le diamètre du fil de l'électro-aimant, D cm le diamètre moyen d'une spire et v l'espace que peuvent occuper les spires, l'espace occupé par le cuivre est $\frac{3}{4} v$, donc $\frac{3}{4} v : \frac{(\pi^2 D\, d^2)}{4} =$ N, le nombre de tours.

D'autre part, le diamètre d cm et la résistance $R_2 = 25\, R_1$ admettent un fil de longueur

L $= 25\; R_1\; d^2 : 0{,}0206$ mètres, ou une bobine de

$$\frac{L}{\pi\, D} = \frac{25\; R_1\; d^2}{0{,}0206.\;\pi\, D} = N \text{ tours.}$$

De là

$$d^2 = \frac{0{,}0206\, \pi\, D\, N}{25\; R_1}.$$

En substituant cette valeur de d^2 dans la première expression pour N, on obtient

$$N = \frac{5}{\pi\, D}\; \sqrt{\frac{3\, v\, R_1}{0{,}0206\, \pi}}.$$

Le nombre d'ampère-tours pour la bobine de l'électro-aimant sera ainsi

$$N\, I_2 = 0{,}04\; I_1\; N = \frac{0{,}4334\; I_1\; \sqrt{v\, R_1}}{D}$$

459. — Comment peut-on maintenir l'intensité d'un électro-aimant si l'on réduit le nombre de spires au tiers?

RÉPONSE : — Il faut augmenter dans la même proportion l'intensité du courant.

460. — Un électro-aimant à noyau très épais retient, avec un courant de 2,5 ampères, une armature de 1 kgr.; combien pourra-t-il porter avec un courant de 10 ampères ?

RÉPONSE : — Comme la force portative est proportionnelle au carré de l'intensité du courant, il pourra retenir :

$$\left(\frac{10}{2,5}\right)^2 . 1 = 16 \text{ Kg}.$$

461. — Deux électro-aimants sont intercalés en série dans le même circuit ; l'un a un noyau de diamètre double de celui de l'autre, le nombre de spires étant le même ; quel est le rapport de leurs forces portatives ?

Réponse : — Le champ magnétique est proportionnel à la racine carrée du diamètre, donc la force portative est, toutes choses égales d'ailleurs, proportionnelle au diamètre, on aura donc :

$$F_1 : F_2 = 1 : 2.$$

462. — Un électro-aimant à noyau de 1 cm de diamètre et recouvert par 3 couches de 100 spires doit être remplacé par un autre à noyau de 2,5 cm et à 7 couches de 90 spires ; le courant n'ayant pour celui-ci que $\frac{1}{5}$ de l'intensité du courant pour le premier, quel est le rapport des intensités des champs magnétiques des électro-aimants ?

Réponse :

$$M_1 : M_2 = \sqrt{1.300.J} : \sqrt{2,5.630.\frac{J}{5}} = 20 : 21.$$

463. — Un électro-aimant de télégraphe Morse (modèle suisse) à un noyau en forme de fer à

cheval de 0,9 cm de diamètre et 30 couches de 240 spires ; il porte, avec un courant de 0,2 ampère, 3 kg. ; quelle est la force portative d'un autre électro-aimant dont le noyau est de 4 cm d'épaisseur et qui porte 36 couches de 300 spires, le fil ayant un diamètre tel que le courant prend une intensité double ?

Réponse : — On a pour le premier électro-aimant ; c étant une constante : $\left[c\sqrt{0,9} \times 30.240 \times 0,2\right]^2 = 3$ Kg ;

et pour l'autre : $\left[c\sqrt{0,4} \times 36.300 \times 0,4\right]^2 = x$ Kg ;

d'où $\qquad x = 16,8$ Kg.

464. — Un électro-aimant porte 73 kg. avec un courant de 2,1 ampères et 46 kg. avec 1 ampère ; quelles seront les constantes de cet électro-aimant d'après la formule de Fröhlich $M = \dfrac{J}{a + b.J}$ et d'après la formule de Sohncke $M = \dfrac{1}{a}Je^{-\beta J}$ et quelle serait la force portative correspondant à un courant de 1,6 ampère ?

Réponse : — On a d'après Fröhlïch :

$$\sqrt{73} = \frac{2,1}{a + b.\,2,1} \quad \text{et} \quad \sqrt{46} = \frac{1,0}{a + b.\,1,0},$$

d'où $a = 0,0579$ et $b = 0,0895$. — Pour $J = 1,6$ ampère la force portative est $= 64$ kg.

La formule de Sohncke donne :

$$\sqrt{73} = \frac{1}{a}\,2,1.\,e^{-\beta.2,1}, \quad \text{et} \quad \sqrt{46} = \frac{1}{a}\,1,0.\,e^{-\beta.1,0},$$

d'où $\beta = + 0,4650$ et $\alpha = 0,0925$, et alors pour un courant de 1,6 amp. la force portative est $= 67,4$ kg.

465. — Un électro-aimant a un moment magnétique $= 2\,070$ U. E. M. avec un courant de 2,87 U. E. M. et un moment de 4 110 U. E. M. avec 6,28 U. E. M. de courant : 1° quelles sont les constantes d'après Fröhlich ? 2° quelles sont-elles d'après Sohncke ? 3° quel est le moment magnétique qui correspond à un courant de 30 U. E. M., d'après l'une et l'autre formule ?

RÉPONSE : — D'après Fröhlich $a = 0,001267$, $b = 0,0000415$ et d'après Sohncke, $\alpha = 0,001278$, $\beta = 0,0285$.

Les moments magnétiques correspondant à 30 U. E. M. sont $M_1 = 11\,686$ U. E. M. et $M_2 = 9\,986$, tandis que l'expérience a donné le résultat $M_3 = 10\,570$ U. E. M.

466. — Un électro-aimant doit avoir 20 cm de longueur et 80 tours de fil; avec 30 ampères son noyau doit être saturé à moitié. Quel est le diamètre à donner à ce noyau si le magnétisme spécifique de ce fer est 200 (cm., gr., sec). ?

RÉPONSE : — Le moment magnétique est égal au magnétisme spécifique multiplié par le poids du noyau d'une part, et égal à $0,135 \sqrt{l^3 d}$. I. N, d'autre part. On en tire la relation.

$$\frac{1}{2} \cdot 200 \times 20 \cdot \frac{d^2}{4} \cdot \pi \cdot 7,86 = 0,135 \sqrt{20^3} \cdot \sqrt{d} \cdot 30 \cdot 80,$$

d'où

$$d = 1,77 \text{ cm.}$$

467. — Dans un appareil Morse le noyau d'un électro-aimant a 0,95 cm d'épaisseur, 16 cm de longueur et la bobine a 14 400 spires. A quelle fraction ce noyau est-il saturé avec un courant de 8 milliampères, le magnétisme spécifique du fer étant supposé égal à 200 ?

RÉPONSE : — La même relation que dans le numéro précédent, et en la supposant juste pour un aimant en forme de fer à cheval, elle donne

$$f. \ 200 \times 16. \ \frac{0,95^2}{4} \ \pi. \ 7,86 = 0,135 \ \sqrt{16^3. \ 0,95}. \ 0,008. \ 14400,$$

d'où

$$f = 0,0544.$$

XIX. — Accumulateurs.

468. — Quel est le travail que peut accumuler une pile secondaire Planté, dont le plomb pèse 15 kg. s'il dépose jusqu'à complet épuisement 0,18 gr. de cuivre et si l'on suppose qu'on ne puisse utiliser que les **2/3** de la décharge pour rester au-dessus de 2 volts ?

RÉPONSE : — Comme 1 coulomb dépose 0,0003307 gr. de cuivre, la quantité d'électricité contenue dans la pile secondaire était de 0,18.: 0,0003307 = 514 coulombs. A la *f. é. m.* de 2 volts cette quantité d'électricité a fait le

travail $514 . \frac{2}{3} . 2$ joules $= 685,3 . 10^7$ ergs $= 70,4$ mkg.
— L'énergie accumulée par kgr. de plomb est donc de

$$\frac{70,4}{15} = 4,66 \text{ mkg.} = 45,7 \text{ joules.}$$

469. — On dispose en série une machine dynamo-électrique et 7 accumulateurs; la dynamo donne 5 ampères; les accumulateurs ont une capacité de 80 ampère-heures chacun. Combien faut-il de temps pour charger cette batterie ?

RÉPONSE : — La disposition étant en série chacun des accumulateurs a 5 ampères de courant, donnant 5 ampère-heures par heure dans chacun des accumulateurs. La charge complète demandera donc 80 : 5 = 16 heures, — si l'on ne tient pas compte des pertes pendant la charge.

470. — Pendant la charge et pendant la décharge d'un accumulateur, système Daniell (Cu — SO₄ Cu — SO₄ Zn — Zn), on a observé toutes les 5 minutes l'intensité du courant respectivement jusqu'à charge et jusqu'à décharge complètes. La quantité d'électricité ainsi fournie fut trouvée de Q = 4147 ampère-secondes et Q' = 2 845 ampère-secondes. Quel est le rendement de l'appareil ?

RÉPONSE : — $r = \dfrac{Q'}{Q} = \dfrac{2845}{4147} = 68,6$ p. 100.

471. — Un accumulateur du même système, mais à plus grande surface, a donné $Q = 14\,325$, $Q' = 12\,777$ coulombs; quel est son rendement?

Réponse : — $r = 89$ p. 100.

472. — Quelle est la quantité d'électricité nécessaire pour mettre en liberté l'acide sulfurique qui doit former (pendant la charge) l'électrode positive d'un accumulateur Faure-Sellon-Volkmar?

Réponse : — Admettant que l'hydrogène qui se dégage au pôle négatif réduit l'oxyde de plomb d'après l'équation

$$Pb_3\,O_4 + 4\,H_2 = 4\,H_2\,O + 3\,Pb,$$

tandis qu'au pôle positif la réaction se fait d'après l'équation :

$$Pb_3\,O_4 + SO_4 = 2\,(Pb\,O_2) + Pb\,SO_4.$$

En supposant toute la surface composée de $Pb_3\,O_4$, la formation d'H et d'O est très faible. L'accumulateur aura reçu sa charge maximale quand tout le minium sera transformé en $Pb\,O_2$ et en Pb métallique. Soit m_1 gr. la masse de $Pb_3\,O_4$. Son poids moléculaire étant $3.207 + 4.16 = 685$, la masse de Pb métallique contenue dans m_1 sera $\frac{621}{685}\,m_1$ gr ; un tiers de ce plomb, soit $\frac{207}{685}\,m_1$, se combine avec SO_4 et demande une masse de SO_4 égale à $\frac{207}{685}\,m_1 \cdot \frac{96}{207} = \frac{96}{685}\,m_1$ gr. La quantité d'électricité nécessaire pour mettre cette masse d'acide sulfurique en liberté est $Q = \frac{96}{685}\,m_1 \cdot \frac{1}{0,005}$ U. E. M. $= 28,03\,m_1$ U. E. M. ; car

1 U. E. M. d'électricité met en liberté 0,000104 gr. d'H
ou bien $\frac{1}{2}$ (32 + 4.16) 0,000104 gr. = 0,005 gr. d'acide
sulfurique. $Q = 28,03\ m_1$ U. E. M, si m_1 est exprimé en
grammes et $28030\ m_1$ U. E. M si m_1 est exprimé en kilogrammes.

473. — Quelle est la charge théorique maximale que peut prendre un accumulateur Faure-
Sellon-Volkmar, qui est composé de 8 feuilles
de plomb de 2 kg. chacune ?

RÉPONSE : — D'après le numéro précédent,

$$Q = 28030.16\ \text{U. E. M} = 0,45.10^6\ \text{U. E. M} =$$
$$= 0,45.10^7\ \text{coulombs.}$$

474. — Quelle est la quantité théorique d'électricité nécessaire pour former l'électrode négative d'un accumulateur Volkmar ?

RÉPONSE : — Désignant par m_2 gr. la masse de l'électrode négative, elle doit contenir $\frac{64}{685}\ m_2$ gr. d'oxygène.
Pour saturer cette masse il faut $\frac{1}{8} \cdot \frac{64}{685}\ m_2$ gr. d'hydrogène.
— La quantité d'électricité nécessaire pour mettre cet
hydrogène en liberté est :

$$Q = \frac{1}{86}\ m_2\ \frac{1}{0,000104} = 111,8\ m_2\ \text{U. E. M} =$$

$= 1118\ m_2$ coulombs. — Ordinairement $m_1 = m_2$ pour
des raisons pratiques.

475. — Quel est le travail qu'il faut théoriquement dépenser pour charger complètement un accumulateur Faure-Sellon-Volkmar ?

Réponse : — Le travail étant égal au produit de la F. E. M. par l'intensité du courant dans chaque élément de temps, le travail total demandé sera $W = \Sigma(E\,I)$, à prendre sur tous les éléments de temps. Comme pendant la charge la F. E. M. est constante, il est $W = E.\,\Sigma(I)$. La $\Sigma(I)$ prise sur tous les éléments de temps n'est autre chose que la quantité totale d'électricité qui a été fournie à l'accumulateur, soit $\Sigma(I) = Q$ ou Q est déterminée dans le numéro 472. On a donc $W = E.\,Q = 28,03\,E\,m_1$ U. E. M. (cm., gr., sec.) $= 28,03\,E\,m_1$ ergs $= 28,03.10^{-7}\,E\,m_1$ joules.

476. — Quel est le travail qu'il faut dépenser pour charger avec une force électromotrice de 2,05 volts un accumulateur de 8 feuilles de plomb de 2 kg. chacune ?

Réponse :

$$W = 28,03.16000 \times 2,05.10^8 \text{ U. E. M.} = 9193,84.10^{10} \text{ ergs}$$
$$= 9193,84.10^{10} \times 102.10^{-10} \text{ kgr. m} =$$
$$= 937772 \text{ kgm.} = 3,5 \text{ chevaux-heures.}$$

ou bien $= 2,55$ kilowatt-heures.
ou bien $= 9193840$ joules.

477. — Quelle est la somme à dépenser pour les n accumulateurs devant alimenter L lampes Siemens (F. E. M. $= 100$ volts, $I = 0,6$ ampère) si un accumulateur revient à f francs.

Réponse : — Une lampe Siemens absorbe $100 \times 0,6$ watts et les L lampes demanderont donc $W = 60\,L$

watts. Comptons 10 p. 100 de perte d'énergie par les conduits, l'énergie demandée par les lampes sera $W = 66\,L$ watts. Les accumulateurs même absorbent une quantité d'énergie proportionnelle au carré de l'intensité du courant 0,6 L et proportionnelle à leur résistance intérieure

$$\left(r = \frac{1}{40} \text{ ohm}\right), \text{ soit } W_1 = (0{,}6\,L)^2 \times n\,r. = 0{,}36\,L^2\,\frac{n}{40}$$

$$= 0{,}009\,n\,L^2 \text{ watts.}$$

D'autre part, chaque accumulateur ayant une différence de potentiel de 2,0 volts, la batterie des n accumulateurs produira une différence de potentiel totale de 2,0 n volts, et comme elle doit alimenter les L lampes à 0,6 ampères, elle doit fournir 0,6 L ampère, soit une énergie de 2,0 n. $\times$ 0,6 L watts. En égalant les deux énergies on obtient

$$66\,L + 0{,}009\,n\,L^2 = 2{,}0.\,n.\,0{,}6\,L., \qquad \text{d'où}$$

$$n = \frac{66}{1{,}2 - 0{,}009\,L} \text{ et comme 1 accumulateur revient à}$$

f francs, le prix demandé sera $S = n\,f = \dfrac{66\,f}{1{,}2 - 0{,}009\,L}$

La durée de l'éclairage par ces lampes et ces accumulateurs est limitée et définie par le prix de f francs par accumulateur. En effet, un accumulateur coûtant f francs aura la capacité de C ampère-heures $= 3600$ ampère-secondes. Les L lampes demandent par seconde 0,6 L ampère-secondes. La durée de l'éclairage sera donc de

$$t = \frac{3600}{0{,}6\,L} \text{ secondes} = \frac{6000}{L} \text{ secondes} = \frac{1{,}66}{L} \text{ heures.}$$

478. — Une batterie d'accumulateurs, ayant une différence de potentiel de 115 volts aux pôles, 0,12 ohm de résistance intérieure, a la propriété de donner à la décharge un courant

suffisant à tous les besoins. Si les fils conducteurs ont 0,3 ohm de résistance, quel est le nombre de lampes Edison A (F. E. M. $= 100$ volts, R $= 120$ ohms) qu'il faut prendre pour que le courant soit de 0,82 ampère dans chacune?

RÉPONSE : — Soit l le nombre de lampes ; le nombre d'ampères donné par les accumulateurs doit être égal à celui demandé par les lampes, soit :

$$\frac{115}{0,12 + 0,3 + \dfrac{120}{l}} = l.\,0,82, \quad \text{d'où} \quad l = 48 \text{ à } 49 \text{ lampes.}$$

479. — Un accumulateur de 5 plaques a une capacité de 48 ampère-heures et il permet un courant de décharge de 7 ampères à une différence de potentiel de 2 volts. Les plaques, dont 2 positives et 3 négatives, ont une surface active de 13. 18 cm². Quelles sont les dimensions minimales d'un accumulateur de ce genre qui peut fournir 0,4 ampère dans un circuit de 10 ohms de résistance, et quelle est sa capacité ?

RÉPONSE : — Pour que le débit puisse être de 0,4 ampère avec 10 ohms de résistance, la loi d'Ohm demande une $f.\ é.\ m.$ telle que E $= 0,4.10 = 4$ volts. On pourra suffire à cette condition en employant 2 accumulateurs accouplés en série.

L'accumulateur a une surface active de 8×234 cm² $=$

1872 cm², ce qui fait une décharge de $\dfrac{7}{1872} = 0,0037$ amp. par cm² ; les 0,4 ampère demanderont une surface active de $\dfrac{0,4}{0,0037} = 108$ cm². En construisant des accumulateurs avec 4 faces actives (2 plaques négatives et 1 positive), celles-ci devront avoir une surface de $\dfrac{108}{4} = 27$ cm² et les dimensions 3×9 cm².

La capacité sera $\dfrac{48.108}{1872} = 2,75$ amp. h. $= 9900$ coulombs.

L'énergie potentielle emmagasinée est $= 2.9900$ volt-coulombs $= 19800$ joules $= 2020$ mkg.

XX. — Couplage des piles.

480. — On dispose de deux éléments Daniell de force électromotrice $0,955. 10^8$ et de $0,85. 10^9$ résistance intérieure ; quel est le courant qu'on obtient dans un circuit extérieur de 5.10^9 U. E. M. de résistance si :

1° On n'emploie qu'un seul élément ?

2° On emploie les deux éléments en tension ?

3° On emploie les deux éléments en quantité ?

RÉPONSE : — L'intensité du courant est :

dans le 1er cas

$$J_1 = \frac{E}{R_1 + R_2} = \frac{0,955.10^8}{5.10^9 + 0,85.10^9} = 0,17.10^{-1} ;$$

dans le 2ᵉ cas

$$J_2 = \frac{2.0,955.10^8}{5.10^9 + 2.0,85.10^9} = 0,3.10^{-1} ;$$

dans le 3ᵉ cas

$$J_3 = \frac{0,955.10^8}{5.10^9 + \frac{1}{2} . 0,85.10^9} = 0,185.10^{-1}.$$

481. — Ayant six éléments Bunsen de force électromotrice $1,90.10^8$ et de $0,15. 10^9$ résistance intérieure ; quelles sont les intensités qu'on obtient par les différentes combinaisons de ces éléments dans un circuit extérieur de 5.10^9 U. E. M. de résistance ; et quel est le courant que fournit un seul élément ?

Réponse :

Pour un seul élément

$$J_1 = \frac{1,90.10^8}{5.10^9 + 0,15.10^9} = 0,369. \ 1 \ C^l$$

Pour les éléments en série

$$J_{6/1} = \frac{6.1,90.10^8}{5.10^9 + 6.0,15.10^9} = 1,93.10^{-1} ;$$

Pour les 3 éléments en série

$$J_{3/2} = \frac{3.1,90.10^8}{5,10^9 + \frac{3}{2} . 0,15.10^9} = 1,09.10^{-1} ;$$

Pour les 2 éléments en série

$$J_{2/3} = \frac{2.1,90.10^8}{5.10^9 + \frac{2}{3} . 0,15.10^9} = 0,745.10^{-1}.$$

Pour 6 éléments en quantité

$$J_{3|6} = \frac{1,90.10^8}{5.10^9 + \dfrac{1}{6}.0,15.10^9} = 0,378.10^{-1}.$$

482. — Dans un circuit dont la résistance extérieure est 80.10^9 U. E. M., est intercalée une batterie de 6 éléments Leclanché de $1,481.10^8$ U. E. M. et de $0,5.10^9$ résistance intérieure ; quelles sont les intensités qu'on peut réaliser par couplage des éléments tout en employant toujours les six ?

Réponse :

$$I_{6|1} = \frac{6.1,48.10^8}{80.10^9 + 6.0,5.10^9} = 0,107.10^{-1} ; I_{3/2} = 0,055.10^{-1} ;$$

$$I_{2/3} = 0,037.10^{-1} ; I_{1/6} = 0,0185.10^{-1}.$$

483. — Un bain de galvanoplastie présente une résistance de $0,6.10^9$ U. E. M.; on dispose de 6 éléments Grove, ayant la force électromotrice $1,956.10^8$ et la résistance intérieure $0,12.10^9$; quelles sont les intensités qu'on peut réaliser par couplage ?

Réponse : — $I_{6|1} = 8,80.10^{-1} ; I_{3/2} = 7,52.10^{-1} ;$

$$I_{2/3} = 5,75.10^{-1} ; I_{1/6} = 3,15.10^{-1}.$$

484. — Quelle est la formule générale donnant l'intensité du courant I de n éléments identiques, accouplés en série, ayant chacun la force électromotrice e, et la résistance intérieure r, la résistance extérieure étant R ?

$$\text{RÉPONSE} : - J_t = \frac{n.e}{n.r + R}.$$

485. — Quelle est la formule générale donnant l'intensité J de n éléments identiques, accouplés en quantité, ayant chacun la force électromotrice e et la résistance intérieure r, la résistance extérieure étant R ?

$$\text{RÉPONSE} : - J_q = \frac{n.e}{r + nR}.$$

486. — Quelle est la condition générale sous laquelle l'intensité du courant est la même que les éléments soient couplés en tension ou en quantité ?

RÉPONSE : — On demande que $J_t = J_q$, autrement dit que $\dfrac{n.e}{n.r + R} = \dfrac{n.e}{r + nR}$; il faut pour cela $nr + R = r + nR$ ou $(n - 1) r = (n - 1) R$, ou enfin $r = R$.

487. — Quel est le couplage le plus avantageux : 1° quand $r > R$; 2° quand $r < R$?

RÉPONSE : — Si l'on écrit les formules pour I_t et I_q comme suit :

$$I_t = \frac{n.e}{(r + R) + (n - 1) r} \;;\; I_q = \frac{n.e}{(r + R) + (n - 1) R},$$

on voit que pour $r > R$ on a $I_t < I_q$.

488. — n éléments identiques ayant les constantes e et r, en combien de séries s faut-il les accoupler pour avoir le maximum d'effet si la résistance extérieure est R ?

Réponse : — L'intensité du courant sera, d'après la formule d'Ohm

$$I = \frac{\frac{n}{s} e}{R + \frac{r}{s} \cdot \frac{n}{s}} = \frac{n.s.c}{s^2 R + n.r}.$$

Cette fraction est maximum pour

$$s = \sqrt{\frac{n.r}{R}},$$

en substituant, cette intensité maximum devient

$$I = \frac{e}{2}\sqrt{\frac{n}{r.R}}.$$

En écrivant la condition de maximum d'intensité non pas

$$s = \sqrt{\frac{n\,r}{R}}, \quad \text{mais} \quad R = \frac{n\,r}{s^2} = \frac{n}{s} \cdot \frac{r}{s},$$

on reconnaît que le second membre n'est autre chose que la résistance intérieure de la pile ; donc, on obtient l'intensité maximum lorsque la résistance de la pile est égale à celle du circuit extérieur.

489. — La force électromotrice d'une pile est E, l'intensité du courant I, la résistance extérieure R_c ; quel est le rapport entre la différence de potentiel aux bornes du circuit extérieur V et

la force électromotrice E quand le courant I a l'intensité maximum ?

Réponse : — On a en général $I (R_e + R_i) = E$; dans notre cas d'intensité maximum de courant on a $R_i = R_e$, donc $I. 2 R_e = E$, ou $E = 2 I R_e$.

Mais comme $I R_e = V$, on obtient $E = 2 V$; c'est-à-dire qu'on obtient le maximum d'intensité de courant quand la différence de potentiel aux bornes du circuit extérieur est égale à la moitié de la force électromotrice de la batterie.

490. — Combien doit-on prendre d'éléments d'une pile, dont on connaît la force électromotrice e et la résistance r, et comment faut-il les grouper pour avoir un courant d'intensité I dans un circuit extérieur de résistance R ?

Réponse (Cadiat et Dubost) : — Soient x le nombre d'éléments en tension et y en quantité. Le nombre total n est donné par $n = x.y$. Nous avons encore pour la valeur de l'intensité I :

$$I = \frac{n\, e\, x}{n\, R + r\, x^2}.$$

Ici l'intensité I est supposée donnée et nous n'avons pas à chercher son maximum. Ce qu'il faut trouver, c'est le minimum de n. Nous tirons de l'équation précédente :

$$n = \frac{I\, r\, x^2}{e\, x - I\, R}.$$

Dans cette expression, x varie seul. Pour avoir la valeur de x qui la rend minimum, égalons à zéro la dérivée par rapport à x

$$2\,I\,r\,x\,(c\,x - I\,R) - c\,I\,r\,x^2 = 0$$

d'où

$$x = \frac{2\,I\,R}{c}, \qquad \text{et ensuite} \qquad n = \frac{4\,r\,R\,I^2}{c^2}.$$

491. — Supposons qu'on veuille obtenir, dans un circuit ayant 5 ohms de résistance, un courant de 8 ampères, avec des piles Bunsen possédant une force électromotrice de 1,9 volt et une résistance de 0,24 ohm ; combien faut-il d'éléments ?

RÉPONSE :

$$n = 85 ; \quad x = 42,1 ;$$

donc il faudra coupler parallèlement deux séries de 42 à 43 éléments.

492. — Avec des éléments Bunsen ($e = 1,9$ volt, $r = 0,24$ ohm) on veut alimenter un circuit extérieur qui demande un courant de 8 ampères et une différence de potentiel de 48 volts ; combien faut-il d'éléments ?

RÉPONSE : — Comme la force électromotrice doit être double de la différence de potentiel aux bornes du circuit extérieur, on a, x étant le nombre d'éléments par série, $x.\ 1,9 = 2,48$, d'où $x = 50,5$, soit 51 éléments par série. D'après la loi de Ohm, la résistance extérieure R s'obtient de

$$8\,R = 48, \quad \text{d'où} \quad R = 6 \text{ ohms.}$$

La formule du numéro 490 donne ensuite $n = 102$ éléments. On fera donc deux séries de 51 éléments.

493. — Combien d'éléments Bunsen de 1,9 volt de force électromotrice, et de 0,24 ohm de résistance faut-il pour alimenter, dans les conditions les plus avantageuses, 20 lampes Edison de 8 bougies (0,74 ampère et 50 volts) disposées en dérivation? (Cadiat et·Dubost.)

RÉPONSE : — L'intensité totale sera :

$$I = 20.0,74 = 14,8 \text{ ampères.}$$

La résistance du circuit extérieur est :

$$\frac{50 \text{ volts}}{14,8 \text{ ampères}} = 3,378 \text{ ohms.}$$

La loi de Ohm et la condition de maximum d'intensité fournissent les équations

$$\frac{x.0,24}{I_1} = 3,378$$

et

$$x.1,9 = 2.50,$$

d'où $\qquad x = 52,6 \qquad$ et $\qquad I_1 = 3,74.$

Pour arriver au courant nécessaire de 14,8 ampères ($< 4.3,74$), il faudra donc coupler en quantité 4 séries de 53 éléments, en tout 212 éléments.

494. — n éléments identiques ont les constantes e et r; en combien de séries σ faut-il les accoupler pour avoir le maximum d'énergie, si la résistance extérieure est R ?

RÉPONSE : — L'énergie libre est donnée par le produit de la force électromotrice par l'intensité, donc

$$W = I \cdot \frac{n.}{\sigma} e = \frac{n\sigma e}{\sigma^2 R + n.r} \cdot \frac{n.e}{\sigma} = \frac{n^2 e^2}{\sigma^2 R + n.r} \cdot$$

Comme σ doit être un nombre entier, différent de zéro, on voit que cette fraction prend sa plus grande valeur pour

$$\sigma = 1$$

L'énergie maximale est donc obtenue en couplant les n éléments en une seule série; elle aura la valeur

$$W_m = \frac{n^2 e^2}{R + nr} \cdot$$

495. — On dispose de 40 éléments Daniell ayant une résistance intérieure de $0,30 . 10^9$; comment faut-il les coupler pour avoir le maximum d'effet avec une résistance extérieure de $3 . 10^9$ U. E. M. ?

Réponse : — D'après la formule, on a I maximum pour $s = \sqrt{\dfrac{0,30.40.10^9}{3.10^9}} = 2$; on fera donc deux séries de 20 éléments chacune.

496. — Six éléments Bunsen de $1,734 . 10^8$ force électromotrice et $0,15 . 10^9$ résistance se trouvent placés dans les sommets et dans les milieux d'un triangle équilatéral, ils sont accouplés 3, ensuite 2 et enfin 1, en quantité, et les 3 groupes forment une série. Quelle est l'intensité du courant si la résistance du circuit extérieur est $5 . 10^9$ U. E. M. ?

RÉPONSE : — D'après la formule de Ohm,

$$I = \frac{3 \times 1{,}734.10^8}{5.10^9 + \frac{1}{3} .0{,}15.10^9 + \frac{1}{2} .0{,}15.10^9 + 1.0{,}15.10^9} =$$

$$= 0{,}986.10^{-1}. \text{ U. E. M.}$$

497. — On a chargé 30 éléments secondaires Planté de 0,05. 10^9 résistance intérieure pour les accoupler en série dans un circuit dont la résistance extérieure est 8. 10^9. Quelle est l'intensité du courant de décharge si chaque élément a une force électromotrice constante de 2,02. 10^8 ?

RÉPONSE : — En couplant les 30 éléments en série, on aura une F. E. M. de $30.2{,}02.10^8 = 60{,}6.10^8$ et par suite,

$$I = \frac{60{,}6.10^8}{8.10^9 + 30.0{,}05.10^9} = 6{,}37.10^{-1} \text{ U. E. M.}$$

498. — On veut remplacer un élément Bunsen dont la force électromotrice est 1,9 volt et la résistance 0,11 ohm, par une pile de petits éléments Daniell dont la force électromotrice est 1,0 volt et la résistance intérieure 11 ohms. En supposant que la résistance du circuit extérieur soit nulle, combien faut-il de ces éléments Daniell ?

RÉPONSE : — (Schoentjes) Pour que la F. E. M. des Daniell soit égale à celle de l'élément Bunsen, il faut les coupler à deux, en série, car :

$$E_D = 2.1{,}0 \text{ volt} = 2{,}0 \text{ volt} = E_B$$

Pour fournir le même courant que l'élément Bunsen, soit
$I = \dfrac{E}{R} = \dfrac{1,9}{0,11}$ ampères $= 17,273$ ampères, il faudra prendre
un nombre N de Daniell tel que N. $\dfrac{1,0}{2.11}$ ampère soit égal
à 17,273, soit $N = 380$. Le courant fourni par l'élément
accouplé en série avec un autre est $\dfrac{1,0}{2.11}$ et non $\dfrac{1,0}{11}$ car la
résistance du circuit a été doublée. Donc 380 éléments
Daniell couplés en 190 séries de 2 éléments résolvent le
problème.

XXI. — Dérivation.

499. — Un courant électrique arrivant par un
fil A se bifurque en un point O de ce fil en deux
branches B et C qui accusent dans un galvanomètre des courants de $0,08.10^{-1}$ et de $0,62. 10^{-1}$
U. E. M. Quelle est l'intensité du courant en A ?

RÉPONSE : — $0,08.10^{-1} + 0,62.10^{-1} = 0,7.10^{-1}$. U. E. M.

500. — Trois branches viennent se rencontrer
en un point O, l'une amène un courant de
$0,16. 10^{-1}$; la seconde enlève un courant de
$0,38. 10^{-1}$, U. E. M., quel est le rôle que joue la
troisième branche ?

RÉPONSE : — La troisième branche doit amener un courant d'une intensité telle que :

$0,16.10^{-1} + x = 0,38.10^{-1}$, soit de $0,22.10^{-1}$. U. E. M.

13.

501. — En un point viennent se rencontrer 9 fils dont 5 sont en communication avec les pôles de même nom de 5 piles, la première ayant un élément d'accumulateur ($E = 2,0$ volts), la seconde deux éléments, etc., la cinquième cinq éléments accouplés en quantité. Dans les circuits des 4 autres fils se trouvent des résistances de 4.10^9, de 8.10^9, de 12.10^9 et de 16.10^9 U. E. M. Quelles sont les intensités des courants qui s'écoulent par ces 4 fils ?

RÉPONSE : — Le courant qui arrive au point de rencontre a l'intensité $(1 + 2 + 3 + 4 + 5)$. $2,0.10^{-1}$ $= 15.2,0.10^{-1} = 30.10^{-1}$ U. E. M., en négligeant la très petite résistance intérieure. Ce courant se répartira en portions qui sont inversement proportionnelles aux résistances qu'elles rencontrent, et qui satisfont aux conditions suivantes :

La somme des intensités des courants dans chaque branche est égale au courant qui arrive au point de bifurcation ; donc

$$I_1 + I_2 + I_3 + I_4 = I = 3 \text{ U. E. M.}$$

En outre les fils partent d'un même point, et se rencontrent tous en un autre point, de sorte que la différence de potentiel aux extrémités est la même pour toutes les branches. Cette différence de potentiel étant égale au produit de l'intensité par la résistance pour chaque branche, on aura

$$I_1.4.10^9 = I_2.8.10^9 = I_3.12.10^9 = I_4.16.10^9$$

Par élimination de I_1, I_2, I_3 entre ces équations et la première, on obtient

$$\frac{16.10^9}{4.10^9} \cdot I_4 + \frac{16.10^9}{8.10^9} \cdot I_4 + \frac{16.10^9}{12.10^9} \cdot I_4 + I_4 = 3 \text{ U. E. M.,}$$

d'où

$$I_4 = \frac{9}{70} = 0{,}13 \text{ U. E. M} = 1{,}3.10^{-1} \text{ U. E. M.}$$

De là on obtient

$$I_3 = 1{,}73.10^{-1} \text{ U. E. M.} ; \; - I_2 = 2{,}6.10^{-1} \text{ U. E. M.} ; \; -$$
$$I_1 = 5{,}2.10^{-1} \text{ U. E. M.}$$

502. — Entre deux points d'un même circuit se trouvent deux branches dont les résistances sont r_1 et r_2, la somme du courant transmis étant i, quel est le courant dans chacune des branches ?

Réponse : — En application du second lemme de Kirchhoff, on a $i_1 r_1 + i_2 r_2 = o$; de plus, on doit avoir $i_1 + i_2 = i$; il résulte de ces équations

$$i_1 = \frac{i \, r_2}{r_2 - r_1}, \qquad \text{et} \qquad i_2 = \frac{i. \, r_1}{r_2 - r_1}.$$

503. — Un courant d'intensité I se bifurque en deux branches, dont les intensités sont i_1 et i_2, et dont les résistances sont r et R + G, R étant la résistance d'un shunt et G celle d'un galvanomètre, intercalés dans cette seconde branche. Quel sera le rapport de I à i_2?

Réponse : — On a les deux relations :

$$I = i_1 + i_2, \qquad \text{et} \qquad i_1 : i_2 = (G + R) : r$$

d'où

$$i_1 = \frac{G + R}{r} \cdot i_2, \text{ et } I = i_2 + \frac{G + R}{r} i_2 = i_2 \left(\frac{G + R + r}{r} \right),$$

donc

$$I : i_2 = (G + R + r) : r$$

504. — Un circuit se bifurque en un de ses points en n branches de même résistance. Au lieu d'intercaler une résistance de r ohms dans le circuit principal, on préfère intercaler des résistances dans les branches. Quelle doit être la résistance intercalée dans chaque branche pour que l'effet soit le même que celui qu'on obtient en intercalant les r ohms dans le circuit principal ?

RÉPONSE : — Si l'on s'imagine intercalé un fil de 1 m. dans le circuit principal, l'affaiblissement du courant sera plus fort que celui qu'on réalise en ajoutant 1 m. de ce fil dans chaque branche; car, réunis en un seul faisceau, ces $n \times 1$ m. feraient un toron de section n fois plus grande. La résistance sera donc la même que si l'on intercale dans chaque branche n mètres de ce fil. Autrement dit, une résistance unique de r ohms dans le circuit principal équivaut à $n.r$ ohms dans chacun des n circuits identiques.

505. — Un circuit se bifurque en deux branches dont les résistances sont r_1 et r_2. Quelles sont les résistances à intercaler dans ces branches pour qu'elles équivalent à une résistance unique R intercalée dans le circuit principal ?

Réponse : — En supposant que les deux branches soient obtenues par la réunion de p et de q branches identiques ces nombres p et q devront satisfaire à $r_1 : r_2 = q : p$. La résistance R dans le circuit principal peut être remplacée par $(p + q)$ R unités de résistance dans chacune des $p + q$ branches imaginées, ou bien par $\dfrac{(p + q)}{p}$ R unités dans la branche des r_1 et $\dfrac{(p + q)}{q}$ R unités dans la branche des r_2. Comme la proportion $r_1 : r_2 = q : p$ nous donne $\dfrac{p + q}{p} = \dfrac{r_1 + r_2}{r_2}$ et $\dfrac{p + q}{q} = \dfrac{r_1 + r_2}{r_1}$ les résistances à intercaler sont : $(r_1 + r_2) \dfrac{R}{r_2}$ dans la branche des r_1 et $(r_1 + r_2) \dfrac{R}{r_1}$ dans la branche des r_2.

506. — Un circuit se bifurque en deux branches, dont les résistances sont r_1 et r_2 respectivement ; quelle est la résistance unique X qui remplace ces r_1 et r_2 dans le circuit ?

Réponse : — Soit J l'intensité qui se divise en i_1 et i_2 et e la force électromotrice entre les deux points de bifurcation, on doit avoir :

$$e = i_1 r_1 = i_2 r_2 = JX$$

et

$$J = i_1 + i_2.$$

En éliminant i_1 et i_2, on obtient : $J = J \left(\dfrac{X}{r_1} + \dfrac{X}{r_2} \right)$ ou

$$X = \frac{r_1 r_2}{r_1 + r_2}.$$

Autre déduction. — Le courant J rencontre une fois la

conductibilité $\dfrac{1}{r_1} + \dfrac{1}{r_2}$ et l'autre fois $\dfrac{1}{X}$; comme ces conductibilités doivent être égales, on a $\dfrac{1}{r_1} + \dfrac{1}{r_2} = \dfrac{1}{X}$,

d'où
$$X = \frac{r_1\, r_2}{r_1 + r_2} \cdot$$

507. — On a intercalé parallèlement deux lampes à incandescence de 140 et 120 ohms entre deux points d'un circuit électrique. Quelle est la résistance résultante qu'elles présentent ?

Réponse : — D'après le problème précédent, c'est :
$$\frac{120.140}{120 + 140} = 64,6 \text{ ohms.}$$

508. — Si un circuit se divise en un point en n branches dont les résistances sont respectivement r_1, r_2,... r_n, quelle est la résistance unique X qui a le même effet que ces n résistances quand on veut remplacer les n branches par une ligne ?

Réponse : — Le numéro 501 donne :
$$X = \frac{r_1\, r_2\, r_3 \dots r_n}{(r_1\, r_2 \dots r_{n-1}) + (r_1\, r_2 \dots r_{n-2}\, r_n) + \dots} ;$$

c'est-à-dire que la résistance cherchée X est égale au rapport du produit des n résistances r_i divisé par la somme des produits de ces mêmes résistances combinées $(n-1)$ à $(n-1)$.

La seconde solution du numéro 506 donne :
$$\frac{1}{X} = \sum \left(\frac{1}{r_i}\right)$$

509. — Dans un petit rhéostat Siemens, l'une des extrémités du fil de chacune des 3 bobines est fixée au serre-fil A ; les autres extrémités aboutissent à des serre-fils spéciaux A_1, A_2 et A_3. Les résistances de ces bobines sont : $A_0\,A = 11,6$ ohms ; $A_0\,A_2 = 26,2$ ohms ; $A_0\,A_3 = 105$ ohms. Quelles sont les résistances qu'on obtient en intercalant ces bobines parallèlement : 1° deux à deux ; 2° les trois ?

RÉPONSE : — $R_{1/2} = 8,04$ ohms ; $R_{1/3} = 10,45$ ohms ; $R_{2/4} = 20,97$ ohms ; $R_{1/2/3} = 7,47$ ohms.

510. — Quatre fils de 5,5, de 18,0, de 3,7 et de 2,9 ohms de résistance sont disposés parallèlement. Quelle est leur résistance résultante ? (Day.)

RÉPONSE : — $X = 1,17$ ohm.

511. — Quelle est la résistance X qui équivaut à la résistance de n branches identiques dont chacune a une résistance de r ?

$$\text{RÉPONSE} : - X = \frac{r^n}{n.\,r^{n-1}} = \frac{r}{n} \cdot$$

512. — Entre deux points d'un circuit on a disposé parallèlement 8 lampes Edison, chacune de 120 ohms. Quelle est la résistance qu'on a intercalée par ce fait dans le circuit principal ?

$$\text{RÉPONSE} : - \quad X = \frac{120^8}{8.120^7} = 15 \text{ ohms.}$$

513. — Dans le circuit d'une dynamo de 0,01 ohm de résistance sont disposées parallèlement 600 lampes Siemens de 100 ohms et demandant 0,9 ampère chacune ; quelle doit être la différence de potentiel aux bornes de la machine?

RÉPONSE :

$$E = 600.0,9 \times \left(0,01 + \frac{100}{600} \right) = 95,4 \text{ volts.}$$

514. — Les trois branches partant d'un même point ont les résistances r_1, r_2, r_3 ; quelles sont les résistances à intercaler dans chacune des trois branches pour qu'elles équivalent à la résistance r dans le circuit principal ?

RÉPONSE : — Supposons un moment qu'on n'ait que deux branches avec les résistances r_1 et R_1, R étant celle qui remplace r_2 et r_3, alors les résistances à intercaler seraient respectivement $\frac{r}{R}\,(r_1 + R)$ et $\frac{r}{r_1}\,(r_1 + R)$. Mais, comme cette dernière résistance doit se partager dans les deux circuits r_2, r_3, il faut la remplacer par

$$\frac{r}{r_1}\,(r_1 + R).\frac{r_2 + r_3}{r_3} \quad t \quad \frac{r}{r_1}\,(r_1 + R)\frac{r_2 + r_3}{r_2}.$$

D'après le numéro 506, on a en outre $R = \dfrac{r_2\, r_3}{r_2 + r_3}$.

Les résistances à intercaler dans les circuits seront donc respectivement :

$$r \cdot \frac{r_1 r_2 + r_1 r_3 + r_2 r_3}{r_2 r_3} \; ; \qquad r \cdot \frac{r_1 r_2 + r_1 r_3 + r_2 r_3}{r_1 r_3} \; ;$$

$$r \cdot \frac{r_1 r_2 + r_1 r_3 + r_2 r_3}{r_1 r_2} \; .$$

515. — Un circuit se divise en n branches dont les résistances sont r_1, r_2..., r_n ; au lieu d'intercaler une résistance r dans le circuit principal, on veut introduire des résistances dans les branches. Quelles doivent être ces résistances ?

Réponse : — On obtient la résistance à mettre dans chaque branche en multipliant r par la somme des produits des r_i combinés $(n-1)$ à $(n-1)$ divisé par le produit de $n-1$ des r_i (sauf la résistance r_k qui est dans la $k^{ième}$ branche).

516. — Quelle est la résistance à mettre dans chacun des n circuits identiques pour que l'effet produit soit le même que celui produit par une résistance r dans le circuit principal?

Réponse : — Si $r_1 = r_2 = r_3 = \ldots = r_n$, la résistance à mettre dans chaque branche sera :

$$X = \frac{\dfrac{n!}{(n-1)!} \cdot r^{n-1}}{r^{n-1}} \cdot r = n \cdot r.$$

517. — Pour faire une résistance de 0,001 ohm, on veut disposer parallèlement un certain nombre

de fils de nickel de 2 mm de diamètre, ayant tous 30 cm de longueur. Leurs extrémités sont toutes soudées sur deux barres de cuivre. Quel doit être le nombre de ces fils de nickel?

RÉPONSE : — Chaque fil de nickel a une résistance de

$$0,1604 \cdot \frac{30}{100} \cdot \frac{1}{2^2} = 0,01203 \text{ ohm} ;$$

le nombre demandé se trouve de

$$0,01203 = n \cdot 0,001 , \quad \text{d'où} \quad n = 12.$$

518. — On veut faire une installation de 110 lampes Swan, demandant 1,22 ampère avec une force électromotrice de 38 volts. La disposition équivaut à 55 séries de deux lampes. La dynamo pouvant avoir 0,6 ohm et la conduite 1,3 ohms de résistance, quelle est la force électromotrice qu'elle doit avoir ?

RÉPONSE : — La force électromotrice est $E = I \cdot R$. Le courant à fournir est $55 \cdot 1,22 = 67,1$ ampères. La résistance totale que ce courant doit vaincre est :

$$R = \left(0,6 + 1,3 + \frac{2 \cdot 38}{55 \cdot 1,22} \right) = 3,03 \text{ ohms} ; \text{ il en résulte}$$
$$E = 67,1 \times 3,03 = 202 \text{ volts.}$$

519. — Une dynamo fournit le courant à 60 lampes Edison C dont chacune a une résistance à chaud de 208 ohms, et chacune demande 0,50 ampère. Les lampes sont en séries de 3 ; le fil

conducteur a 4,6 ohms, et la dynamo a 2,4 ohms
de résistance. Quelle doit être la force électromotrice de la machine?

Réponse :

$$E = I.R. = 20.0,50. \left(2,4 + 4,6 + \frac{3.208}{20}\right) = 382 \text{ volts.}$$

520. — On demande le nombre d'éléments
Daniell (F. E. M = 1 volt, $R_i = 5$ ohms) qui
peuvent remplacer une machine Brush donnant
839 volts et ayant R = 10,55 ohms. (Day.)

Réponse : — Soit x le nombre d'éléments par série et
y le nombre des séries. La force électromotrice d'une
série sera donc x volts, et d'après l'énoncé du problème
$x = 839$. La résistance de la batterie sera $R = \dfrac{839.5}{y}$ et
d'après le problème R = 10,55, d'où $y = 397,63$. Le
nombre d'éléments Daniell nécessaires est donc 397,63.839
= 333612.

521. — Les deux branches d'un même circuit
ont des résistances r_1 et r_2 ; l'intensité du courant
dans l'une des branches est i_1 ; quelle est l'intensité dans l'autre?

Réponse : — Désignons cette intensité par i_2 et soit i
celle du circuit principal, on aura (numéro 502) :

$$i_1 = \frac{i\,r_2}{r_2 - r_1}; \quad i_2 = \frac{i\,r_1}{r_2 - r_1}, \quad \text{d'où} \quad i_1 : i_2 = r_2 : r_1,$$

ou bien,
$$i_2 = \frac{i_1\,r_1}{r_2}.$$

522. — On veut que le courant dans l'une des branches soit $\frac{1}{n}$ du courant dans l'autre, celle-ci ayant la résistance r_1, comment faut-il faire?

RÉPONSE : — Nous venons de voir que les intensités sont inversement proportionnelles aux résistances, il faudra donc que $r_1 : r_2 = \frac{1}{n} i_1 : i_1$, ou bien que

$$r_2 = n.\, r_1.$$

523. — On veut que le courant dans l'une des branches soit $\frac{1}{n}$ du courant dans le circuit principal?

RÉPONSE : — En supposant i l'intensité du courant dans le circuit principal, celle de l'une des branches sera d'après la condition $i_1 = \frac{1}{n} i$; et celle de l'autre sera $i_2 = \frac{n-1}{n} i$. Ces intensités seront réalisées si les résistances dans les branches leur sont inversement proportionnelles, si donc $r_1 : r_2 = \frac{n-1}{n} i : \frac{1}{n} i,$ ou si $r_1 : r_2 = (n-1) : 1,$ ou si $r_1 = (n-1)\, r_2.$

524. — Comment faut-il construire les branches pour que le courant dans l'une soit 0,01 du courant total?

RÉPONSE : — D'après le n° précédent, il faut que la résistance dans cette branche soit $r_1 = (100-1)\, r_2 = 99\, r_2.$

525. — Pour mesurer l'intensité du courant dans un circuit, on a intercalé en dérivation à l'aide d'un shunt un galvanomètre de $148{,}5.\,10^9$, de résistance et un fil de 1,5. 10⁹. Le galvanomètre indiquant 0,0078. 10⁻¹ U. E. M., quelle est l'intensité du courant principal?

Réponse : — Le nombre n qui indique combien de fois le courant principal est plus intense que le courant passant par le galvanomètre est rattaché aux résistances des deux branches par $185.10^9 = (n-1) 1,5.10^9$, d'où il résulte $n = 100$ et $i = 100.0,0078.10^{-1} = 0,78.10^{-1}$ U.E.M.

526. — Deux points A et B sont reliés par trois fils; le premier contient la pile Bunsen de F. E. M. 1,734. 10⁵ et en tout, la résistance est 0,66. 10⁹; les deux autres fils ont la résistance 16.10⁸ et 2. 10⁸. Quelles sont les intensités dans les trois branches?

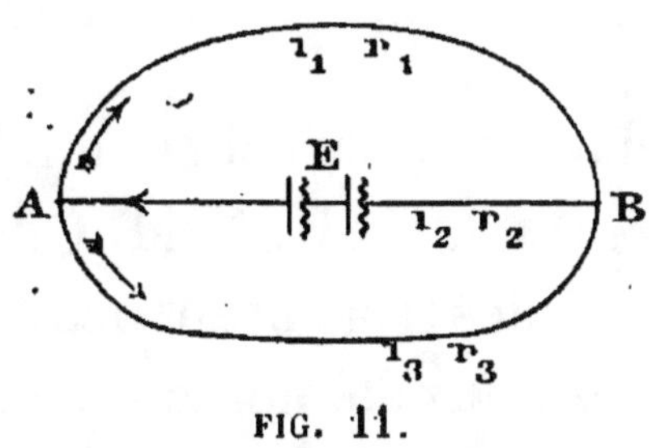

FIG. 11.

Réponse : — Le premier lemme de Kirchhoff donne

et le second,

$$i_2 = i_1 + i_3;$$
$$i_1 r_1 + i_2 r_2 = E;$$
$$i_1 r_1 + i_3 r_3 = 0.$$

En résolvant ces trois équations par rapport à i_1, i_2, i_3 on obtient :

$$i_1 = \frac{r_3 E}{r_1 r_3 + r_2 r_3 + r_1 r_2};$$

$$i_2 = \frac{(r_3 + r_1). E}{r_1 r_3 + r_2 r_3 + r_1 r_2}; \quad i_3 = \frac{r_1 E}{r_1 r_2 + r_2 r_3 + r_1 r_3}.$$

En substituant les chiffres aux lettres, on obtient :

$$i_1 = 0,124.10^{-1}; \quad i_2 = 1,110,10^{-1}; \quad i_3 = 0,996.10^{-1} \text{ U.E.M.}$$

527. — On intercale un élément Daniell (1,079. 10⁸) dans le premier, un élément Grove (1,956, 10⁸) dans le second de trois fils qui relient les mêmes deux points A et B. Les résistances

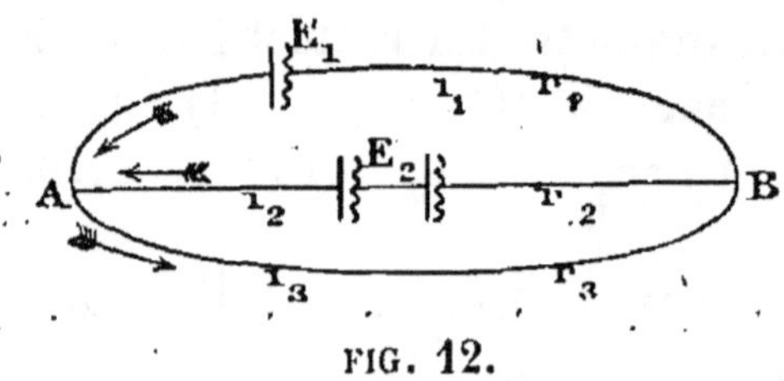

FIG. 12.

dans ces branches sont $r_1 = 5.\,10^9$; $r_2 = 11.\,10^9$; $r_3 = 23.\,10^9$ U. E. M. Quelles sont les intensités i_1, i_2, i_3 des trois branches en supposant le pôle positif des deux éléments tourné vers le même point A?

Réponse : — Les lemmes de Kirchhoff nous donnent
$$i_1 + i_2 = i_3 ;$$
$$i_1\, r_1 + i_3\, r_3 = E_1 ;$$
$$i_2\, r_2 + i_3\, r_3 = E_2 ;$$
en résolvant ces équations par rapport à i_1, i_2, i_3 on a

$$i_1 = \frac{(r_2 + r_3)\, E_1 - r_2\, E_2}{r_1\, r_2 + r_1\, r_3 + r_2\, r_3} = -\,0{,}022.10^{-1} ;$$

$$i_2 = \frac{(r_1 + r_3)\, E_2 - r_3\, E_1}{r_1\, r_2 + r_1\, r_3 + r_2\, r_3} = 0{,}078.10^{-1} ;$$

$$i_3 = \frac{r_1\, E_2 + r_2\, E_1}{r_1\, r_2 + r_1\, r_3 + r_2\, r_3} = 0{,}1.10^{-1}\ \text{U. E. M.}$$

528. — Les trois côtés d'un triangle sont formés par les fils d'un circuit, chacun des sommets est en outre relié à un point O à l'intérieur. Le côté BC contient un élément de force électromotrice E ; les résistances de différentes branches BC, AC, AB, OA, OB, OC sont respectivement égales à r_1, r_2, r_3, r_4, r_5, r_6, ; quelles sont les intensités ?

RÉPONSE : — Les lemmes de Kirchhoff fournissent (voir Wüllner) $i_1 - i_5 - i_3 = 0$; $i_3 + i_4 - i_2 = 0$; $i_2 + i_5 - i_1 = 0$; $i_3 r_3 - i_4 r_4 - i_5 r_5 = 0$; $i_4 r_4 + i_3 r_3 - i_6 r_6$ 0 ; $i_1 r_1 + i_2 r_2 + i_3 r_3 = E$.

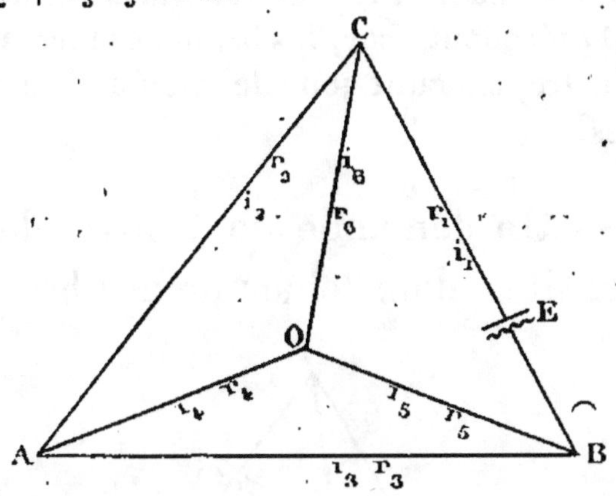

FIG. 13.

On en déduit :

$$i_1 = \frac{E\left[r_4\left(r_2 + r_3 + r_5 + r_6\right) + \left(r_2 + r_6\right)\left(r_3 + r_5\right)\right]}{N}$$

$$i^2 = \frac{E\left[r_4\left(r_5 + r_6\right) + r_6\left(r_3 + r_5\right)\right]}{N} ;$$

$$i_3 = \frac{E\left[r_4\left(r_5 + r_6\right) + r_5\left(r_2 + r_6\right)\right]}{N} ;$$

$$i_4 = \frac{E\left(r_2 r_5 - r_3 . r_6\right)}{N} ;$$

$$i_5 = \frac{E\left[r_4\left(r_2 + r_3\right) + r_3\left(r_4 + r_2\right)\right]}{N} ;$$

$$i_6 = \frac{E\left[r_4\left(r_2 + r_3\right) + r_2\left(r_3 + r\right)\right]_5}{N}$$

Dans ces formules,

$$N = r_1 r_4 (r_2 + r_3 + r_5 + r_6) + r_1 (r_2 + r_6) (r_3 + r_5)$$
$$+ r_4 (r_5 + r_6) r_2 + r_3) + r_5 r_6 (r_2 + r_3) + r_2 r_3 (r_5 + r_6).$$

529. — En supposant ce même embranchement tétraédrique, quelle est la forme des formules pour les intensités i_1, i_2..., i_6 ; si la pile se trouve dans une des branches partant du point O ?

RÉPONSE : — La forme des formules est la même que dans le n° précédent ; car, les branches formant les arêtes d'un tétraèdre, chacune joue le même rôle par rapport aux autres.

530. — On demande de trouver l'expression des intensités dans chacune des branches d'un

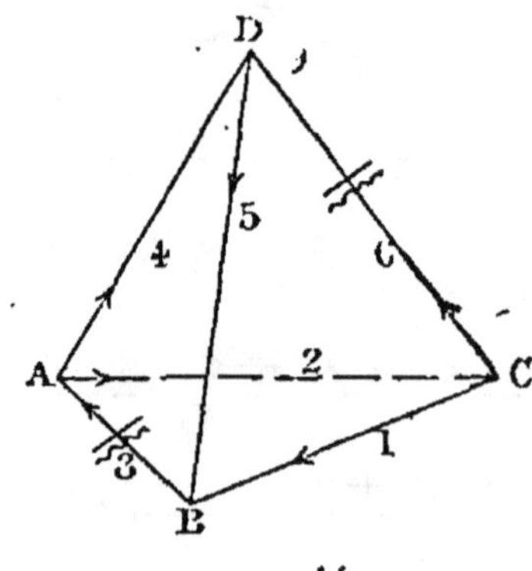

FIG. 14.

embranchement tétraédrique si deux piles sont intercalées dans deux branches (arêtes du tétraèdre) qui sont opposées l'une à l'autre ?

RÉPONSE : — Les lemmes de Kirchhoff donnent les équations :

$$i_1 + i_5 - i_3 = 0, \qquad i_3\,r_3 + i_4\,r_4 + i_5\,r_5 = E_3,$$
$$i_2 + i_4 - i_3 = 0, \qquad i_1\,r_1 - i_5\,r_5 - i_6\,r_6 = E_6,$$
$$i_4 - i_5 + i_6 = 0, \qquad i_1\,r_1 + i_3\,r_3 + i_2\,r_2 = E_3.$$

On en tire :

$$i_5 = \frac{r_4\left\{ [r_1\,r_2 + r_1\,r_4 + r_1\,r_6 + r_2\,r_6]\,E_3 \right. }{(r_2\,r_5 - r_1\,r_4)(r_1.r_4 - r_3\,r_6) + (r_5\,r_6}$$
$$\frac{\left. - [r_1\,r_4 + r_2\,r_3 + r_2\,r_4 + r_3\,r_4]\,E_6 \right\} }{+ r_1\,r_4 + r_4\,r_5 + r_4\,r_6)(r_1\,r_4 + r_2\,r_4 + r_3\,r_4 + r_2\,r_3)};$$

$$i_3 = \frac{r_4\left\{ (r_1\,r_2 + r_1\,r_4 + r_1\,r_6 + r_2\,r_5 + r_2\,r_6 \right. }{(r_2\,r_5 - r_1\,r_4)(r_1\,r_4 - r_3\,r_6) + (r_5\,r_6 + r_1\,r_4}$$
$$\frac{\left. + r_4\,r_5 + r_4\,r_6 + r_5\,r_6)\,E_3 + (r_2\,r_5 - r_1\,r_4)\,E_6 \right\} }{+ r_4\,r_5 + r_5\,r_6)(r_1\,r_4 + r_1\,r_2 + r_1\,r_3 + r_2\,r_3)}.$$

531. — Quel est le changement qu'entraîne le renversement de l'un des éléments ?

RÉPONSE : — Aucun, car la figure est tout à fait symétrique.

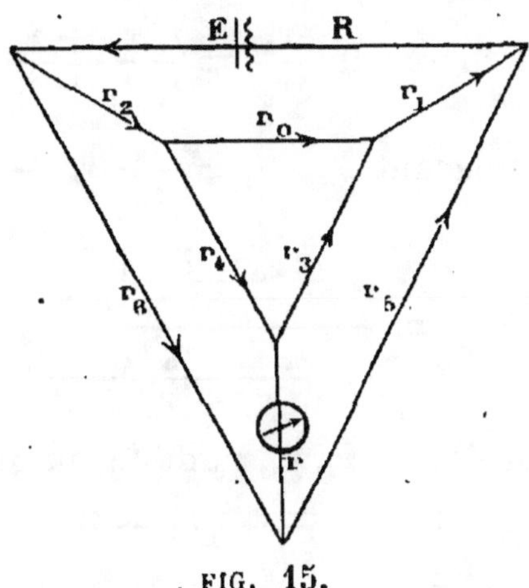

. FIG. 15.

532. — Les fils sont disposés comme les arêtes d'un tétraèdre tronqué ; un élément galvanique se trouve dans l'une des arêtes de la base.

Quel est le rapport des résistances dans les différentes branches si l'on réalise la condition que le courant soit nul dans l'arête opposée et non parallèle à celle dans laquelle se trouve l'élément (Pont double de sir W. Thomson).

Réponse : — En désignant les résistances comme dans la figure, et en prenant les lettres correspondantes pour les intensités, tout en posant $i = 0$, les lemmes de Kirchhoff donnent :

$$i_3 = i_4; \ i_5 = i_6; \ I = i_1 + i_5 = i_2 + i_6; \ \text{d'où} \ i_1 = i_2.$$

En outre, les mêmes lemmes de Kirchhoff donnent :

$$i_1 = i_0 + i_3$$
$$i_0 r_0 - i_3 r_3 - i_4 r_4 = 0$$
$$i_1 r_1 - i_5 r_5 + i_3 r_3 = 0$$
$$i_2 r_2 + i_4 r_4 - i_6 r_6 = 0$$

Il en résulte $\dfrac{r_5}{r_6} = \dfrac{i_1 r_1 + i_3 r_3}{i_1 r_2 + i_3 r_4}$

ou bien en remplaçant $\quad i_1 = \dfrac{i_3}{r_0} (r_0 + r_3 + r_4) :$

$$\frac{r_5}{r_6} = \frac{r_1 + \dfrac{r_0 r_3}{r_0 + r_3 + r_4}}{r_2 + \dfrac{r_0 r_4}{r_0 + r_3 + r_4}}.$$

En choisissant les r_3, r_4, r_5, r_6 de façon qu'on ait :

$$r_3 : r_4 = r_5 : r_6 = n$$

on a aussi $r_1 : r_2 = n$

Le rapport n étant réalisé et r_1 étant connu, on a

$$r_2 = \frac{r_1}{n}.$$

XXII. — Induction.

533. — Sur une bobine de Ruhmkorff est enroulé un fil fin de 100 kilomètres de longueur ; elle donne des étincelles de 15 cm de long (40 000 volts) ; le diamètre de la dernière couche extérieure est 14 cm. Quelle est la différence de potentiel entre deux points les plus rapprochés de deux spires voisines de la dernière couche ?

Réponse :

La longueur totale du fil étant 10 000 000 cm, la différence de potentiel par cm sera $\dfrac{40000}{10^7} = 4.10^{-3}$ volt. Une spire ayant 14. π cm, les deux points demandés auront une différence de potentiel qui correspond à celle de deux points distants de 14. π cm. La différence de potentiel sera par suite 14. π. 4.10^{-3} volts $= 0,176$ volt.

534. — Quelle est la différence de potentiel de deux points le plus rapprochés, avec maximum de différence de potentiel, mais appartenant à des spires concentriques, l'une sous l'autre, longueur de la bobine (du fil enroulé), 30 cm ; épaisseur du fil isolé 0,02 cm ?

Réponse : — Les spires qui ont le maximum de différence de potentiel se trouvent à l'une des extrémités de la bobine ; la distance de deux points comptée sur fil tendu se trouve en calculant la somme des longueurs des fils enroulés sur la première et la seconde couche. Elle est :

$$\frac{30}{0,02} \cdot 14\,\pi + \frac{30}{0,02} \cdot (14 - 2.0,02)\,\pi = 131811 \text{ cm.}$$

La différence de potentiel est par suite :

$$131811.4.10^{-3} \text{ volts} = 527,2 \text{ volts.}$$

535. — Un cadre circulaire portant 18 fils est disposé de manière à pouvoir tourner autour d'un axe vertical, le rayon moyen est $r = 15$ cm, la résistance $R = 0,4.\,10^9$ U. E. M. Quelle est l'intensité du courant induit dans le champ magnétique terrestre à un moment où l'intensité de la composante horizontale est $H = 0,2$ U. E. M, si la vitesse de rotation du cadre est uniforme et égale à $\omega = 8$ cm ?

RÉPONSE : — Si une bobine n'a qu'une spire d'aire F et si elle se meut dans un champ d'intensité uniforme ρ, il y aura un courant induit par chaque rotation dont la force électromotrice est

$$E = 2\,F\rho.$$

Si la vitesse de rotation devient ω, si la bobine a n spires et que chacune a un rayon de r, la même relation prend la forme

$$I\,R = E = 2\pi\,r^2.\,n.\,\omega.\,\rho.$$

Il suit :

$$I = \frac{2\pi\,n\,\omega\,r^2\,\rho}{R}.$$

Dans le cas de l'exemple donné, l'intensité du courant nduit sera $I = 1,018.10^{-4}$ U. E. M.

536. — Un cadre circulaire fait 100 tours par seconde dans un champ magnétique uniforme dont l'intensité est $\rho = 0,2$ U. E. M. $[\mathrm{gr.}^{\frac{1}{2}}\ \mathrm{cm}^{-\frac{1}{2}}\ \mathrm{ces}^{-1}]$; son rayon moyen est $r = 14$ cm et le nombre de tours de fil qu'il porte est $n = 8$. On veut que l'intensité du courant induit soit $I = 0,001$ U. E .M.; quelle doit être la résistance R du fil?

Réponse : — $R = 1,238.10^9$ U. E. M.

537. — Un circuit rectangulaire tourne avec une vitesse de $n = 400$ tours à la seconde dans un champ magnétique uniforme d'intensité $H = 120$ U. E. M., dont la direction est perpendiculaire à l'axe de rotation. Le rayon de rotation est $R = 50$ cm, la longueur des côtés du cadre parallèle à l'axe de rotation est $l = 150$ cm. Quelle est la différence de potentiel entre les deux balais?

Réponse : — Les côtés parallèles à l'axe sont seuls efficaces, parce que seuls ils coupent les lignes de force. La vitesse de ces côtés perpendiculaires à la direction de H, au moment où le cadre fait l'angle α avec la verticale, est $v = 2\pi\ Rn \sin \alpha$. — Comme les forces électromotrices des deux côtés s'ajoutent, on aura

$$E = 2\ Hlv = 4\pi\ Rln\ H \sin \alpha.$$

La force électromotrice moyenne par demi-révolution est

$$E' = \int_{0}^{\pi} 4\pi\ Rln\ H \sin \alpha\ d\alpha = 8\pi\ Rln\ H = 4\pi\ \frac{SH}{T},$$

en désignant par T la durée d'une révolution et par S l'aire du cadre.

Dans notre cas particulier la force électromotrice moyenne devient

$$E' = 90,5 . 10^8 \text{ U. E. M.} = 90,5 \text{ volts.}$$

538. — Quelle est la force électromotrice induite dans une barre horizontale de 3 m. de longueur qui tombe parallèlement à elle-même et d'une vitesse uniforme de 200 cm, en un lieu où la composante horizontale du magnétisme terrestre est 0,200 U. E. M. ?

RÉPONSE : — Comme la F. E. M. est proportionnelle à toutes les quantités introduites, et comme le plan de déplacement est perpendiculaire à la direction des lignes de force, on a E = 0,200.200 cm. 300 cm = 12000 U. E. M. = 12000.10^{-8} volt = 0,00012 volt.

539. — Une barre métallique de $l = 20$ cm de longueur tourne autour d'une de ses extrémités fixes dans un plan qui est perpendiculaire aux lignes de force d'un champ magnétique uniforme dont l'intensité est H = 6 000 U. E. M. Quelle est la force électromotrice induite dans la barre par ce champ magnétique, si la barre fait $n = 25$ rotations par seconde ?

RÉPONSE : — Le champ magnétique actif a une étendue de $l^2\pi = 20^2\pi$ cm², et chaque cm² comprend 6000 U. E. M. La force électromotrice demandée est proportionnelle au nombre d'U. E. M. contenu dans le champ actif et proportionnelle au nombre de tours par seconde, donc

$$E = l^2 \pi . \, H . \, n = 20^2 \, \pi . \, 6000 . \, 25 =$$
$$= 1,886.10^8 \text{ U. E. M.} = 1,886 \text{ volts.}$$

540. — Un disque de cuivre de 30 cm de diamètre tourne sur un axe qui est dirigé parallèlement à l'aiguille d'inclinaison. En ce lieu l'inclinaison est de 66°, la composante horizontale du magnétisme terrestre est H = 0,198 U. E. M. et le disque fait n = 30 rotations par seconde. Quelle est la force électromotrice induite entre le centre et la circonférence du disque ?

Réponse : — Si l'inclinaison est de 66° et H = 0,198, l'intensité totale du magnétisme terrestre est

$$T = \frac{H}{\cos i} = \frac{0,198}{\cos 66^\circ} = 0,487 \text{ U. E. M.} \left[cm^{-\frac{1}{2}} \, gr^{\frac{1}{2}} \, sec^{-1} \right]$$

La force électromotrice induite par ce champ magnétique uniforme dans le disque devient ainsi

$$E = r^2 \pi \, Tn = 15^2 \, \pi . \, 0,487.30 = 10320 \text{ U. E. M.} =$$
$$= 0,000103 \text{ volt.}$$

541. — Dans un électro-aimant en forme de cloche les lignes de force coïncident avec les rayons du cylindre. Le long de la surface intérieure et parallèlement à ses génératrices se meut un fil métallique de 5 cm de long qui est relié à l'axe métallique par deux tiges perpendiculaires à celui-ci et de 4 cm de longueur. Si l'axe fait 2 550 tours par minute, ses extrémités montrent une différence de potentiel de 16 volts; quelle est l'intensité du champ magnétique ?

RÉPONSE : — La relation $E = H. v. l. \sin \rho$ nous permet d'écrire immédiatement

$$0,0237.10^8 \text{ U. E. M.} = H. \frac{2\pi.4.2550}{60} \cdot 5. \sin 90°,$$

d'où $\qquad H = 444$ U. E. M.

Avec la vitesse de 3390 tours (et un courant d'aimantation plus faible) la différence de potentiel devenait 0,0123 volt, donc on avait

$$H = 173 \text{ U. E. M.}$$

542. — Quelle est la force électromotrice induite par l'électro-aimant du numéro précédent si, toutes choses égales d'ailleurs, le simple fil de 5 cm est remplacé : 1° par 4 fils égaux et équivalents; 2° par un cylindre creux de même rayon 4 cm et hauteur 5 cm ?

RÉPONSE : — La force électromotrice ne dépend pas du nombre des fils, celui-ci n'influe que sur la quantité d'électricité induite par tour de l'axe.

XXIII. — Travail.

543. — Quelle est la quantité d'eau que l'on peut décomposer au maximum avec un cheval-vapeur par heure? et avec un kilowatt par heure?

RÉPONSE : — En décomposant 9 gr. d'eau, on obtient 1 gr. d'hydrogène (voir n° 185) et d'après la table X un coulomb dégage 0,0000105 gr. d'hydrogène. Il faut par conséquent 1 : 0,0000105 = 95238 coulombs pour dégager 1 gr. d'hydrogène ou pour décomposer 9 gr. d'eau. La force électromotrice minimale nécessaire pour effectuer la décomposition de l'eau étant 1,46 volt, il faudra 95238 . 1,49 = 141905 volt-coulombs (ou joules) = 141905 watts pendant une seconde pour décomposer les 9 gr. d'eau. Un cheval-heure de 735.3600 watts pendant une seconde décomposera

$$\frac{735 . 3600}{141\,905} . 9 = 167{,}9 \text{ gr. d'eau au plus.}$$

Un kilowatt par heure = 1000.3600 watts par seconde décomposera

$$\frac{3600000}{141\,905} . 9 = 228{,}3 \text{ gr. d'eau au plus.}$$

544. — Quelle est l'énergie nécessaire en watts et en mkg. pour décomposer 1 gramme d'eau par seconde, si la différence de potentiel des électrodes est de 2 volts?

RÉPONSE : — La décomposition de 1 gr. d'eau demande 10 582 coulombs. La force électromotrice étant 2 volts, le travail à dépenser devient :

2.10582 = 21164 joules par seconde ou watts =

$$21{,}164 \text{ kilowatts} = 21164.10^7 \text{ ergs} = \frac{21164.10^7}{981.10^5} \text{ mkg} =$$

2157 mkg par seconde = 29 HP.

545. — Combien de chevaux-vapeur et com-

bien de kilowatts faut-il dépenser pour maintenir un courant de 15 ampères dans un conducteur dont la résistance est 4 ohms ? (Schoentjes.)

Réponse : — Le problème demande une dépense de

$$15^2.4. \text{ watts,} = \frac{900}{735} = 1,2 \text{ HP.}$$

$$= 0,9 \text{ kilowatt.}$$

546. — Un circuit de 32 ohms de résistance
doit transmettre un courant équivalant à 32 chevaux-vapeur ; quelle est l'intensité du courant ?
(Schoentjes.)

Réponse : — La relation $32 \text{ HP} = \dfrac{x^2. 32}{735}$ donne

$$x = \sqrt{735} = 27,13 \text{ ampères.}$$

547. — Quel est le courant qui peut entretenir
une énergie de 5,88 kilowatts (8 chevaux-vapeur)
dans un circuit dans lequel la force électromotrice doit être 2 000 volts ?

Réponse : — Le travail en chevaux-vapeur étant égal
au produit du nombre d'ampères par le nombre de volts
divisé par 735, on doit avoir :

$$8 \text{ HP} = \frac{1}{735} x. 2000, \qquad \text{d'où} \qquad x = 2,94 \text{ ampères.}$$

ou bien :

$$5,88 \text{ kilowatts} = 5880 \text{ watts} = 2000. x \text{ watts,}$$
d'où $\qquad x = 2,94 \text{ ampères.}$

548. — On dispose d'une puissance de 20 chevaux-vapeur (14,7 kilowatts) et l'on veut un courant de 5 ampères, quelle peut être la résistance du circuit ?

RÉPONSE : — R = 588,0 ohms.

549. — Quelle doit être la force électromotrice d'une machine pour que 4 chevaux-vapeur (2,94 kilowatts) puissent produire 28 ampères dans un circuit ? (Schoentjes.)

RÉPONSE : — E = 105 volts.

550. — La force électromotrice d'une machine est de 110 volts, quel courant peut-elle produire avec une puissance de 4,41 kilowatts (= 6 chevaux-vapeur) ?

$$\text{RÉPONSE : } - I = \frac{735 \times 6}{110} = 40,1 \text{ ampères.}$$

551. — Quel est le travail que peut faire une pile électrique dans le circuit extérieur dont la résistance $R_e = 32$ ohms, si la résistance intérieure de la pile $R_i = 1,6$ ohms, et si sa force électromotrice est $E = 15$ volts ?

RÉPONSE : — L'intensité du courant est

$$J = \frac{E}{R_e + R_i} = \frac{15}{32 + 1,6} = 0,446 \text{ ampère et d'après}$$

$W = I^2 . R_i$ le travail que ce courant peut faire dans le circuit extérieur est $0,446^2.32$ watts par seconde $=$ 6,37 watts $= 0,65$ mkg par seconde.

552. — Un courant de 5 ampères traverse un bain électrolytique de 0,6 ohm de résistance. Quel est l'énergie dépensée par minute à cause de cette résistance, et quelle est la quantité de chaleur fournie à l'électrolyte par minute ?

Réponse :

$$W = 5^2.0,6.60 = 900 \text{ joules} = \frac{5^2.0,6}{9,81}.60 = 91,74 \text{ mkg} =$$

$$= 1,22 \text{ HP pendant une seconde.}$$

$$Q = \frac{I^2 R}{4,18} \cdot t = \frac{5^2.0,6}{4,18} . 60 = 215,3 \text{ cal.gr.}$$

553. — Quel est le rendement d'une pile qui a 5,2 volts de force électromotrice, 18 ohms de résistance intérieure et qui fournit un courant de 0,25 ampère ?

Réponse : — La résistance dans le circuit se tire de $0,25 = \dfrac{5,2}{18 + x}$, d'où $x = R_e = 2,8$ ohms ; et l'énergie débitée est $W_u = 0,25^2.2,8 = 0,175$ watts $= \dfrac{0,175}{9,81} = 0,018$ mkg par seconde. L'énergie totale engendrée et dans la pile et dans le circuit extérieur est

$$W^t = 0,25^2.20,8 = 1,3 \text{ watts} = \frac{1,3}{9,81} \text{ mkg} = 0,133 \text{ mkg}$$

par seconde, d'où il résulte un rendement de

$$\frac{W_u}{W_t} = \frac{0,018}{0,133} = 0,135.$$

554. — Quand le rendement d'une pile sera-t-il de 50 p. 100 ?

RÉPONSE : — Pour que le rendement soit de 50 % ou 1/2,

il faut $W_u = \dfrac{1}{2} W_t$, ou $\dfrac{I^2 R_e}{9,81} = \dfrac{1}{2} \dfrac{I^2. R_t}{9,81}$, donc

$$R_e = \frac{1}{2} R_t = \frac{1}{2} (R_i + R_e), \quad \text{d'où } R_e = R_i.$$

555. — Quand est-ce que le rendement d'une pile sera maximum ?

RÉPONSE : — Pour que $\dfrac{W_u}{W_t} = \dfrac{I^2. R_e}{I^2 (R_e + R_i)}$ soit maximum, ou égal à l'unité, il faut :

$$R_e = R_e + R_i,$$

soit R_i un minimum.

556. — Quel est le rendement d'une pile de 20 Daniell ($E = 1$ volt; $R_i = 10$ ohms) dans un circuit extérieur de 3 000 ohms de résistance; et quel est le rendement de 10 éléments Bunsen $E = 1,7$; $R_i = 0,5$ ohm) dans le même circuit ?

RÉPONSE : — Le rapport $\dfrac{W_u}{W_t}$ étant égal à $\dfrac{I^2. R_e}{I^2. (R_e + R_i)}$

$$= \frac{R_e}{R_e + R_i} \text{ on a } \frac{W_u}{W_t} = \frac{3000}{20.10 + 3000} = \frac{15}{16} = 93,8 \%.$$

pour le rendement de la pile des 20 Daniell.

Le rendement des 10 Bunsen est

$$\frac{3000}{10 \times 0,5 + 3000} = 99,8 \%$$

557. — Quel est le rendement des deux piles si la résistance extérieure n'est que de 6 ohms ?

RÉPONSE : — Pour la pile Daniell,   2,7 %
Pour la pile Bunsen,   54,5 %

558. — Quel est le rapport du travail W_u fait dans le circuit extérieur de 3 000 ohms par les 20 Daniell au travail fait par la même pile dans le circuit de 6 ohms ?

RÉPONSE : — Le travail étant $W_u = I^2 R_e =$

$= \left(\dfrac{E}{R_e + R_i} \right)^2 . R_e$ mkg par seconde, le rapport demandé

est $= \dfrac{3000}{3200^2} . \dfrac{206^2}{6} = 2,07$, c'est-à-dire que le travail utile débité dans le circuit extérieur de 3 000 ohms de résistance est 2,07 fois plus grand que le travail fait par la même pile dans le circuit des 6 ohms. Pour la pile Bunsen, le rapport des deux travaux n'est que 0,0067.

559. — A trouver le travail produit par seconde dans le circuit extérieur d'une pile de 20 éléments Daniell (F. E. M. $= 1$ volt, $R_i = 10$ ohms) si la résistance dans le circuit extérieur est : a). 190 ohms; b). 200 ohms; c). 210 ohms ?

RÉPONSE : — a) 0,4996 joule $= 0,050935$ kgm.
b) 0,5 joule $= 0,050970$ kgm.
c) 0,4996 joule $= 0,050940$ kgm.

560. — Pour une lampe Swan, la différence

des potentiels aux bornes était de 100 volts et le courant absorbé était de 1,25 ampère. Quelle est en ergs, en watts, en kgm et en HP l'énergie absorbée par cette lampe ?

Réponse : — $W = E . I . = 100.10^8 . 1,25.10^{-1} =$ 125.10^7 ergs par seconde $= 125$ watts $= \dfrac{125.10^7}{981.10^5} =$ $12,74$ kgm par seconde $= 0,17$ HP.

561. — Une lampe à arc dépense 12 ampères et les charbons sont à une différence de potentiel de 45 volts ; quelle est l'énergie absorbée ?

Réponse :
$W = 12.45$ watts $= 540$ watts $= 0,54$ kilowatt $=$
$= 540.10^7$ ergs $= 55,045$ mkg par seconde.

562. — On veut disposer parallèlement trois lampes à arc demandant chacune 12 ampères et ayant 2 ohms de résistance. Combien de chevaux-vapeur et combien de kilowatts absorbent-elles ?

Réponse : — $W = (3.12.10^{-1})^2 . \dfrac{2}{3} . 10^9$ ergs $= 864.10^7$ ergs par seconde $= 0,864$ kilowatts $= 1,18$ HP.

563. — L'armature d'une dynamo a une résistance de 0,5 ohm, les fils conducteurs ont 1,2 ohm et chacune des 5 lampes à arc disposées en série dans ce circuit a 2 ohms. Quelle

est la fraction de l'énergie totale utilisée dans les lampes?

RÉPONSE : — L'énergie totale dépensée dans le circuit est $W_t = I^2 Rt$ watts $= I^2 (0,5 + 1,2 + 5.2) = I^2.11,7$ watts et l'énergie utilisée dans les lampes est :

$$W_u = I^2 . 5.2$$

de sorte que l'on utilise les $\dfrac{W_u}{W_t} = \dfrac{I^2.10}{I^2.11,7} = \dfrac{10}{11,7} = 0,86$ de l'énergie.

564. — Une batterie de 30 accumulateurs à 2 volts a une résistance intérieure de 0,2 ohm, les fils ont 0,02 ohm et 80 lampes disposées parallèlement ont 0,22 ohm de résistance. Quelle est l'énergie dépensée par lampe?

RÉPONSE : — L'intensité du courant débité est, d'après

$$I = \frac{E}{R} = \frac{30.2}{0,2 + 0,02 + 0,22} = 136,3 \text{ ampères, soit de}$$

136,3 : 80 = 1,7 ampère par lampe. Comme les 80 lampes disposées parallèlement ont une résistance de 0,22 ohm, la résistance d'une lampe est 0,22.80 = 17,6 ohms. L'énergie dépensée sera donc $W = 1,7^2.17,6 = 50,864$ watts = 5,18 kgm par seconde et par lampe = 0,07 HP par lampe.

565. — On a disposé parallèlement 40 lampes à incandescence de 120 ohms de résistance dans le circuit extérieur d'une dynamo. Celle-ci demande une puissance de 294 kilowatts (= 4 chevaux), elle a un rendement électrique de 60

p. 100 et une résistance intérieure de 1,8 ohm. La résistance des fils conducteurs étant 1,2 ohm, quelle est l'énergie absorbée par chaque lampe, et quelle est l'intensité du courant par lampe?

RÉPONSE :
Les 2,94 kilowatts donnent 2,94.1000.0,60 $= 1764$ watts d'énergie électrique. La résistance totale du circuit est de

$$\left(\frac{120}{40} + 1,8 + 1,2\right) = 6 \text{ ohms}$$

; l'énergie électrique sera donc d'autre part $W = I^2 6$ watts, d'où il résulte comme intensité du courant par lampe, avec $1764 = I^2 6$, que :

$$i = \frac{1}{40} I = \frac{1}{40} \sqrt{\frac{1764}{6}} = 0,428 \text{ ampère.}$$

L'énergie absorbée est $0,428^2.120 = 21,9$ watts.

566. — Trois lampes Swan de 32 ohms chacune sont disposées en série, quelle est l'énergie qu'elles opposent au passage d'un courant de 1,22 ampère?

RÉPONSE :
$W = 1,22^2.3.32 = 139,2$ watts $= 14,2$ kgm. par seconde $= 0,2$ HP.

567. — Quelle est la hauteur à laquelle un accumulateur peut élever son propre poids? et quelle est la hauteur s'il doit entraîner un poids dix fois plus grand que le sien ?

RÉPONSE : — Un kilogramme d'accumulateur a une capacité d'environ $7\frac{1}{2}$ ampères-heures, soit 7,5.3600 am-

pères-secondes qu'il débite avec une force électromotrice
de 2 volts. Son énergie potentielle par kilogramme est
donc 54 000 volts-coulombs, ou $\dfrac{54000}{9,81}$ kgm = 5505 kgm
pendant une seconde. Cette énergie suffit pour élever en
une seconde un kilogramme à 5 505 mètres de hauteur.
Si l'accumulateur doit élever un poids 10 fois plus grand
que le sien, et le sien avec, la hauteur ne sera que
$\dfrac{5505}{11} = 500$ mètres.

XXIV. — Machines magnéto-électriques.

568. — Dans une machine on a mesuré la
différence des potentiels aux bornes = 75 volts,
ainsi que la résistance de l'armature 0,52 ohms,
et l'intensité $I = 5$ ampères qui a traversé le
circuit quand la résistance extérieure était de
15 ohms. Quelle est la force électromotrice de
cette dynamo en marche?

. RÉPONSE : — La F. E. M. aux bornes étant liée à la résistance extérieure et à l'intensité par la loi de Ohm, on doit
avoir : 5.15 = nombre de volts; cette équation est véri-
fiée. La F.E.M. de la dynamo est cependant plus grande
de la quantité agissante dans l'armature soit de E_a
= 5.0,52 = 2,6 volts, ce qui fait pour E = 75 + 2,6
= 77,6 volts.

569. — Sachant que la force électromotrice
aux bornes d'une dynamo est de 88 volts, et

l'intensité du courant dans le circuit $I = \frac{1}{4}$ ampère, quelle doit être la résistance dans le circuit extérieur ?

RÉPONSE : — La loi de Ohm donne :

$$0{,}25\ R_e = 88 \text{ volts}, \quad \text{d'où } R = 352 \text{ ohms}.$$

570. — Quelle doit être la résistance de l'armature d'une machine pour que le rendement soit maximum ?

RÉPONSE : — Le rendement est maximum si le travail dans le circuit extérieur est maximum. Ce travail est proportionnel au produit des volts-ampères. Il en résulte que le travail dépensé dans l'armature doit être minimum et, l'intensité étant la même dans les deux parties du circuit, il faut que la F.E.M. agissante dans l'armature, ou que son équivalent $I.R_i$ soit minimum, donc que R_i, la résistance intérieure, soit un minimum.

XXV. — Dynamos avec enroulement en série.

571. — Une grande machine dynamo a une résistance intérieure de 0,008 ohm, une force électromotrice de 105 volts, quelle est l'intensité du courant qu'elle fournit théoriquement en court circuit ?

RÉPONSE : — Ces dynamos étant tout à fait comparables aux piles, et la résistance extérieure étant nulle, la loi d'Ohm donne $I = \dfrac{E}{R} = \dfrac{105}{0{,}008} = 13.000$ ampères.

572. — La dynamo génératrice pour la transmission d'énergie de Creil à Paris a reçu sur la poulie une puissance de 106 chevaux ; la différence des potentiels aux bornes de cette machine est de 6 004 volts, l'intensité du courant est 9,879 ampères ; quelle est l'énergie disponible aux bornes de la génératrice, quelle est l'énergie absorbé par la machine, quel est son rendement ?

Réponse : — L'énergie disponible est :
6004.9,879 = 59314 kilowatts ; la perte est 106.735 — 59314 = 18,6 kilowatts et le rendement de $\dfrac{59314}{106.735} = 0,758$, soit 75,8 %.

573. — La réceptrice à Paris (Creil-Paris) a une différence des potentiels aux bornes de 5 456 volts, l'intensité du courant est de 9,824 ampères, et elle a produit une puissance mécanique à la poulie de 52,1 chevaux. Quel est son rendement ?

Réponse : — L'énergie électrique reçue à la machine est 5456.9,824 = 53,6 kilowatts ; le rendement est

$$\frac{52,1.735}{53600} = 71,3 \text{ %.}$$

574. — Une dynamo Gramme type AC donne 40 ampères et 70 volts aux bornes avec une puissance de 5 HP (= 3,675 kilowatts) ; quel est le rendement de cette machine ?

RÉPONSE :

$$\rho = \frac{40 \cdot 70}{735 \cdot 5} = 0,76.$$

575. — Une dynamo Gramme a absorbé 10,2 HP et elle a produit 15,5 ampères avec 278 volts aux bornes. Quel est le rendement de cette machine ?

RÉPONSE :

$$\rho = 0,57.$$

576. — La génératrice du courant qui a servi pour les expériences entre Munich et Miesbach (1882) avait une résistance intérieure de 453 ohms, une différence de potentiel de 1 343 volts à ses pôles et elle fournissait un courant de 0,519 ampère. Quelle est l'énergie utile et l'énergie totale que la génératrice a développées ?

RÉPONSE : — L'énergie utile à céder à partir des bornes était 1343.0,519 = 697 watts ; l'énergie interne, consommée dans la machine même, était $0,519^2.453 = 122$ watts. L'énergie totale engendrée était par suite :

$$697 + 122 = 819 \text{ watts.}$$

577. — Une machine à vapeur dépense 225,14 kgm par seconde pour faire tourner l'anneau d'une machine dynamo. La résistance inté-

rieure R_i est 0,024 ohm ; la résistance extérieure $R_o = 0,1715$ ohm et l'intensité $I = 101,68$ ampères. Quelle est l'énergie débitée dans le circuit extérieur ? — Quelle quantité est absorbée par la résistance intérieure ? — Quel est le rendement électrique et quelle est la valeur du rendement mécanique ? (Schoentjes.)

RÉPONSE : — L'énergie débitée est

$$\frac{I^2 R_o}{9,81} = \frac{(101,68)^2 . 0,1715}{9,81} = 180,7 \text{ kgm. par seconde}$$

$$= 1,77 \text{ kilowatts.}$$

L'énergie absorbée est

$$\frac{I^2 R_i}{9,81} = \frac{(101,68)^2 . 0,024}{9,81} = 25,3 \text{ kgm. par seconde.}$$

Le rendement électrique est

$$\frac{I^2 R_o}{I^2 R_o + I^2 R_i} = \frac{R_o}{R_o + R_i} = \frac{180,7}{180,7 + 25,3} = 87,7 \text{ }^o/_o.$$

Le rendement mécanique total

$$= \frac{180,7}{225,14} = 80 \text{ }^o/_o \text{ ;}$$

Le rendement mécanique utile

$$= \frac{177,33}{225,14} = 79 \text{ }^o/_o.$$

578. — Dans une machine Gramme qui avait fonctionné pendant un certain temps la résistance de l'armature fut trouvée $R_1 = 1,82$, celle des électro-aimants $R_2 = 4,26$ ohms. En dépensant 8,7 HP ($= 6,4$ kilowatts) et faisant 1 355 tours par minute, cette machine a produit 14,1 ampères avec 265 volts aux bornes. Quelle était la force électromotrice de la machine ? Quelle était l'énergie disponible dans le circuit extérieur ? Quelle était l'énergie absorbée par l'armature et par les bobines des inducteurs ? Quels sont : 1° le rendement électrique ; 2° le rendement mécanique total ; 3° le rendement mécanique utile ?

RÉPONSE : — $W_e = 3736,5$ watts $= 5,08$ HP ; — $W_a = 361,8$ watts ; — $W_c = 846,9$ watts ; — $\rho_e = 75,5\ \%$; — $\rho_t = 77,3\ \%$; — $\rho_u = 58,4\ \%$; — $E = 350,7$ volts.

579. — Avec une puissance de 17,173 kilowatts appliquée à une dynamo Thury, on obtenait un courant de 20 ampères et une différence de potentiel de $e = 800$ volts aux bornes. La résistance de l'armature était $R_a = 0,5$ ohm, celle des inducteurs $R_m = 1,307$ ohm. Quelle était alors : 1° la résistance du circuit extérieur ? — 2° la force électromotrice de la machine ? — 3° le rendement électrique ? — 4°) le rendement industriel ?

RÉPONSE :

$$R_e = \frac{e}{I} - R_m = 38,693 \text{ ohms} ;$$

$$E = e + R_a . I = 810 \text{ volts} ;$$

$$\rho_e = \frac{I^2 R_e}{E\,I} = 95,5 \;\%;$$

$$\rho_i = \frac{I^2 R_e}{17173} = 90,1 \;\%$$

580. — Quels seraient devenus le rendement électrique et le rendement industriel, si l'on avait fait (comme l'a proposé S. P. Thompson) $R_a > R_m = 0,45$ ohm pour la machine Thury du numéro précédent?

RÉPONSE : — On obtient :

$R_e = 39,55$ ohms; $= \rho_e = 97,6\;\%$; $= \rho_i\; 92,1\;\%$.

581. — Dans une des premières machines dynamo-électriques Edison, l'armature avait une résistance 0,045 ohm; les inducteurs 46,2 ohms, et elle donnait 92 ampères avec une différence de potentiel de 114 volts aux bornes. Quelle est l'énergie utile, disponible? Quelle est la perte d'énergie dans l'armature et dans les inducteurs? Quel est le rendement électrique et le rendement mécanique, si le travail dépensé était de 16,4 HP? (Kittler.)

RÉPONSE : — $W_e = 10\,500$ watts $= 14,3$ HP; — $W_a =$ $= 500$ watts; — $W_i = 300$ watts; — $\rho_e = 93\;\%$; — $\rho_u = 87\;\%$.

582. — La résistance de l'armature d'une dynamo est $R_a = 0,24$ ohm, celle des bobines des

aimants inducteurs $R_b = 0,60$ ohm, et la résistance extérieure $R_e = 12$ ohms. Si l'on trouve une intensité de 15 ampères, quelle doit être la force électromotrice de la machine ?

RÉPONSE : — $E = 15 (0,24 + 0,66 + 12) = 198,5$ volts.

583. — Une dynamo ne peut arriver au-dessus de 70 volts avec le moteur à disposition, la résistance extérieure est 160 ohms, et la résistance de l'armature et des bobines de l'inducteur est de 0,22 ohm ; quelle est l'intensité maximale à laquelle on peut arriver et quelle devrait être la force électromotrice pour donner un courant de 1,25 ampère ?

RÉPONSE : — La relation $E = I.R$ donne $70 = x (160 + 0,22)$, d'où $x = 0,43$ ampère. — Pour la seconde question, on a $E = 1,25.160,22 = 200,275$ volts.

584. — L'armature d'une dynamo a une résistance de 0,48 ohm, les bobines des électros ont 18,5 ohms, le circuit a 5,7 ohms et il s'y trouve 30 lampes à incandescence disposés parallèlement et ayant chacune une résistance de 160 ohms à chaud. La machine fournit un courant de 18 ampères. Quelle est l'énergie électrique dépensée ?

RÉPONSE : — La résistance totale du circuit est :
$$0,48 + 0,8.5 + 5,7 + \frac{160}{30} = 12,36 \text{ ohms.}$$

L'énergie dépensée est :

$$18^2.12{,}36 \text{ watts} = 4{,}0 \text{ kilowatts} = 5{,}4 \text{ HP.}$$

585. — Quel est le rendement électrique de la dynamo du numéro précédent? — et quel serait ce rendement, si la résistance des inducteurs était, comme celle de l'armature, 0,48 ohm?

Réponse : — La résistance extérieure est :

$$5{,}7 + \frac{160}{30} = 11{,}033 \text{ ohms;}$$

et le rendement électrique est :

$$\rho_{\text{e}} = \frac{I^2 R_{\text{e}}}{E\,I} = \frac{I\,R_{\text{e}}}{R_{\text{t}}\,I} = \frac{R_{\text{e}}}{R_{\text{t}}} = \frac{11{,}033}{30} = 36{,}8\ \%.$$

La faible résistance des inducteurs aurait donné :

$$R_{\text{e}} = 11{,}033, \text{ et } R_{\text{t}} = 11{,}98, \text{ donc, } \rho_{\text{e}} = 92{,}1\ \%.$$

586. — Une machine de Brush pour 16 lampes produit une force électromotrice de 839 volts, un courant de 10 ampères, les résistances dans l'armature et dans les inducteurs étant 4,55 ohms et 6 ohms respectivement; quelles sont les valeurs de la résistance extérieure, du rendement électrique et du rendement mécanique? (Kittler.)

Réponse : — $R_{\text{e}} = 73{,}35$ ohms; — $\rho_{\text{e}} = 69\ \%$; — $\rho_{\text{u}} = 64{,}4\ \%.$

587. — Une dynamo avec enroulement en série et une machine magnéto-électrique sont accouplées en série ; celle-ci a une force électro-motrice constante de 50 volts et une résistance de 0,30 ohm, tandis que la première a une résistance de 2,7 ohms avec la partie invariable du circuit, et une force électromotrice maintenue (en variant le nombre de tours à l'armature) à un nombre de volts triple du nombre d'ampères. Quelle est : 1° la force électromotrice de la première dynamo ? — 2° l'intensité du courant ? — 3° la différence de potentiel entre le commencement et la fin du circuit extérieur, celui-ci ayant la résistance a) de 2 ohms, — b) de 12 ohms, — c) de 30 ohms ?

RÉPONSE : — Désignant par E_1 la force électromotrice de la dynamo avec enroulement en série quand la résistance du circuit extérieur est de 2 ohms, d'après condition, l'intensité sera un tiers de E_1, et d'après la loi de Ohm, on doit avoir :

$$\frac{E_1 + 50}{2,7 + 0,3 + 2} = \frac{E_1}{3}$$

d'où $E_1 = 75$ volts et $I_1 = 25$ ampères.

La résistance de 2 ohms et $I_1 = 25$ ampères donnent par la loi de Ohm pour la différence de potentiel entre les extrémités du circuit extérieur

$$\Delta P_1 = 2.25 = 50 \text{ volts.}$$

De même on obtient :

$$E_2 = 12,5 \text{ volts} ; \quad I_2 = 4,27 \text{ ampères} ; \quad \Delta P_2 = 50 \text{ volts} ;$$
$$E_3 = 5 \text{ volts} ; \quad I_3 = 1,7 \text{ ampères} ; \quad \Delta P_3 = 50 \text{ volts.}$$

On voit qu'avec pareil couplage des deux dynamos et en

maintenant la condition pour la vitesse de rotation de la dynamo avec enroulement en série, la force électromotrice dans le circuit utile est constante.

On arrive au même résultat par tout couplage de 2 dynamos de ce genre en réalisant la condition qu'avec une résistance dans le circuit utile de n ohms la force électro-motrice en volts de la dynamo en série soit n fois plus grande que l'intensité (comptée en ampères).

588. — Une dynamo a dans son armature une résistance de R_a, dans les bobines de R_b et dans le circuit extérieur de R ohms. Celle-ci étant supposée invariable, et la somme $R_a + R_b$ étant donnée, comment le rendement change-t-il quand de $R_a = R_b$, on passe 1° à $R_a > R_b$, et 2° à $R_a < R_b$?

Réponse : — Le rendement est :

$$\rho = \frac{I^2 R t}{I^2 (R + R_a + R_b) t} = \frac{R}{R + R_a + R_b},$$

il ne dépend donc que de la somme des résistances R_a et R_b et non de leur rapport; dans les conditions posées, il n'y aura pas de changement pour le rendement.

589. — Si une dynamo Gramme donne 79 volts et 20 ampères à la vitesse de 950 tours, quelle sera la force électromotrice à la vitesse de 1 440 tours ?

Réponse : — Comme le champ magnétique reste d'insité constante, si l'intensité du courant reste la même, la force électromotrice de la dynamo est directement et simplement proportionnelle à la vitesse de rotation de l'armature. De là la proportion

$$79 : x = 950 : 1440,$$

d'où
$$x = 119,7 \text{ volts.}$$

L'expérience a donné 127 volts avec 20 ampères. — La différence de 7,3 volts s'explique par les « tours morts ».

XXVI. — Dynamos avec enroulement à dérivation.

590. — On a déterminé une fois pour toutes la résistance $R_a = 0,25$ ohm, ainsi que la résis-

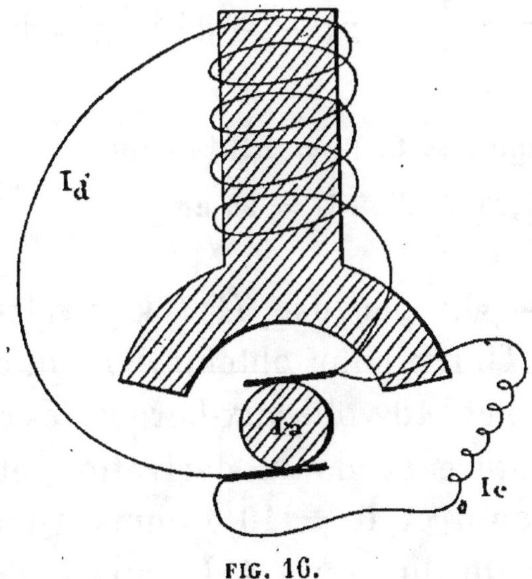

FIG. 16.

tance $R_d = 1,25$ ohm de la dérivation formant le champ magnétique. Comment peut-on en mesurant à marche anormale l'intensité du courant dans le circuit extérieur $I_e = 3,6$ ampères et la différence des potentiels aux balais $= 120$ volts, calculer la force électromotrice de la machine ?

RÉPONSE : — Le courant de l'armature est $I_a = I_d + I_e$; la résistance totale que rencontre le courant est

$R = R_a + \dfrac{R_d\,R_e}{R_d + R_e}$; par suite la force électromotrice demandée est : $E = I_a \cdot R = (I_d + I_e)\left\{ R_a + \dfrac{R_d\,R_e}{R_d + R_e} \right\}$.

Mais comme on a en outre $I_e \cdot R_e = I_d \cdot R_d = e = $ à la f.é.m. aux balais on obtient en remplaçant I_d par $\dfrac{e}{R_d}$

$$E = \left(\frac{e}{R_d} + I_e\right) \cdot \left(R_a + \frac{R_d\,R_e}{R_d + R_e}\right) =$$

$$= e\,R_a\left\{\frac{1}{R_a} + \frac{1}{R_d} + \frac{I_e}{e}\right\} = 120.0{,}25, \left(\frac{1}{0{,}25} + \frac{1}{1{,}25} + \frac{3{,}5}{120}\right)$$

$$= 144{,}9 \text{ volts.}$$

La relation $e = I_e \cdot R_e = I_d . R_d$ donne :

$120 = I_d . 1{,}25,$ d'où $I_d = 96$ ampères.

591. — On dépense $71{,}7$ kilowatts sur une machine Thury pour obtenir 600 ampères dans l'armature et 110 volts aux bornes, les résistances de l'armature et de la dérivation étant $R_a = 0{,}00592$ ohm et $R_d = 10{,}0$ ohms. Quelles sont : 1° l'intensité du courant I_d dans la dérivation ; — 2° de I_e dans le circuit extérieur ; — 3° la résistance extérieure ; — 4° la force électromotrice de la machine ; — 5° le rendement électrique, et 6° le rendement mécanique ?

Réponse : — On a :

$$I_d = e : R_d = 110 : 10 = 11 \text{ ampères} ; -$$
$$I_o = I_a - I_d = 600 - 11 = 589 \text{ ampères} ; -$$
$$R_o = e : I_o = 110 : 589 = 0,189 \text{ ohm} ; -$$
$$E = e \left(R_a + \frac{R_d.R_o}{R_d + R_o} \right) = 114,84 \text{ yolts} ; -$$
$$\rho_o = \frac{I_o^2.R_o}{I_a.E} = 95,2 \,\%\ ; \quad \rho_m = 92 \,\%.$$

592. — Pour une Shunt-dynamo, C. E. L. Brown, il a été relevé que la résistance de l'induit $R_a = 0,008$ ohm que la résistance des inducteurs $R_d = 25$ ohms. L'intensité du courant dans le circuit utile était $I_o = 160$ ampères et la différence de potentiel aux bornes $e = 65$ volts. Quelle est la force électromotrice de la machine ? Quelle est l'énergie W_o disponible dans le circuit extérieur ? Quelles sont les pertes dans l'induit et dans l'inducteur ? Quel est : 1° le rendement électrique ; 2° le rendement mécanique total ; 3° le rendement mécanique utile, si l'énergie mécanique dépensée était de 15,0 chevaux-vapeur, soit de 11,025 kilowatts ?

Réponse : — Avec les formules du n° précédent on trouve :
$E = 66,3$ volts ; — $W_o = I_o^2 R_o = I_o.e = 10400$ watts $= 14,15$ HP ;

$$W_a = R_a.\, I_a^2 = R_a \left(\frac{E}{R} \right)^2 = R_a \left(\frac{E}{R_a + \dfrac{R_d.R_o}{R_d + R_o}} \right)^2 =$$

$$= 211{,}25 \text{ watts} = 0{,}27 \text{ HP} ;$$

$$W_d = \frac{e^2}{R_d} = 169 \text{ watts} = 0{,}23 \text{ HP} ;$$

$$\rho_1 = \frac{10400}{10400 + 211{,}25 + 169} = 96{,}5 \ \% ;$$

$$\rho_2 = \frac{10400 + 211{,}25 + 169}{735} \cdot \frac{1}{15} = 97{,}7 \ \% ;$$

$$= \frac{10400 + 211{,}25 + 169}{11025} = 0{,}977$$

$$\rho_3 = \frac{10400}{735} \cdot \frac{1}{15} = 94{,}3 \ \%$$

$$= \frac{10400}{11025} = 0{,}943.$$

593. — La résistance des inducteurs d'une dynamo Edison-Hopkinson est $R_d = 16{,}93$ ohms, celle de l'armature $R_a = 0{,}0009947$ ohm, et le courant employé normalement pour l'aimantation est 6 ampères. Si son rendement électrique est 0,955, quelle est alors la différence de potentiel aux bornes e ? — l'intensité du courant dans l'armature I_a ? — la force électromotrice E ? — l'intensité dans le circuit extérieur I_e ? — et la résistance du circuit extérieur R_e ?

RÉPONSE : — Comme le circuit inducteur dérive des balais, on aura :

$$e = I_d . R_d = 6.16{,}93 = 101{,}58 \text{ volts.}$$

L'énergie électrique totale étant $W = I_a{}^2 . R_a + e\, I_a$, et l'énergie utilisable dans le circuit extérieur

$W' = e\,I_e = e(I_a - I_d)$, le rendement est :

$$\rho = \frac{e\,(I_a - I_d)}{I_a^2\,R_a + e\,I_a}.$$

En résolvant cette équation par rapport à I_a, on obtient :

$$I_a = \frac{e\,(1 - \rho) \pm \sqrt{e^2\,(1 - \rho)^2 + 4\,e\rho\,I_d\,R_a}}{2\rho\,R_a}.$$

Cela donne dans notre cas $I_a = 33,16$ ampères.

On a ensuite :

$$E = I_a.R_a + e = 101,613 \text{ volts};$$

$$I_e = I_a - I_d = 27,16 \text{ ampères}; \quad - R_e = \frac{e}{I_e} = 3,74 \text{ ohms}.$$

594. — Une machine Edison donne avec 36,20 HP (26,61 kilowatts) un courant de 196,5 ampères dans le circuit extérieur, 3,93 dans les inducteurs, 122,9 volts aux bornes. La résistance de l'armature est 0,0231 ohm. Quels sont : l'intensité du courant dans l'armature, la résistance des inducteurs et du circuit extérieur, la force électromotrice, l'énergie électrique utile, la perte dans l'armature et dans les inducteurs, le rendement électrique et le rendement mécanique ? (Kittler.)

RÉPONSE : — $I_a = 200,43$ ampères; — $R_d = 31,27$ ohms; — $R_e = 0,625$ ohm; — $E = 127,3$ volts; — $W_u = 32,46$ HP $= 23,86$ kilowatts; — $W_a = 1,18$ HP $= 867$ watts; — $W_i = 0,65$ HP $= 478$ watts; — $\rho_e = 94,7\ \%$; — $\rho_u = 90\ \%$.

595. — Avec une machine Weston, en dépensant 13,2 HP (soit 9,7 kilowatts), on a obtenu 71,6 ampères dans le circuit extérieur, 1,29 ampère dans les inducteurs et 119,9 volts aux bornes. La résistance de l'armature était 0,100 ohm. Quelles sont les valeurs de la force électromotrice de l'énergie électrique dans le circuit extérieur, de l'énergie électrique totale, de la perte dans l'armature et dans les inducteurs, du rendement électrique et du rendement mécanique? (Kittler.)

.RÉPONSE : — $E = 127,2$ volts ; — $W_e = 11,51$ HP $= 8,46$ kilowatts ; — $W_t = 12,43$ HP $= 9,14$ kilowatts ; — $W_a = 0,714$ HP $= 525$ watts ; — $W_i = 0,207$ HP $= 152$ watts ; — $\rho_e = 92,6\ \%$; — $\rho_u = 87,4\ \%$.

596. — Si une machine Edison a une armature de résistance 0,04 ohm, un inducteur de résistance 15 ohms, et si avec 42,0 HP (ou 30,9 kilowatts) la machine a une force électromotrice de 150 volts et fournit 180 ampères dans le circuit extérieur, quelles sont les valeurs de l'intensité du courant dans l'armature et dans les inducteurs, de la différence de potentiel aux bornes, de la résistance extérieure et du rendement mécanique?

RÉPONSE : — On a les trois équations

$$I_a = I_d + 180$$

$$180\ R_e = 15\ I_d$$

$$150 = I \left\{ 0,04 + \frac{15\,R_e}{15 + R_e} \right\}, \quad \text{d'où l'on tire}$$

$$R_e = 0,79 \text{ ohms}; \quad I_d = 9,5 \text{ ampères};$$

$$I_a = 189,5 \text{ ampères}; \quad e = 142 \text{ volts}; \quad \rho_m = 92\ \%.$$

597 — Une machine Gérard donne 7,33 ampères avec une différence de potentiel aux bornes de $e = 28,6$ volts; l'armature a une résistance de 0,20 ohm et les inducteurs ont la résistance de 17,9 ohms. Quelles sont la résistance extérieure, l'intensité du courant dans les inducteurs et dans l'induit, la force électromotrice de la dynamo, et le rendement électrique ?

Réponse : — Pour le circuit extérieur on a d'après la loi de Ohm

$$28,6 = 7,33.\,R_e \quad, \quad \text{d'où } R_e = 3,9 \text{ ohms};$$

pour le circuit des inducteurs on a

$$28,6 = I_i\,.\,17,9 \quad, \quad \text{d'où } I_i = 1,6 \text{ ampère};$$

dans l'induit

$$I_a = I_i + I_e = 1,6 + 7,33 = 8,93 \text{ ampères},$$

et

$$E = I_a.R_a + e = 8,93.0,2 + 28,6 = 30,38 \text{ volts}.$$

Le rendement est

$$\rho = \frac{I_a^2.R_e}{I_a.E} = \frac{7,33^2.3,9}{8,93.30,38} = 0,77.$$

598. — En déterminant la résistance des inducteurs R_i par la règle $R_e = R_i.R_a$ quelle devrait être pour la machine Gérard la résistance R_i et quel deviendrait le rendement électrique?

Réponse : — On a

$$R_i = R_e^2 : R_a = 3,9^2 : 0,20 = 76 \text{ ohms};$$
et donc $I_i = 0,376$ ampères ; — $J_a = 7,706$ ampères ; —
$$E = 30,14 \text{ volts}; \quad - \quad \rho = 90,7 \%.$$

XXVII. — Dynamos avec enroulement compound (mixte).

599. — Le courant sortant de l'armature (résistance R_1) d'une dynamo se bifurque aux ba-

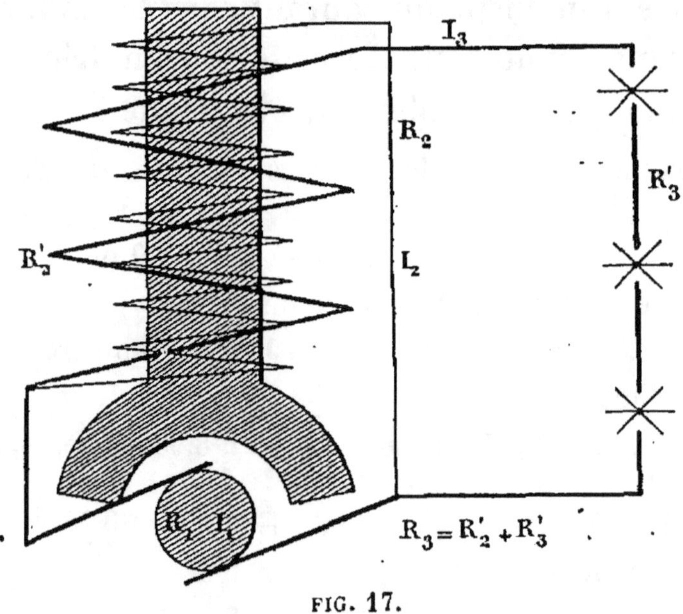

FIG. 17.

lais en deux branches dont l'une, ayant la résistance R_2, ne sert qu'à former les électro-aimants et dont l'autre passe encore une fois sur les inducteurs avec la résistance R'_2, ensuite aux bornes et enfin dans le circuit extérieur. Sachant que le courant dans le circuit extérieur est I_3 et que la différence de potentiel aux bornes est E' comment trouve-t-on la résistance extérieure R'_3 les intensités dans l'armature I_1, et dans la dérivation qui forme les inducteurs I_2 et la force électromotrice de la machine ?

RÉPONSE : — On a immédiatement $R_3 = \dfrac{E'}{I_3}$. — Les intensités I_2 et I_3 sont en raison inverse des résistances de leurs branches, donc en désignant par R'_2 et R'_3 les parties de R_3 qui se trouvent sur la machine et en dehors d'elle respectivement

$$I_2 : I_3 = (R'_2 + R'_3) : R_2 = R_3 : R_2,$$

d'où $I_2 = \dfrac{I_3 R_3}{R_2} = \dfrac{E'}{R_2}$. Le courant de l'armature I_1 étant la somme de ceux des deux branches, on a

$$I_1 = I_2 + I_3 = I_3 . \frac{R_2 + R_3}{R_2} .$$

La F. E. M. de la machine est la somme des F. E. M. partielles, $E = I_1 R_1 + I_1 \dfrac{R_2 . R_3}{R_2 + R_3}$ puisque $\dfrac{R_2 . R_3}{R_2 + R_3}$ est la résistance résultante qu'opposent les deux circuits en dérivation au courant I_1. A l'aide du troisième résultat il vient :

$$E = I_3 . \frac{R_2 + R_3}{R_2} \left\{ R_1 + \frac{R_2 . R_3}{R_2 + R_3} \right\} = I_3 R_3 \left\{ 1 + \frac{R_1}{R_3} + \frac{R_1}{R_2} \right\}$$

$$= E' \left\{ 1 + \frac{R_1}{R_3} + \frac{R_1}{R_2} \right\}.$$

600. — En faisant les mesures sur une machine on a trouvé $I_3 = 20$ ampères, $E' = 55$ volts. $R_1 = 0,25$ ohm, $R_2 = 32$ ohms et $R'_2 = 2,1$ ohms.

Quelle est sa force électromotrice ? — et quel est son rendement ?

RÉPONSE : — On trouve successivement

$$R_3 = \frac{E'}{I_3} = \frac{55}{20} = 2,75 \text{ ohms} ;$$

$$R_3' = R_3 - R_2' = 0,65 \text{ ohm} ;$$

$$I_2 = \frac{I_3 R_3}{R_2} = \frac{E'}{R_2} = \frac{55}{32} = 1,72 \text{ ampère} ;$$

$$I_1 = I_2 + I_3 = 1,72 + 20 = 21,72 \text{ ampères} ;$$

$$E = 21,72 \left\{ 0,25 + \frac{32,2,75}{34,75} \right\} = 60,4 \text{ volts}$$

$$W_2 = I_3^2 . R_3' = 260 \text{ watts} ; — W_1 = E I_1 = 1312 \text{ watts} ;$$

$$\rho = \frac{W_2}{W_1} = 50 \text{ p. } 100.$$

601. — Une machine a $R_1 = 0,66$ ohm, $R_2 = 0,68$ ohm, $R_2^1 = 3,85$ ohms et des valeurs pour $I_3 = 24$ ampères et $E^1 = 102$ volts. Quelles sont les valeurs correspondantes de R_3, I_1, I_2, E ?

RÉPONSE : — En substituant les valeurs données dans les formules précédentes, on obtient

$$R_3 = \frac{E'}{I_3} = \frac{102}{24} = 4,25 \text{ ohms} ;$$

$$I_2 = \frac{I_3 R_3}{R_2} = \frac{24,4,25}{68} = 1,50 \text{ ampère} ;$$

$$I_1 = I_2 + I_3 = 25,5 \text{ ampères} ;$$

$$E = E' \left(1 + \frac{R_1}{R_3} + \frac{R_1}{R_2} \right) = 118,8 \text{ volts.}$$

602. — Quelle est l'énergie électrique dépensée par la machine du numéro précédent ?

1° Dans le circuit extérieur ?

2° Dans l'ensemble des circuits ?

et quel est le rendement ?

RÉPONSE : — $W_1 = 3029$ watts ; — $W_2 = 2304$ watts ;
$$\rho = 76 \ \%$$

603. — Dans une dynamo Manchester l'induit a une résistance de 0,086 ohm, les inducteurs ont une résistance en série de 0,049 ohm, et en shunt de 41,5 ohms, la différence de potentiel aux bornes est de 106 volts, le courant dans le circuit extérieur est de 96 ampères. Quelle est dans ces conditions : 1° la résistance du circuit extérieur ? — 2° le courant dans le shunt ? — 3° le courant dans l'induit ? — 4° la force électromotrice de la machine ? — 5° le rendement électrique ?

RÉPONSE :

$$R'_3 = 1,055 \text{ ohm} \ ; \ - I_2 = 2,554 \text{ ampères} \ ; \ -$$
$$I_1 = 98,554 \text{ ampères} \ ; \ - E = 114,47 \text{ volts} \ ;$$
$$- \rho = 85,4 \ \%$$

604. — Une machine Ellwell-Parker donne 200 ampères dans le circuit extérieur, avec 105 volts aux bornes. Les résistances de l'anneau et de l'excitation en série étant 0,0244 ohm et 0,0025 ohm et l'intensité dans le shunt de 5,92 ampères, quelles sont : 1° la résistance du shunt? — 2° la résistance extérieure? — 3° le courant dans l'induit? — 4° la force électromotrice de la machine? — 5° le rendement électrique?

RÉPONSE :

$$R_2 = 105 : 5,92 = 17,73 \text{ ohms} ;$$

$$R'_3 = R_3 - R'_2 = \frac{105}{200} - 0,0025 = 0,5225 \text{ ohm} ;$$

$$I_1 = 205,92 \text{ ampères} ; — E = I_1 R_1 + E' = 113,73 \text{ volts} ;$$

$$\rho_e = 89,6 \text{ %}.$$

605. — Pour une machine Brush qui est actionnée par une puissance de 17,8 chevaux vapeur, on a $I_1 = 113,2$ ampères, $I_2 = 3,22$ ampères $I_3 = 110,0$ ampères, $E' = 110$ volts, $E = 113,2$ volts et l'inducteur en série absorbait une puissance de $P_s = 53,8$ watts. Quelles sont les valeurs de R_1, R_2, R_3, R'_2, R_3, ρ_e, ρ_m ?

RÉPONSE : — On a

$$R_1 = E : I_1 = 1 \text{ ohm} ; — R_2 = E' : I_2 = 34,16 \text{ ohms}.$$

$$R_3 = E' : I_3 = 1,00 \text{ ohm} ; — R'_2 = P_s : I_3^2 = 0,00445 ;$$

$$R'_3 = R_3 - R'_2 = 0,99555 \text{ ohm} ;$$

$$\rho_e = (I_3^2 . R'_3) : (E . I_1) = 94 \text{ %} ;$$

$$\rho_m = (I_3^2 . R'_3) : (17,8 . 735) = 92 \text{ %}.$$

606. — Le courant sortant de l'armature de résistance R_1 passe dans les bobines de l'inducteur de résistance R'_2 pour arriver aux bornes ; ici le courant se bifurque en deux branches de résistance R_2 et R_3. La première branche retourne sur les bobines des inducteurs pour aider à for-

mer le champ magnétique, la seconde branche constitue le circuit extérieur. Connaissant R_1, R_2, R_3, l'intensité I_3 du courant dans le circuit extérieur et E' la différence de potentiel aux bornes,

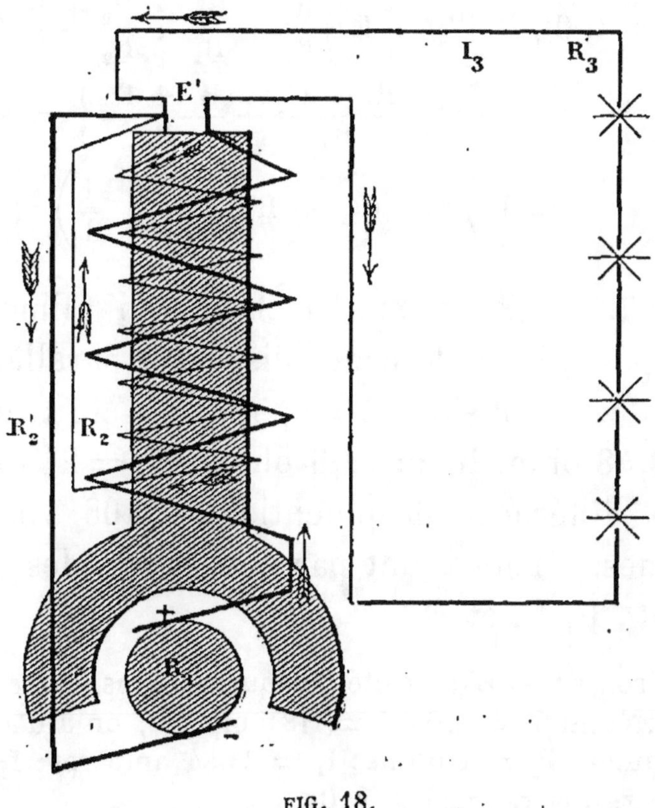

FIG. 18.

comment peut-on calculer la résistance extérieure R_3, les intensités I_1 et I_2 dans l'armature et dans la branche en dérivation sur les inducteurs, et la force électromotrice E de la machine ?

RÉPONSE : — On a $R_3 = \dfrac{E'}{I_3}$; ensuite $I_2 = \dfrac{E'}{R_2}$; $I_1 = I_3 + \dfrac{E'}{R_2}$

16.

La F. E. M. de la machine se trouve comme suit :

$$E = I_1 R_1 + I_1 R'_2 + I_1 \cdot \frac{R_2 . R_3}{R_2 + R_3} =$$

$$= I_3 R_1 + \frac{E' R_1}{R_2} + I_3 R'_2 + \frac{E' R'_2}{R_2} + I_3 \frac{R_3 R_2}{R_2 + R_3} + \frac{E' R_3}{R_2 + R_3} =$$

$$= I_3 (R_1 + R'_2) + E' \left\{ \frac{R_1}{R_2} + \frac{R'_2}{R_2} + \frac{R_2 + R_3}{R_2 + R_3} \right\} =$$

$$= E' \left\{ 1 + \frac{R_1 + R'_2}{R_2} + \frac{R_1 + R'_2}{R_3} \right\} =$$

$$E = E' \left\{ 1 + (R_1 + R'_2) \left(\frac{1}{R_2} + \frac{1}{R_3} \right) \right\}$$

607. — Pour une machine qui alimente 30 lampes à incandescence disposées parallèlement d'un courant de 0,6 ampère, il a été trouvé $R_1 = 0,48$ ohm, $R_2 = 18,5$ ohms, $R'_2 = 24$ ohms, et une différence de potentiel de 108 volts aux bornes. Quelles sont par conséquent les valeurs de R_3, I_1, I_2, et E ?

RÉPONSE : — L'intensité du courant dans le circuit extérieur étant $I_3 = 30.0,6 = 18$ ampères, on a d'après les formules : $R_3 = 6$ ohms ; $I_1 = 23,84$ ampères ; $I_2 = 5,84$ ampères, et $E = 687,5$ volts.

608. — Quel est le travail électrique dépensé par la machine du numéro précédent : 1° dans le circuit extérieur ; 2° dans l'ensemble des circuits ?

RÉPONSE : — $W_1 = I_3 E' = 1944$ watts.

$W_2 = I_1 E = 16,3$ kilowatts.

609. — Une dynamo a une armature à tambour qui porte le long de sa surface cylindrique 2.7.24 fils, dont 7.24 sont en série. Cette armature fait 1100 tours par minute; elle a une résistance de 0,25 ohms. La machine ayant une force électromotrice de 60,4 volts, quel est le nombre de lignes de force qui passent d'un pôle à l'autre ?

RÉPONSE : — En désignant par N le nombre de lignes de force sortant d'un pôle et entrant dans l'autre, un des fils de l'armature en coupera N par demi-tour, soit 2 N par révolution de l'armature. En faisant $n = 1100 : 60$ révolutions par seconde, un fil coupera $2\,n$ N lignes de force, et les $z = 2.7.24$ fils en couperont $2n\,\dfrac{z}{2}$ N. Le nombre de lignes de force coupées étant, par définition, égal à la force électromotrice exprimée en U. E. M., on aura

$$E \text{ U. E. M.} = n\,z\,N \text{ U. E. M.}$$

ou bien

$$60{,}4.10^8 = \frac{1100}{60} \cdot 336 \cdot N,$$

d'où

$$N = 980\,500.$$

XXVIII. — Moteurs électriques.

610. — Une force motrice effective de 40 HP (= 29,4 kilowatts) actionne une machine dynamo dont le rendement est de 92 p. 100. Le courant ayant une tension de 260 volts aux bornes es transmis à une machine motrice par une ligne ayant 10 ohms de résistance ; cette machine réceptrice a une résistance de 20 ohms, un rendement de 35 p. 100. Quelle est la force disponible à la poulie de cette seconde machine ?

RÉPONSE :

Les 40 chevaux fournissent aux bornes de la première machine une énergie électrique de 40.735.0,92 watts ou de 29400.0,92 watts = 27048 volts-ampères ; cette énergie doit se composer des 260 volts indiqués et de $\dfrac{27048}{260} =$ 104,03 ampères. En suite de la résistance de 10 ohms sur la ligne et de la résistance de la réceptrice de 20 ohms, il y aura sur la ligne et dans la réceptrice un courant $I \doteq \dfrac{260}{10 + 20} = 8,66$ ampères et une F. E. M. dans la réceptrice qui se déduit des résistances de la ligne et de la machine réceptrice par la proportion $(10 + 20) : 20 = 260 : x$ ce qui donne une tension de $173\,\dfrac{1}{3}$ volts. L'énergie aux bornes de la seconde machine est ainsi $= 8,66.173\,\dfrac{1}{3}$ watts ; comme il s'en perd les 65 p. 100 par transformation en énergie mécanique, celle-ci aura sur la poulie la valeur $8,66.173\,\dfrac{1}{3} . 0,35$ watts $= 525,7$ watts $= 0,71$ HP.

611. — Une machine génératrice a une force électromotrice de 300 volts, celle de la réceptrice étant de 200 volts ; les deux machines sont identiques, la résistance de chacune d'elles est 10

ohms et celle du câble conducteur est 5 ohms ; quelles sont les énergies électriques de la génératrice et de la réceptrice et quel est le rendement électrique?

RÉPONSE : — Le courant du circuit total aura une intensité $I = \dfrac{300 - 200}{25} = 4$ ampères. Les énergies électriques des deux machines sont, par conséquent, $W_g = 1200$ watts ; — $W_r = 800$ watts.

Le rendement électrique est $\rho = 66$ p. 100.

612. — Le moteur électrique Reckenzaun fait 1 300 tours par minute avec une intensité de courant de 11 ampères et une force électromotrice de 30 volts ; quelle est l'énergie électrique qu'il absorbe ? (Lum. El.)

RÉPONSE : — $W = 11.30$ watts $= 330$ watts.

613. — Quelle est l'expression générale pour le rendement électrique d'une installation simple de transmission de puissance?

RÉPONSE : — Dans le cas le plus simple une première dynamo génératrice actionne une seconde dynamo réceptrice. Les deux sont parcourues par le même courant I. Si leurs forces électromotrice et contre-électromotrice sont respectivement E et E', les puissances électriques produites et absorbées sont I E et I E', et le rendement

$$\rho = \frac{J\,E}{J\,E'} = \frac{E}{E'} ,$$

c'est-à-dire que le rendement est simplement proportionnel aux forces électromotrices.

614. — Supposons une génératrice donnant $E = 3\,000$ volts, que la ligne détermine une perte d'énergie par échauffement égale à 20 p. 100 de la puissance dépensée. Quelle est alors, en demandant un rendement final de 50 p. 100, l'intensité du courant I et celle de la puissance recueillie P′, si la ligne a une résistance : 1° de $R = 10$ ohms ; 2° de $R = 100$ ohms ?

RÉPONSE : — La perte d'énergie en suite de l'échauffement par un courant I dans une résistance R est $I^2 R$; la puissance dépensée est I. E, de sorte que le problème donne la relation

$$I^2 R = 0{,}20\ I\ E,$$

d'où $I = 60$ ampères.

La puissance dépensée est $P = I. E = 60.3000 = 180\,000$ watts $= 180$ kilowatts. — La puissance recueillie est $P′ = 0{,}50\ P = 90$ kilowatts, ou bien, comme

$$E′ = 0{,}50\ E = 15000, \quad \text{et } P′ = J\ E′$$

on aura encore $P′ = 60.15000 = 90000$ watts $= 90$ kilowatts.

Si la résistance de la ligne est de 100 ohms, on obtient $I = 6$ ampères ; — $P = 9$ kilowatts, — $E′ = 15000$ volts ; — $P′ = 4{,}5$ kilowatts.

615. — Un moteur de résistance R reçoit un courant de force électromotrice E ; quelle doit être l'intensité I pour que le travail fait par le moteur soit maximum ?

RÉPONSE : — Le moteur absorbe l'énergie E I, il fait

perdre la quantité I^2R par l'échauffement des fils conducteurs, en sorte qu'il ne rendra comme travail utile que

$$w = EI - I^2 R$$

Cette quantité est maximum pour $I = \dfrac{1}{2} \cdot \dfrac{E}{R}$.

616. — Quel est le rendement d'un moteur, si le travail utile fait par le moteur est maximum?

RÉPONSE : — Dans ce cas, on a, d'après le numéro précédent $I = \dfrac{E}{2R}$, et par conséquent

$$w = \frac{E^2}{2R} - \frac{1}{4} \cdot \frac{E^2}{R} = \frac{1}{4} \cdot \frac{E^2}{R},$$

tandis que $W = \dfrac{1}{2} \dfrac{E^2}{R}$.

Le rendement devient $\rho = \dfrac{w}{W} = \dfrac{1}{2} = 50\,\%$.

617. — Dans une installation de transmission d'énergie à Steyermühl, les deux dynamos Brown sont distantes de 600 mètres. La génératrice absorbe une puissance de 98 chevaux, la réceptrice rend 79 chevaux. La différence de potentiel aux bornes de la génératrice est $E_1 = 1\,000$ volts; le courant dans la ligne est de 67 ampères; le fil de cuivre a 8 mm d'épaisseur. Quel est le rendement total de l'installation ? — Quelle est la diffé-
rence de potentiel aux bornes de la réceptrice E'_2?
— Quelle est l'énergie absorbée par chacune des

dynamos et par le fil conducteur? Quel est le rendement des dynamos?

RÉPONSE : — Le rendement total s'obtient immédiatement :

$$\rho = \frac{79}{98} = 80\,\%.$$

La résistance de la ligne est

$$R = \frac{2.0,021.600}{8^2} = 0,3937 \text{ ohm.}$$

La différence de potentiel aux bornes de la réceptrice est

$E'_2 = E'_1 - I R = 1000 - 67.0,3937 = 973,6$ volts.

La ligne absorbe l'énergie

$W_3 = I (E'_1 - E'_2) = 67 (1000 - 973,6) = 1769$ watts.

La génératrice reçoit 98 chevaux, ou $98.735 = 72.030$ watts; elle rend aux bornes $E'_1 I = 67\,000$ watts, de sorte qu'elle absorbe

$$W_1 = 72\,030 - 67\,000 = 5\,030 \text{ watts,}$$

et son rendement est de

$$\rho_1 = \frac{67000}{72030} = 93\,\%.$$

La réceptrice reçoit l'énergie $E'_2 I = 973,6.67 = 65\,231$ watts, tandis qu'elle rend $79.735 = 58\,065$ watts, de sorte qu'elle absorbe l'énergie

$$W_2 = 65\,231 - 58\,065 = 7\,166 \text{ watts.}$$

Son rendement est

$$\rho_2 = \frac{58065}{65266} = 89\,\%.$$

618. — **La réceptrice d'une installation doit pouvoir fournir K kilowatts et le fil conducteur**

qu'on veut employer ne peut conduire plus de
I ampères sans risque d'échauffement nuisible.
Quelle est la force électromotrice E_2 que ce
moteur doit avoir? — Et quel doit être la force
électromotrice E_1 aux bornes de la génératrice?

RÉPONSE : — En exprimant l'énergie donnée par le
moteur en fonction des quantités électriques E_2 et I, on
doit avoir

$$\frac{E_2\,I}{1000} = k, \quad \text{d'où} \quad E_2 = \frac{1000k}{I}.$$

Si la totalité des résistances du circuit est donnée par
Σ (R), on doit avoir

$$\frac{E_1 - E_2}{\Sigma\,(R)} = I, \qquad \text{d'où}$$

$$E_1 = I.\,\Sigma\ (R) + E_2 = I.\,\Sigma\ (R) + \frac{1000k}{I}.$$

XXIX. — Lampes à incandescence.

619. — 25 éléments identiques dont chacun a
une résistance intérieure de 15 ohms sont disposés en série avec une lampe à incandescence de
70 ohms de résistance ; ils produisent un courant
de 0,112 ampère. Quel est le courant qu'on ob-
tiendrait avec 30 de ces éléments en série avec
deux lampes de 30 ohms de résistance? (Day.)

RÉPONSE : — D'après la première partie du problème, la
F. E. M. d'un élément doit être telle que 25 E = I.R.

$= 0,112 \ (25.15 + 70)$, d'où $E = 2$ volts. On aura donc pour le second circuit

$$I = \frac{30.2}{30.15 + 2.30} = 0,118 \text{ ampère.}$$

620. — Plusieurs lampes à incandescence sont disposées parallèlement, chacune demande une intensité de J_2 ampères. Combien faut-il d'éléments voltaïques de force électromotrice E pour alimenter une des lampes ?

Réponse : — (Baur) En supposant n_1 éléments de F. E. M. E_1 et de résistance intérieure R_1, et en outre n_2 lampes de résistance R_2 disposées parallèlement, on aura un courant d'intensité $I = \dfrac{n_1 \ E_1}{n_1 \ R_1 + \dfrac{R_2}{n^2}}$ · Chacune de ces lampes rece-

vra le courant $\dfrac{I}{n_2} = \dfrac{n_1 \ E_1}{n_1 \ n_2 \ R_1 + R_2} = I_2.$

On en tire
$$n_1 = \frac{R_2}{\dfrac{E_1}{I_2} - n_2 \ R_1}$$

621. — Combien faut-il d'éléments au bichromate de potasse ($R_i = 0,4$ ohms, $E = 1,6$ volt) pour une lampe Swan ($R_2 = 32$ ohms, $I_2 = 1,25$ ampère) et combien faut-il d'éléments Daniell ($R_i = 0,8$ ohm ; $E = 1,0$ volt) ?

Réponse : — Dans le premier cas, la formule du n° précédent donne $n_B = 37$ éléments au bichromate et dans le second, $n_D = \infty$.

622. — Quelle est la condition à laquelle les constantes de l'élément doivent satisfaire pour qu'il y ait au moins une lampe qui devienne incandescente?

RÉPONSE : — La formule du n° 620 nous donnera la réponse ; si nous posons $n_2 = 1$, elle devient

$$n_1 = \frac{R_2\, I_2}{E_1 - R_1\, I_2}$$ et elle dit que pour donner une solution

réelle, il faut que $E - R_1\, I_2$ soit positif, ou bien que $\frac{E_1}{R_1} > I_2$.
Le courant que donne un élément doit donc être plus intense que le courant que demande une des lampes.
Pour $\frac{E_1}{R_1} = I_2$ le nombre d'éléments nécessaires est $n_1 = \infty$.

623. — Quel est le plus petit nombre d'éléments nécessaires pour suffire à une lampe à incandescence donnée?

RÉPONSE : — Le nombre d'éléments nécessaires pour une lampe est donné par la formule $n_1 = \frac{R_2\, I_2}{E_1 - I_2\, R_1}$.

Les quantités I_2 et R_2 étant données, le nombre n_1 sera le plus petit possible si $\frac{E_1}{R_1}$ est le plus grand possible.

624. — Combien faut-il d'éléments Grove pour une lampe Edison, type B (8 bougies), ayant 58 ohms de résistance (à chaud) et demandant 0,882 ampère?

RÉPONSE : — $n_1 = 28$ à 29 éléments.

625. — Quel est le nombre de lampes qu'on

peut entretenir avec un nombre donné d'éléments ?

Réponse : — Connaissant le nombre n_1 d'éléments, on tire la valeur de n_2 de la formule établie plus haut

$$n_2 = \frac{n_1\,E_1 - I_2\,R_2}{n_1\,R_1\,I_2}.$$

626. — Quel est le nombre de lampes Edison, type B, que l'on peut alimenter avec 48 éléments Grove ?

Réponse : — $n_2 = 6$ à 7 lampes.

627. — La résistance intérieure d'une machine dynamo est 0,008 ohms, la machine doit envoyer un courant de 0,8 ampère à travers 900 lampes à incandescence placées en dérivation ; la résistance à chaud de chaque lampe est 130 ohms. Quelle doit être la force électromotrice de la machine ? (Day.)

Réponse : — La résistance du circuit extérieur est 130 : 900 = 0,144 ohm. La résistance intérieure étant 0,008, la résistance totale est 0,144 + 0,008 = 0,152. L'intensité totale du courant est 0,8.900 = 720 ampères, donc la F. E. M. = 720.0,152 = 109,44 volts.

628. — La force électromotrice d'une machine dynamo est 45 volts, sa résistance 0,01 ohm ; celle des lampes à chaud est 35 ohms. Combien de lampes doit-on établir en dérivation pour que

le courant soit de 1,2 ampère dans chacune d'elles ?

RÉPONSE : — Si x est le nombre de lampes, la résistance extérieure est $\dfrac{35}{x}$, et la résistance totale $\dfrac{35}{x} + 0,01$; l'intensité totale est $1,2\,x$ ampères. Si l'on remplace dans la formule de Ohm, on obtient $1,2\,x = \dfrac{45}{\dfrac{35}{x} + 0,01}$, d'où $x = 250$ lampes.

629. — La résistance intérieure d'une machine dynamo est 1 ohm ; la force électromotrice est 484 volts, le circuit extérieur se compose de 200 lampes à incandescence disposées en 20 séries de 10 lampes chacune. La résistance de chaque lampe est 30 ohms. Quelle est l'intensité du courant dans chaque lampe ?

RÉPONSE : — La résistance de chaque série de lampes est $30.10 = 300$ ohms ; celle des 20 séries est $300 : 20 = 15$ ohms et celle du circuit $15 + 1 = 16$ ohms. Le courant est donc $I = \dfrac{E}{R} = \dfrac{484}{16} = 30,25$ ampères, et le courant dans chacune des séries est, par conséquent, $30,25 : 20 = 1,51$ ampère.

630. — La résistance de chacune des 1 320 lampes Edison établies en dérivation sur une machine dynamo est de 140,5 ohms ; celle de l'induit 0,0042 ohms, celle du fil des inducteurs qui sont en dérivation sur le circuit extérieur

est 7,067 ohms et celle des fils conduisant aux lampes 0,01 ohm. Le moteur produit dans la dynamo 142 chevaux électriques. On demande les quantités de chaleur dégagées respectivement dans les fils des électro-aimants, dans le circuit des lampes et dans l'induit ? (Schoentjes.)

Réponse : — La résistance du circuit des lampes est

$$0,01 + \frac{140.5}{1320} = 0,1164 \text{ ohm.}$$

La résistance des électro-aimants étant 7,067, la résistance du circuit extérieur composé des inducteurs et des lampes est

$$\frac{7,067.0,1164}{7,067 + 0,1164} = 0,1145 \text{ ohm.}$$

La résistance de l'induit étant 0,0042, la résistance totale du circuit devient :

$$0,0042 + 0,1145 = 0,1187 \text{ ohm.}$$

L'énergie dépensée dans le circuit extérieur est :

$$\frac{142.0,1145}{0,1187} = 136,98 \text{ HP.}$$

Les énergies absorbées par la dérivation des électros et par le circuit extérieur sont proportionnelles aux produits des intensités par la F. E. M. aux bornes de la machine ; et, comme les intensités sont en raison inverse des résistances, il en est de même des énergies, donc l'énergie dépensée dans les inducteurs est :

$$\frac{136,98.0,1145}{7,067} = 2,219 \text{ HP.}$$

L'énergie absorbée par le circuit des lampes est 136,98 — 2,219 = 134,761 HP.

Le fil induit consomme 142 — 136,98 = 5,02 HP.

L'équivalent calorifique du cheval pendant une seconde étant 0,17689 calorie kilog., les quantités de chaleur développées par seconde dans les inducteurs, les lampes et l'induit sont respectivement :

393 cal., 23 840 cal., 888 cal. (gr. degré).

631. — Une batterie d'accumulateurs fournit le courant à des lampes à incandescence. Pendant la première phase de la décharge, le courant a l'intensité 13,8 ampères, et dans la seconde phase, elle n'est plus que de 12 ampères en moyenne. En supposant que l'intensité lumineuse initiale d'une lampe soit de 16 bougies, quelle est l'intensité lumineuse dans la seconde phase en prenant pour base du calcul la formule du Dr Voit, intensité lumineuse $P = a\,W^3$?

RÉPONSE : — On a $P = a\,W^3 = a.(E.I)^3 = a.(I^2.R)^3 = b.I^6$; le pouvoir émissif est donc proportionnel à la sixième puissance de l'intensité du courant, par conséquent,

$$13,8^6 : 12^6 = 16 : P, \qquad \text{d'où} \quad P = 6,92 \text{ bougies.}$$

632. — Pour une lampe Bernstein n° 1 les constantes de la formule de H. F. Weber $P = \alpha\,W^3 + \beta\,W$ sont $\alpha = 0,0000100$ et $\beta = -\,0,0100$. Avec un courant $I = 4$ ampères on a observé une différence de potentiel $E = 30,\,4$ volts et une autre fois avec un courant $I = 5,66$ ampères on avait $E = 39,44$ volts. Quelles sont les intensités lumineuses les deux fois ?

RÉPONSE : — $P_1 = 17,1$ bougies ; $P_2 = 112,5$ bougies.

633. — D'après les mesures de C. Hess, une lampe Swan de 8 bougies a comme constantes dans la formule de H. F. Weber $\alpha = 0,0004164$ et $\beta = -0,02778$. Quelles sont, d'après ces valeurs les intensités lumineuses correspondantes aux intensités et aux forces électromotrices $I_1 = 0,91$ ampère, $E_1 = 24,00$ volts ; $I_2 = 1,32$ ampère, $E_2 = 33,00$ volts ?

RÉPONSE : — $P_1 = 0,65$ bougie ; $P_2 = 8,43$ bougies.

634. — Pour une lampe Swan (16 bougies) les constantes de la formule H. F. Weber étant $\alpha = 0,0000632$ et $\beta = -0,0280$, quelles sont les intensités lumineuses correspondant à $I_1 = 0,90$ ampère, $E_1 = 33,90$ volts ; $I_2 = 1,32$ ampère, $E_2 = 49,25$ volts ?

RÉPONSE : — $P_1 = 1,27$ bougie ; $P_2 = 15,56$ bougies.

XXX. — Lampes à arc.

635. — En supposant qu'il faille pouvoir disposer pour un certain éclairage à arc voltaïque

d'une force électromotrice d'au moins 50 volts,
d'un courant d'au moins 5 ampères, et que l'arc
ait une résistance de 8 ohms, quel est le nombre
minimum d'éléments Bunsen et d'éléments Daniell qu'il faut pour produire la lumière à arc ?

RÉPONSE : — Comme on ne veut dépasser, autant que
possible, ni les 50 volts, ni les 5 ampères, la résistance
totale du circuit des piles se tire de la loi d'Ohm
$5 = \dfrac{50}{R_i + 8}$; d'où la résistance intérieure de la pile
$R_i = 2$ ohms. La pile, soit celle de Bunsen, soit celle de
Daniell, devra donc satisfaire aux conditions : ne pas avoir
plus de 2 ohms de résistance et donner un courant de
5 ampères.

La pile Bunsen n'ayant environ que $\dfrac{1}{18}$ ohm de résistance, permettra l'emploi en série de 18.2 = 36 éléments
au maximum ; ils donneront la F.E.M. 36.1,90 = 68,4 volts.
Il suffira de prendre 50 : 1,90 = 27 éléments.

Les éléments Daniell ayant une résistance intérieure
d'environ 0,6 ohm ne permettent l'emploi qu'en série de
3,3 éléments qui fournissent une F.E.M. trop faible. Une
seule série d'éléments Daniell ne pourra donc pas servir
à l'éclairage à arc voltaïque. On disposera donc n éléments en y séries de x éléments chacune et on choisira x
de façon que la F.E.M. devienne 50 volts, on aura donc x
= 50. Comme $x\,y = n$ éléments dont la résistance ne
peut dépasser 2 ohms, il faut que y satisfasse à la condition $2 = 0,6\,\dfrac{x}{y}$. Il en résulte $y = 15$ et $n = 750$.

636. — Le courant d'une machine dynamo
dont la force électromotrice est 850 volts est

lancé dans un circuit de 16 lampes à arc dont chacune a une résistance de 4,5 ohms. La résistance des fils conducteurs est 0,8 ohm et l'intensité est de 10,04 ampères. Quelle est la résistance de la machine? (Schœntjes.)

RÉPONSE : — D'après la loi de Ohm, la résistance totale est égale à la F.E.M. divisée par l'intensité du courant ; donc $R_e + R_i = \frac{850}{10,04} = 84,66$ ohms. La résistance des lampes est $4,5.16 = 72$ ohms et celle des fils 0,8 ohm ; il en résulte que la résistance de la machine est :

$$84,66 - 72 - 0,8 = 11,86 \text{ ohms.}$$

637. — Un courant de 9,2 ampères va dans une lampe à arc dont la chute de potentiel est 46,6 volts. Combien de watts dépense la lampe, et quelle est la puissance dépensée exprimée en HP ?

RÉPONSE :

$$W = 9,2.46,6 = 428,7 \text{ watts} = \frac{428,7}{735} = 0,58 \text{ HP.}$$

638. — La résistance intérieure d'une machine est 2,5 ohms et celle des lampes et des câbles conducteurs 11 ohms. Quelle est l'énergie dépensée quand un courant de 16 ampères passe dans le circuit ?

RÉPONSE : — $W = \dfrac{I^2 R}{735} = \dfrac{16^2 (11 + 2,5)}{735} = 4,7$ HP.

639. — La résistance intérieure d'une ma-

chine dynamo est 0,173 ohm, celle des fils et câbles conducteurs 0,214 ohm l'intensité du courant 18,3 ampères et la force électromotrice de la dynamo 90,0 volts. Quelle est la résistance de la lampe à arc, et quelle est l'énergie qu'elle absorbe?

RÉPONSE : — D'après la loi de Ohm :

$$I = \frac{E}{R_i + R_0 + x} = \frac{90}{0,173 + 0,214 + x} = 18,3.$$ La résistance apparente de la lampe est $x = 4,53$ ohms. L'énergie dépensée est :

$$W = 8,3^2 . \ 4,53 = 1517 \text{ watts} = 2,06 \text{ HP.}$$

640. — Une machine Thomson-Houston fournit un courant de 10 ampères à 45 lampes à arc disposées en série, chacune a une force électromotrice contraire de 38 volts. La dynamo ayant une résistance intérieure de 30 ohms, le circuit une résistance de 12 ohms, quelle est la force électromotrice de la machine et quelle est sa puissance?

RÉPONSE : — On a $I = \dfrac{\Sigma (E)}{\Sigma (R)}$, donc $10 = \dfrac{E - 45.38}{(12 + 30)}$, d'où E = 2130 volts. La puissance de la dynamo est

$$W = \frac{I^2 . R}{735} = \frac{2130.10}{735} = 29,0 \text{ HP.}$$

641. — Chacune de 38 lampes Brush a une

résistance de 6 ohms ; elles sont disposées en série sur un circuit de 6 kilomètres. La résistance spécifique du câble conducteur est 0,13, et l'on veut qu'il n'absorbe que la dixième partie de l'énergie disponible. Quel doit être le diamètre du câble ? (Schœntjes.)

RÉPONSE : — Pour que l'énergie dépensée dans le câble soit 1/10 de l'énergie totale, le courant ayant partout la même intensité, il faut que la résistance du câble soit 1/10 de la résistance totale ; en d'autres termes, la résistance du câble doit être la neuvième partie de la résistance des lampes, soit $\frac{1}{9}$ (6.38) = 25,33 ohms. C'est cette valeur qui doit être égale, d'autre part, à $\frac{0,13.6000}{d^2}$, d'où

$$25,33 = \frac{0.13.6000}{d^2}.$$ Il en résulte $d = 5,5$ mm.

642. — Trois lampes à arc, dont chacune a une résistance de 1,7 ohm, sont disposées en série sur le circuit d'une machine dynamo dont la résistance intérieure est 6 ohms. La résistance des fils conducteurs est 0,22 ohm, et le rendement mécanique 0,90. Le travail moteur dépensé est 6 chevaux. Quelle est l'énergie dépensée dans chacune des lampes et quelle est l'intensité du courant ?

RÉPONSE : — L'énergie électrique totale est 0,90.6 = = 5,4 HP, la résistance totale est 0,22 + 6 + 1,7.3 = = 11,32 ohms. Les énergies dépensées étant proportionnelles aux résistances, on a la proportion que l'énergie

dépensée dans les lampes est à 5,4 HP comme 3.1,7 est
à 11,32. Il en résulte que l'énergie dépensée pour les
trois lampes est 2,41 HP, soit 0,81 HP par lampe.

L'intensité du courant se déduit de $W = \dfrac{I^2.R}{735}$, donc,

$$5,4 = \dfrac{I^2.11,32}{735}, \qquad \text{d'où} \quad I = 18,7 \text{ ampères.}$$

643. — Pour l'alimentation de 40 lampes à
arc, à l'exposition d'électricité de Paris (1881),
on a dépensé 29,96 chevaux à l'armature de la
génératrice. Celle-ci avait une résistance $R_i =$
22,38 ohms. La résistance de la conduite (sans
les lampes) était $R_e = 2,60$ ohms ; en outre, l'intensité du courant était $I = 9,5$ ampères, et la
différence de potentiel à chaque lampe $E_l = 44,3$
volts. Quels étaient : 1° l'énergie absorbée par
chaque lampe W_L ; — 2° l'énergie W_c absorbée
dans le circuit sans les lampes ; — 3° la force
électromotrice totale E_2, et — 4° le rendement
mécanique ?

RÉPONSE : — On a $W_L = E.I = 44,3.9,5 = 420,85$ watts
$$= 0,57 \text{ HP} ;$$

$W_c = I^2 (R_i + R_e) = 9,5^2 (22,38 + 2,60) = 2254,44$ watts
$$= 3,07 \text{ HP} ;$$

l'énergie totale $= 40\ W_L + W_c = 40.0,57 + 3,07 =$
$$= 25,87 \text{ HP} ;$$

$E = I (R_i + R_e) + 40\ E_L = 9,5.24,98 + 40.44,3 =$
$$= 2009,3 \text{ volts.}$$

Rendement $\rho = \dfrac{40\ W_L + W_c}{W} = 86\ \%.$

XXXI. — Installation d'éclairage.

644. — Un fil de cuivre de 7,87 mm² de section alimente des lampes jusqu'à une distance de 2 500 mètres de la dynamo et conduit un courant de $I = 9$ ampères. Quelle est la tension que ce fil absorbe ?

RÉPONSE : — Comme $I = E : R = E. (s : \rho l)$, ou bien, en renversant la formule $E = \rho l I : s$, ce fil de cuivre absorbe la tension

$$E = \frac{0,0175 \times 2.2500 \times 9}{7,87} = 100 \text{ volts.}$$

645. — Dans une installation d'éclairage, la dynamo donne aux bornes 170 volts, les lampes exigent 105 volts ; celles-ci sont distribuées sur une distance de 5 000 mètres et demandent 9 ampères ; quelle est la section à donner au fil de cuivre ?

RÉPONSE : — La tension réservée aux conducteurs est $170 - 105 = 65$ volts ; la longueur totale du fil de cuivre est 2.5000 mètres ; il faudra donc, d'après le numéro précédent, que

$$s = \frac{\rho\, l\, I}{E} = \frac{0,0175.\ 10000.9}{65} = 24,23 \text{ mm}^2.$$

646. — Un fil de 6 mm. de diamètre alimente

des lampes à arc disposées en série, demandant chacune 45 volts et 12 ampères. De combien peut-on éloigner la dernière lampe de la station centrale en supprimant une des lampes?

RÉPONSE : — La distance cherchée entre dans la relation $l = Es : \rho I$, donc

$$l = \frac{45.\ 3^2\pi}{0,02104.12} = 5039,4 \text{ mètres.}$$

647. — On doit donner du courant à un groupe de 50 lampes de 0,5 ampères et 50 volts, se trouvant à une distance de 200 mètres. Quelle doit être la section du fil pour que la perte ne soit que de 8 p. 100?

RÉPONSE : — Comme la différence de potentiel entre les extrémités de la conduite doit être 0,08 de 100 volts, et comme les 50 lampes demandent 25 ampères, on aura pour sa résistance d'après la loi de Ohm R = 0,08.100 : 25 = 0,32 ohm. La section demandée devient

$$s = 0,0175.\ \frac{2.200}{0,32} = 22 \text{ mm}^2.$$

648. — Un circuit principal donne du courant à 5 groupes de lampes (ou circuits secondaires) de 200, 80, 100, 40, 60 lampes à 0,5 ampère et 100 volts. Ces dérivations ont des distances de la dynamo qui sont respectivement 80, 200, 240, 300, 400 mètres. On veut employer un conducteur de section constante et. déterminer cette

section de manière que la perte totale soit 10 volts, soit 10 p. 100 de la tension utile. Quelle est cette section ? (Colombo et Ferrini.)

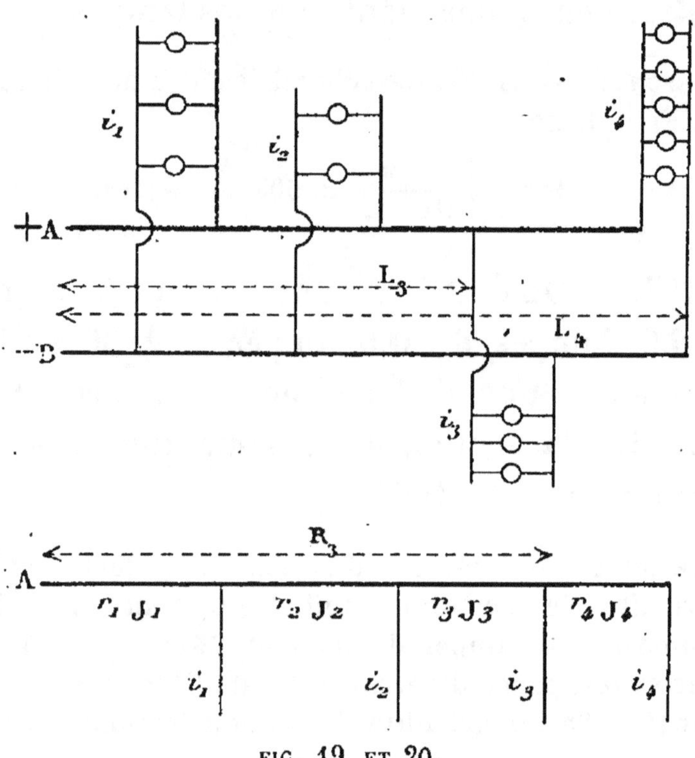

FIG. 19 ET 20.

RÉPONSE : — La figure 19 représente l'un des fils du circuit ouvert ; la figure 18 donne le schéma du circuit même. R_1, R_2, R_3, R_4,... signifient les résistances du fil conducteur depuis l'origine du circuit aux points de dérivation, r_1 r_2 r_3 r_4,... les résistances des segments successifs, I_1, I_2, I_3, I_4,... les courants dans ces segments, i_1 i_2 i_3 i_4... les courants dérivés aux différents points du fil principal.

Les pertes ou chutes de potentiel dans chacun des segments successifs sont, en comptant l'aller et le retour,

$$V_1 = 2\,I_1.\,r_1 = 2\,(i_1 + i_2 + i_3 + i_4 + \ldots)\,r_1 \text{ volts};$$
$$V_2 = 2\,I_2.\,r_2 = 2\,(i_2 + I_3 + i_4 + i_5 + \ldots)\,r_2 \text{ volts};$$
$$V_3 = 2\,I_3.\,r_3 = 2\,(i_3 + i_4 + i_5 + \ldots\ldots\ldots)\,r_3 \text{ volts}.$$

$$\cdot\ \cdot\ \cdot\ \cdot\ \cdot\ \cdot\ \cdot\ \cdot\ \cdot\ \cdot\ \cdot\ \cdot\ \cdot$$

La perte totale du potentiel sera donc

$$V = V_1 + V_2 + V_3 + \ldots = 2\,(I_1\,r_1 + I_2\,r_2 + I_3\,r_3 + \ldots) =$$
$$= 2\,\big\{\,i_1\,r_1 + i_2\,(r_1 + r_2) + i_3\,(r_1 + r_2 + r_3) + \ldots\,\big\} =$$
$$= 2\,\big\{\,i_1\,R_1 + i_2\,R_2 + i_3\,R_3 + \ldots\,\big\}$$

Si la section du fil conducteur est constante et égale à s, et si les distances des points de dérivation à l'origine sont L_1, L_2, L_3,..., on aura

$$V = 2.\,\frac{0.017}{s}\,\Big\{\,i_1\,L_1 + i_2\,L_2 + i_3\,L_3 + \ldots\,\Big\},$$

ou bien

$$s = \frac{2.0,017}{V}\,\Big\{\,i_1\,L_1 + i_2\,L_2 + i_3\,L_3 + \ldots\,\Big\}.$$

Dans notre cas spécial, nous obtenons

$$s = \frac{2.0,017}{10}\,\Big\{\,100.80 + 40.200 + 50.240 + 20.300 + 30.400\,\Big\}$$
$$= 156,4 \text{ mm}^2.$$

649. — Cinq circuits secondaires sont branchés sur un circuit principal ouvert; les intensités de courant dans ces branches sont $i_1 = 1$; $i_2 = 2,5$; $i_3 = 2$; $i_4 = 1$; $i_5 = 1,5$ ampère; les distances des points de dérivation comptées d'un même point A (pôle d'une dynamo, pôle d'un transformateur, pôle d'une batterie d'accumulateurs, point de dérivation d'un circuit plus gros) sont respectivement $l_1 = 60$, $l_2 = 40$, $l_3 = 30$, $l_4 = 50$, $l_5 = 40$, $l_6 = 20$ mètres; la différence de potentiel aux bornes de ces circuits secondaires doit être maintenue constante et égale à $P_1 = 105$ volts ; celle du circuit primaire AB étant $P = 110$ volts. Quelles doivent être les sections des segments du fil partant de A et du fil partant de B ? (Colombo et Ferrini.)

RÉPONSE : — Partant du pôle A, on fixe arbitrairement les sections des segments successifs du conducteur Am de manière que la perte de tension, depuis A jusqu'en m,

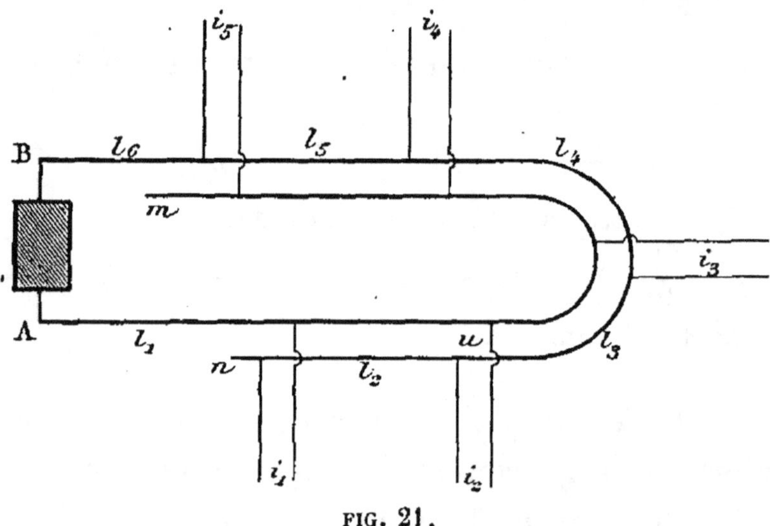

FIG. 21.

reste inférieure à $P - P_1 = 5$ volts. Ensuite on calcule les sections de l'autre conducteur Bn de manière à donner à chaque dérivation le potentiel P_1, et à avoir pour la dérivation au point u, par exemple,

perte le long de Bu + perte le long de A$u = P - P_1$.

Ainsi si l'on veut perdre 4,84 volts de A en m le long du conducteur Am, on peut admettre, par exemple, que la perte de A en m soit sensiblement proportionnelle à la distance. Les pertes aux points 1, 2, 3, 4, 5 seraient donc

$$1,32; \quad 2,20; \quad 2,86; \quad 3,96; \quad 4,84 \text{ volts,}$$

et les sections des segments de A en m deviennent

$$s_1 = \frac{0,017}{1,32} \, l_1 \, (i_1 + i_2 + i_3 + i_4 + i_5) = 6,18 \text{ mm}^2,$$

$$s_2 = \frac{0,017}{2,20 - 1,32} \, l_2 \, (i_2 + i_3 + i_4 + i_5) = 5,41 \text{ mm}^2,$$

$$s_3 = \frac{0,017}{2,86 - 2,20} \, l_3 \, (i_3 + i_4 + i_5) \quad = 3,48 \text{ mm}^2,$$

$$s_4 = \frac{0,017}{3,96 - 2,86} \, l_4 \, (i_4 + i_5) \quad = 1,93 \text{ mm}^2,$$

$$s_5 = \frac{0,017}{4,84 - 3,96} \, l_5 \, i_5 \quad = 1,16 \text{ mm}^2.$$

Le potentiel étant constant pour toutes les dérivations et égale à 105 volts, les pertes aux points 1, 2, 3, 4, 5 sur le conducteur Bn doivent être

$$5 - 1,32 = 3,68 \text{ volts}; \quad 5 - 2,20 = 2,80 \text{ volts};$$
$$5 - 2,86 = 2,14 \text{ volts}; \quad 5 - 3,96 = 1,04 \text{ volt};$$
$$5 - 4,84 = 0,16 \text{ volt.}$$

En se basant sur ces pertes, on calculera les sections des segments s'_6, s'_5, s'_4, s'_3, s'_2 du conducteur de B en n, au moyen des formules

$$\frac{0,017}{s'_6} \, l_6 \, (i_5 + i_4 + i_3 + i_2 + i_1) = 0,16, \text{ d'où } s'_6 = 17 \text{ mm}^2,$$

$$\frac{0,017}{s'_5} \, l_5 \, (i_4 + i_3 + i_2 + i_1) = 1,04 - 0,16, \text{ d'où } s'_5 = 5,0 \text{ mm}^2,$$

$$\frac{0.017}{s'_4} \, l_4 \, (i_3 + i_2 + i_1) = 2,14 - 1,04, \text{ d'où } s'_4 = 4,25 \text{ mm}^2,$$

$$\frac{0,017}{s'_3} \, l_3 \, (i_2 + i_1) = 2,80 - 2,14, \text{ d'où } s'_3 = 2,7 \text{ mm}^2,$$

$$\frac{0,017}{s'_2} \, l_2 \, i_1 = 3,68 - 2,80, \text{ d'où } s'_2 = 0,0773 \text{ mm}^2.$$

En pratique il faudra prendre les sections des fils telles qu'elles se trouvent dans le commerce.

650. — Dans une installation d'éclairage les n lampes, dont chacune demande e volts et i ampères, sont éloignées de l mètres de la dynamo. Quelle doit être l'épaisseur du conducteur pour que, la dynamo donnant E volts, les lampes aient les e volts demandés ?

RÉPONSE : — Le diamètre du conducteur en cuivre étant d, sa résistance est R $= 0,02104.2l : d^2$ ohms ; l'intensité du courant doit être I $= ni$ ampères et la différence de potentiel aux deux extrémités égale à E $- e$. On aura donc l'égalité

$$E - e = n\,i \times 0,02104.\ \frac{2\,l}{d^2}\ ,$$

d'où

$$d = \sqrt{0,04208\ \frac{n\,i\,l}{\mathrm{E} - e}}\ .$$

651. — Si les quantités indiquées dans le numéro précédent ont les valeurs $n = 40$, $e = 40$ volts, $l = 240$ mètres, $i = 0,53$ ampère, $E = 107,5$ volts ; quelle sera la valeur de d ?

RÉPONSE :

$$d = \sqrt{\frac{0,04208.40.0,53.240}{107,5 - 100}} = 5,39 \text{ mm.}$$

652. — Quelle est la section S à donner au conducteur dans une installation de transport d'énergie électrique pour établir un système de transmission aussi économique que possible, si

p est le prix du cheval-vapeur, p' le prix du centimètre cube de conducteur, ρ sa résistance spécifique et I l'intensité du courant qui doit être transporté ?

RÉPONSE : (Thomson, Ferrini.) — On a pour le travail accompli par le courant en une seconde sur une longueur de 1 cm du conducteur

$\dfrac{I^2 \rho}{S}$ joules, correspondant à $\dfrac{I^2 \rho}{735. S}$ HP pendant une seconde.

Ce travail se convertit en chaleur et peut par conséquent être considéré comme perdu. On a donc par suite de cet échauffement une perte de

$$\frac{I^2 \rho.p}{735,5. S} \text{ francs par seconde,}$$

et si le travail dure T secondes par année, la perte sera pour 1 cm de longueur du conducteur,

$$\frac{I^2 \rho.p.T}{735,5. S} \text{ francs par an.}$$

p' désignant le prix de 1 cm³ du conducteur, en sorte que p' S soit le prix de 1 cm de longueur : nous devrons porter au compte des pertes le $\dfrac{1}{20}$ au moins de p' S qui est l'intérêt du capital employé.

Ainsi, la perte totale par centimètre de longueur et par an sera au moins

$$\frac{I^2 \rho.p.T}{735,5. S} + \frac{p' S}{20}.$$

Il s'agit de déterminer S de façon que cette perte soit minimum. Par la méthode de calcul ordinaire ou par un théorème de Serpieri (Misure, p. 82), on trouve que cette perte est minimum pour

$$S' = I \sqrt{\frac{20.\rho.p.T}{735,5. p'}}, \text{ c'est la formule de Thomson.}$$

653. — On connaît la fraction f de journée que dure le travail, le prix P d'un cheval-vapeur par seconde pendant toute l'année, jour et nuit, et le prix P' du m³ du conducteur, quelle est alors la section du conducteur de résistance spécifique ρ qui est la plus-économique pour la transmission de I ampères ?

RÉPONSE : — En se basant sur la formule de Thomson et en y remplaçant T par $f . N$ (N étant le nombre de secondes de l'année entière), p par $\dfrac{P}{N}$ et p' par $\dfrac{P'}{10^6}$, on obtient

$$S = I \sqrt{\frac{20 . 10^6 . f . \rho . P}{735,5 \, P^1}} = 164,9 \, I \sqrt{f . \rho . \frac{P}{P'}}$$

654. — Trouver la section la plus économique du conducteur transmettant I ampères, en fonction du prix F du watt (en une seconde) et du prix F' du cm³ du conducteur ?

RÉPONSE : — D'après la formule précédente et sachant que P = 735,5 . F . 31500000, et P' = 10⁶ F' on a

$$S = I \sqrt{20 . 10^6 . 31,5 . f . \rho \, \frac{F}{F'}} = 10^4 \, I \sqrt{6,3 . f . \rho \, \frac{F}{F'}} \, ;$$

c'est la formule de R. Ferrini.

655. — Pour transmettre une force hydraulique de 350 chevaux, on fait une installation qui coûte 420 000 francs ; les frais annuels étant, outre les intérêts comptés au 4 p. 100 et un amortissement de 2 p. 100, évalués à 10 000 francs ; le prix du cuivre est 0,016 francs par cm³ et sa résistance spécifique $= 1600$ U. E. M. On utilise une chute d'eau pendant 7 heures par jour. Quelle est la section la plus économique à donner au conducteur pour la transmission de 50 ampères ?

Réponse : — La dépense annuelle est :

$\frac{6}{100} \cdot 420000 + 10000 = 35200$ francs, soit 100,8 francs par cheval et par an. La formule du n° 653 nous donne :

$$S = 164,9.50 \sqrt{\frac{7}{24} \cdot \frac{1600}{10^9} \cdot \frac{100,8}{16000}} = 0,447 \text{ cm}^2$$

Le diamètre est donc 7,54 mm.

656. — Quatre lampes à arc Brush sont disposées en série, séparées l'une de l'autre de 50 m. ; chacune a une résistance de 60 ohms. La dynamo est à 400 m. de la première lampe. Quel doit être le diamètre des fils conducteurs, ceux-ci ayant une conductibilité de 96 p. 100 de celle du cuivre pur, si la résistance du circuit ne doit être que les 8 p. 100 de celle des lampes, et si l'on peut supposer qu'il n'y ait pas de perte de courant ? (Day.)

Réponse : — Le fil conducteur a la longueur.

$2.400 + 300 = 1100$ m ; la résistance des lampes est de

4.6 $=$ 24 ohms, et la résistance du fil est 24.0,08 $=$ 1,92 ohm. La résistance du fil de cuivre (à 96 $^o/_o$) par mètre et par (mm²) sera $\dfrac{0,02104}{0,96}$ ohm. En désignant par d le diamètre cherché en mm, on aura la relation

$$1,92 = \frac{0,02104}{0,96} \cdot \frac{1100}{d^2}, \qquad \text{d'où} \quad d = \sqrt{\frac{0,02104 . 1100}{0,96 . 1,92}} =$$

$$= 3,54 \text{ mm.}$$

657. — La résistance d'une lampe à incandescence est de 80 ohms ; elle est à 3,7 m du circuit principal, le fil est en cuivre de 85 p. 100 de pureté. Quel doit être le diamètre du fil, pour que sa résistance soit à 0,08 de celle de la lampe ?

RÉPONSE : — (Day) La résistance du conducteur doit être $\dfrac{80.0,08}{100}$ ohm $=$ 0,064 ohm, soit $\dfrac{0,064}{2.3,7} =$ 0,00864 ohm par mètre. La résistance d'un fil de 1 m de long et de 1 mm diamètre est $\dfrac{0,02104}{0,85} =$ 0,02475 ohm. Le diamètre doit être tel que :

$$0,00865 : 0,02475 = 1^2 : d^2,$$

d'où $\quad d =$ 1,69 mm.

658. — La résistance de chacune des 5 lampes Brush disposées en série est de 6 ohms. Les lampes sont à 40 m. l'une de l'autre, et la dynamo est à 200 m. de la première lampe. En supposant un fil en cuivre pur et une perte d'énergie de 10 p. 100 dans le conducteur, quel doit être le diamètre de ce conducteur ?

RÉPONSE : — (Day) Soit R_2 la résistance du conducteur et R_1 celle du circuit. Etant donné

$$\frac{100}{10} = \frac{J_1^2 R_1}{J_1^2 R_2} = \frac{R_1}{R_2} = \frac{30 + R_2}{R_2} ,$$

on doit avoir $R_2 = 3\frac{1}{3}$ ohms ; telle est la résistance du conducteur. Celui-ci a une longueur de 2.200 m $+$ 2.4.40 m $=$ 720 m. Ainsi on doit avoir

$$3\frac{1}{3} = \frac{0,02104.720}{d^2} , \qquad \text{d'où} \quad d = 2,12 \text{ mm.}$$

659. — Dans une installation d'éclairage à incandescence, on a 44 lampes Swan dont chacune demande 1,25 ampère. Le conducteur a 880 m. de long et 4 mm de diamètre, son cuivre est d'une pureté de 94 p. 100 ; quelle est la quantité de chaleur qui est engendrée par heure ?

RÉPONSE : — L'intensité du courant est $I = 44.1,25 = 55$ ampères. La résistance d'un conducteur semblable en cuivre pur serait

$$R = 0,02057.880.\frac{1}{16} = 1,13135 \text{ ohm.}$$

La résistance du conducteur donné est donc

$$\frac{100}{94} . 1,13135 = 1,203 \text{ ohm.}$$

La quantité de chaleur dégagée est par conséquent

$$Q = \frac{1}{4,18} . 55^2 . 1,203.3600 = 3134,123 \text{ cal. kilog.}$$

XXXII. — Télégraphe.

660. — Sur une même ligne de 35 kilomètres se trouvent 5 stations ; chacune a une résistance de 450 ohms ; la ligne est en fil de fer de 4 mm. Quel est le nombre d'éléments Callaud qu'il faut pour assurer un courant de 0,015 ampère ?

RÉPONSE : — La résistance du circuit se compose de celle des stations et de celle de la ligne ; elle vaut

$$R = 5.450 + 35000 . \frac{0,1251}{16} = 2523 \text{ ohms.}$$

Chaque élément Callaud ayant une force électromotrice $c = 1,0$ volt, le nombre x de ces éléments, nécessaire pour fournir 0,015 ampère, se déduit de la loi de Ohm :

$$0,015 . R = x.e$$
$$0,015 . 2523 = x ;$$

d'où

$$x = 38 \text{ éléments.}$$

661. — Une pile de résistance X est fermée sur un circuit de résistance 5 ohms, et l'on a mesuré (quand le circuit était fermé) entre ses bornes une force électromotrice efficace de $E = 1,35$ volt ; le circuit étant ouvert, on a trouvé (avec un galvanomètre à très grande résistance ou un électromètre) que la force électromotrice de la pile était $E' = 1,52$ volt. En déduire la valeur de X.

Réponse : — On a la relation

$$E : E' = R : (R + X),$$

d'où

$$(E' - E) : E = \{(R + X) - R\} : R ;$$

donc

$$X = R \frac{E' - E}{E} = 5 . \frac{1,52 - 1,35}{1,35} = 0,63 \text{ ohm}.$$

662. — Sur une ligne en fer de 4 mm, ayant 84 kilomètres de longueur, il y a 1 200 poteaux ; on envoie un courant de 0,009 ampère et il n'arrive que 0,006 ampère à l'autre station. Quelle est la résistance d'isolement moyen d'un poteau ?

Réponse : — Entre le courant envoyé et le courant reçu et une quantité

$$Z = e^{n \sqrt{\frac{m}{i}}}$$

il y a, d'après Varley, la relation

$$I_r = \frac{2 I_e}{Z + \frac{1}{Z}} .$$

Dans notre cas on obtient

$$0,006 = \frac{2.0,009}{Z + \frac{1}{Z}},$$

d'où $Z = 2,618.$.

Les quantités dans l'expression pour Z signifient : $e = 2,718$, n le nombre de poteaux, m la résistance entre deux poteaux, i la résistance d'isolement par poteau. Comme notre résistance entre deux poteaux est

$$m = \frac{70 \cdot 0,1251}{16} = 0,5473 \text{ ohm,}$$

nous obtenons la nouvelle relation :

$$2,618 = 2,718^{\,1200\sqrt{\frac{0,5473}{i}}},$$

d'où

$$i = 730\,000 \text{ ohms.}$$

663. — Une ligne de 240 kilomètres en fil de fer de 4 mm est portée par 3 000 poteaux ; l'isolement kilométrique est 6 000 000 ohms ; le courant arrivant est 0,010 ampère. Quelle est l'intensité du courant envoyé et quel est le nombre d'éléments Leclanché nécessaires, si l'on suppose pour les appareils une résistance égale à celle de la ligne ?

Réponse : — La résistance de la ligne entre deux poteaux est

$$m = \frac{240000}{3000} \cdot \frac{0,1251}{4^2} = 0,6255 \text{ ohm ;}$$

la résistance d'isolement par poteau est

$$i = 6000000 \times 12,5 = 75000000 \text{ ohms,}$$

le nombre de poteaux par kilomètre étant 12,5 ; de là

$$Z = 2,378$$

L'intensité du courant envoyé s'obtient de

$$0,010 = \frac{2\,\mathrm{I}}{2,378 + \dfrac{1}{2,378}},$$

d'où

$$\mathrm{I} = 0,0140 \text{ ampère.}$$

La ligne entière a une résistance de
(240000.0,1251) : 16 = 1876,5 ohms. La résistance du circuit (ligne et appareil) sera ainsi de 3 753 ohms. Pour que
le courant soit 0,0140 ampère au départ, il faut une force
électromotrice de 0,0140.3753 = 52,54 volts. — Elle sera
fournie par 52,54 : 1,48 = 36 éléments Leclanché en série.

664. — Quelle est l'expression algébrique de
la résistance (isolation) de la couche isolante
d'un câble de longueur l dont la couche isolante
est un cylindre creux de diamètres d et D, si la
conductibilité de la substance est égale à K ?

RÉPONSE : — En supposant que deux couches cylindriques infiniment rapprochées soient aux potentiels V_1
et V_2, que la distance de ces couches soit dx, on pourra
admettre que la quantité d'électricité i qui traverse l'élé-
ment de surface σ, est $i = \dfrac{(V_2 - V_1).\,K.\,\sigma}{dx}$. La quantité
passant d'un cylindre à l'autre sera :

$$I = \frac{(V_2 - V_1)\,K.\,2\pi.\,xl}{dx}\ .$$

D'après la loi de Ohm, on doit avoir
$I = \dfrac{V_2 - V_1}{dr}$, d'où on tire pour la résistance élémentaire
dr entre les deux cylindres infiniment rapprochés

$$dr = \frac{dx}{2\,K\pi\,xl}\ .$$

La résistance entre les surfaces distantes de $\dfrac{D - d}{2}$ sera
par suite

$$R = \int dr = \int_{x=\frac{d}{2}}^{x=\frac{D}{2}} \frac{dx}{2K\,\pi\,lx} = \frac{1}{2\pi\,K\,l}\ \log\text{ nat } \frac{D}{d}\ .$$

665. — On demande la résistance de la couche isolante d'un câble de longueur L, si la couche isolante a l'épaisseur $\dfrac{D-d}{2}$ et si la résistance spécifique est ρ ?

RÉPONSE : — La résistance spécifique étant l'inverse de la conductibilité, on aura, en profitant de la solution du problème précédent

$$ R = \frac{\rho}{2\,\pi\,L} \cdot \log \text{nat} \frac{D}{d} = \frac{\rho}{2,73\,L} \log \text{com} \frac{D}{d} . $$

666. — Le câble du golfe Persique (1868) a une longueur de 845 kilomètres ; l'enveloppe isolante a les diamètres 2,8 mm et 7,85 mm, avec une résistance spécifique de $1,5 . 10^{25}$, quelle est sa résistance kilométrique d'isolement et sa résistance totale ?

RÉPONSE : — La formule du n° précédent nous donne

$$ R = \frac{1,5.10^{25}}{2,73.100000} \log \frac{7,85}{2,8} = \frac{1,5.0,44771.10^{20}}{2,73} \text{ U. E. M.} = $$
$$ = 24,6.10^{3} \text{ megohms.} $$

La résistance de tout le câble serait $\dfrac{R}{L} = 29,11$ megohms.

667. — La ligne qui joint les deux stations A et B a 80 ohms de résistance; la pile en A a 40 volts et 10 ohms de résistance; l'extrémité B est reliée à un appareil ayant 10 ohms. En supposant qu'un défaut vienne à se produire au milieu de la ligne et qu'il consiste en une terre partielle ayant une résistance de 20 ohms, quelle est : 1° l'intensité du courant dans la ligne sans défaut ; 2° l'intensité du courant débité par la pile avec ligne défectueuse, et 3° l'intensité du courant dans l'appareil B ? (Culley.)

RÉPONSE : — La résistance totale dans le circuit non défectueux est (80 + 10 + 10) ohms, la force électromotrice 40 volts, donc le courant normal $I = 40 : 100 = 0,4$ ampère.

Dans le cas du circuit défectueux la résistance avant le défaut est $40 + 10 = 50$ ohms. La résistance après le défaut se compose de celle des deux branches de 20 ohms et de $(40 + 10)$ ohms respectivement ; elle sera par suite de $\dfrac{20.50}{20 + 50} = 14,3$ ohms. La résistance totale devient ainsi $50 + 14,3 = 64,3$ ohms, et le courant débité par la pile est $I = 40 : 64,3 = 0,62$ ampère.

Ce même courant se bifurque au défaut en deux parties qui sont inversement proportionnelles aux résistances ; donc

$$I_1 : I_2 = 50 : 20 = \left(\frac{5}{7} \cdot 0,62\right) : \left(\frac{2}{7} \cdot 0,62\right).$$

Le courant passant par l'appareil en B sera $\dfrac{2}{7} \cdot 0,62 = 0,18$ ampère, au lieu des 0,4 ampère.

668. — A la station A se trouve une pile de 36 volts de force électromotrice et de 8 ohms de résistance ; à 20 ohms de là, sur la ligne, se trouve un contact imparfait avec la terre qui a 30 ohms de résistance. La ligne de A en B a

100 ohms et en **B** se trouve un appareil de 12 ohms. Quel doit être le courant de la ligne non défectueuse? Quel est le débit de la pile avec le défaut dans la ligne? Et quel est le courant qui passe dans l'appareil en **B**?

RÉPONSE : — La résistance normale totale est de 8 + 120 + 12 ohms = 140 ohms ; donc le courant normal sera I = 36 : 140 = 0,257 ampère.

La résistance avant le défaut est de 8 + 20 = 28 ohms, et la résistance du circuit double est de [30 (100 + 12] : [30 + (100 + 12)] = 23,7 ohms, de sorte que la résistance de la ligne défectueuse est de 28 + 23,7 = 51,7 ohms. Il en résulte que le courant débité par la pile est de 36 : 51,7 = 0,7 ampère.

Ce courant de 0,7 ampère se divise dans les deux branches suivant le rapport :

$$I_1 : I_2 = 112 : 30 = \left(112 . \frac{0,7}{142}\right) : \left(30 . \frac{0,7}{142}\right),$$

et l'appareil en B reçoit $\dfrac{30.0,7}{142} = 0,148$ ampère, au lieu des 0,257 ampère.

669. — Une pile d'une force électromotrice de

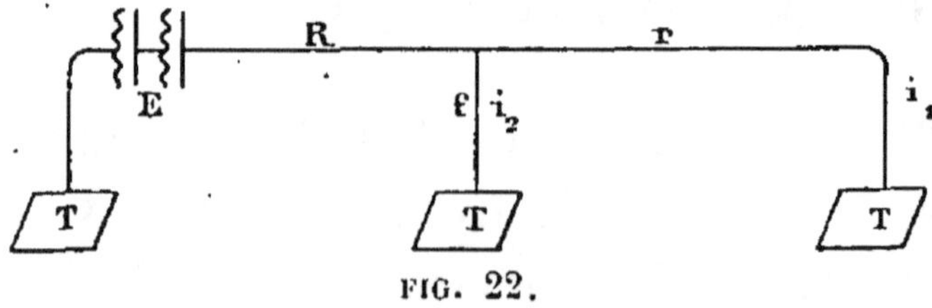

FIG. 22.

E volts est intercalée dans une ligne qui a un défaut de ƒ ohms de résistance ; R est la résistance de la ligne entre la station de départ et le défaut, y compris la pile et l'appareil ; et r la résistance de la ligne après le point défectueux, y compris le récepteur. Quel est le courant utile passant dans le récepteur ? (Gavarret.)

Réponse : — Si nous désignons par i_1 et i_2 les parties de I qui vont l'une dans le récepteur et l'autre par le défaut à la terre, on a :

$$i_1 : i_2 = f : r, \quad \text{d'où}$$
$$i_1 : (i_1 + i_2) = f : (f + r), \quad \text{donc}$$
$$i_1 = \frac{f.\,\mathrm{I}}{f + r}.$$

D'autre part il est

$$\mathrm{I} = \frac{\mathrm{E}}{\dfrac{fr}{f + r} + \mathrm{R}} ;$$

donc

$$i_1 = \frac{f\,\mathrm{E}}{\mathrm{R}r + f\,\mathrm{R} + fr}.$$

670. — Une ligne télégraphique entre les stations A et R a deux points défectueux en F et

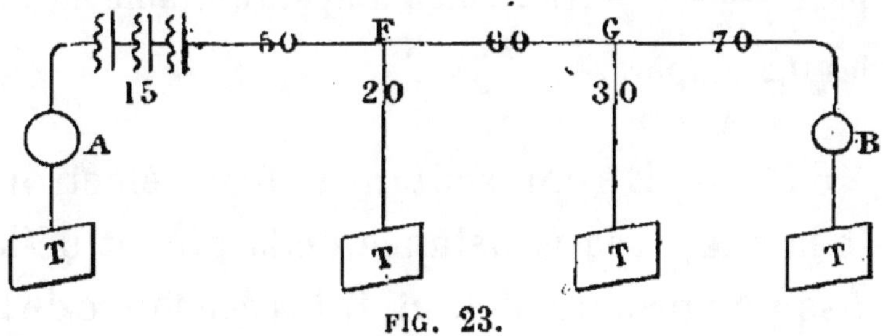

FIG. 23.

G. En A il y a une pile de 40 volts avec 15 ohms de résistance. Les appareils en A et la ligne jusqu'en F ont 50 ohms de résistance ; le premier défaut en a 20, de F en G la ligne a 60 ohms ; le défaut en G a 30 ohms et le reste de la ligne et les appareils en B ont 70 ohms. Quel devrait être le courant normal ? Quel est le courant qui arrive en B ?

RÉPONSE : La résistance du circuit sans les défauts est de $15 + 50 + 60 + 70 = 195$ ohms ; le courant normal serait par suite égal à $40 : 195 = 0,2$ ampère.

Pour le circuit total le dernier défaut et la dernière partie du circuit représentent la résistance $\dfrac{70.30}{70 + 30} = 21$ ohms. Jusqu'au premier défaut il vient s'ajouter 60 ohms, de sorte que les deux résistances à combiner sont 81 ohms et 20 ohms. Elles seront remplacées par 16 ohms, de sorte que la résistance totale du circuit défectueux est de $15 + 50 + 16 = 81$ ohms ; le courant débité aura une intensité de $40 : 81 = 0,5$ ampère.

De ces 0,5 ampère il ne passe que $\dfrac{20}{20 + 81} \cdot 0,5 = 0,10$ ampère de F en G. Depuis ce point il n'y a plus que $\dfrac{30}{70 + 30} \cdot 0,10 = 0,03$ ampère qui aille en B, au lieu des 0,2 ampère.

671. — E représentant la force électromotrice de la pile, R la résistance de la pile et de la ligne jusqu'au premier défaut, R′ la résistance de la ligne entre les deux défauts, R″ la résistance de la ligne entre la deuxième perte et la station d'arrivée, y compris le récepteur, $L = R + R' + R''$, f' la

résistance du premier défaut, f'' celle du second
défaut ; quel est le courant utile qui passe dans le
récepteur ? (Culley.)

Réponse :

$$I = \frac{E\,f'\,f''}{R\,f''\,(R' + R'') + R''\,f'\,(R + R') + R.\,R'.\,R'' + L\,f'\,f''}$$

672. — De la station A les deux fils identiques CB et DB vont à la station B ; le fil DB a

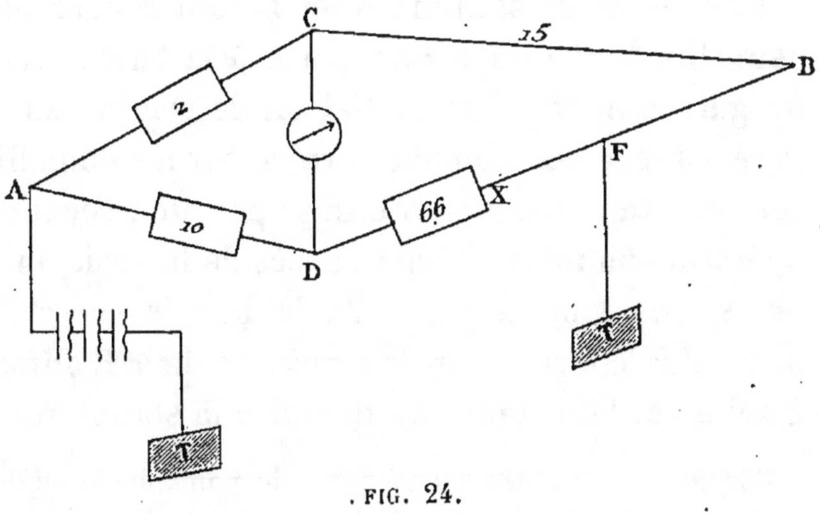

. FIG. 24.

un défaut en F. Pour déterminer sa distance x de
D on a trouvé la résistance du fil CB égale à
15 km. Après avoir mis en communication les
deux fils en B et après avoir intercalé (à la station A) des résistances de 10 km en AD et de
2 km en AC, et encore un galvanomètre sensible
entre CD, le point A a été mis en contact avec

le pôle d'une pile dont l'autre pôle était à terre. On a dû ajouter 66 km de résistance au fil défectueux de D en F pour ne pas faire dévier le galvanomètre. A quelle distance le défaut se trouve-t-il ?

Réponse : — La disposition étant celle du pont de Wheatstone, nous avons AC : CF = AD : DF, ou bien $2 : (2.15 - x) = 10 : (66 + x)$, d'où $x = 14$ km.

673. — Deux stations A et B sont reliées par deux fils dont l'un a une perte à la terre. Avec un galvanomètre différentiel on détermine en A la résistance de la boucle formée par les deux fils comme étant égale à Z ohms ; par une seconde opération on mesure en A l'excès de la résistance de la plus longue partie de la boucle sur celle de la plus courte et on la trouve égale à R ohms. Quelle est la distance du défaut à la station A ?

Réponse : — En désignant par F le point de l'une des lignes où se trouve la perte à la terre, par R_1 la résistance de la ligne de A en F, par R_2 celle de ABF, on peut mesurer en A la résistance de la double ligne ABFA, soit

$$Z = R_1 + R_2.$$

Si l'on intercale la terre en A une fois avec la ligne AF et l'autre fois avec la ligne ABF, ces deux circuits auront une portion de résistance qui est la même les deux fois, soit T : celle de la terre intercalée. Soient X et Y les résistances qu'on vient de déterminer, on aura

$$X = R_1 + T , \quad \text{et} \quad Y = R_2 + T.$$

En retranchant la seconde de ces équations de la première,

$$X - Y = R_1 - R_2 = R.$$

Comme on connait déjà $Z = R_1 + R_2$, on obtient

$$R_1 = \frac{R + Z}{2}, \quad \text{et} \quad R_2 = \frac{Z - R}{2}.$$

La distance AF en kilomètres, se déduit de R_1 en divisant cette résistance R_1 par la résistance kilométrique de la ligne.

674. — On suppose un contact entre deux lignes parallèles AB et CD et une troisième ligne EF, en bon état, leur est parallèle. Quelle est la distance du contact à la station A, si le contact en X est parfait ?

RÉPONSE : — En désignant par R_1, R_2, R_3 les résistances

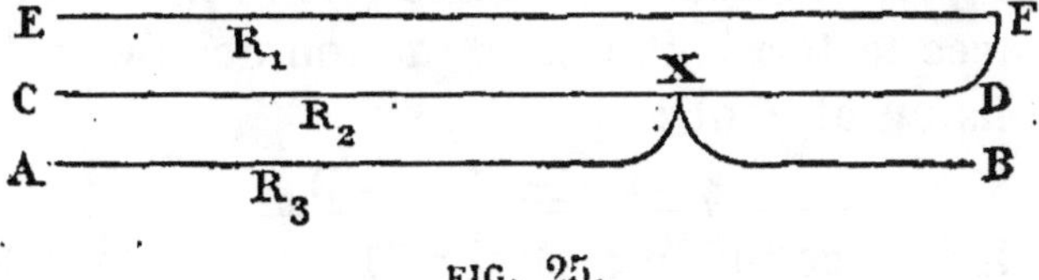

FIG. 25.

de EFDX, de CX et de AX respectivement, on mesure à la station en A les résistances des circuits

$$\begin{aligned}
\text{EFDXC,} \quad &\text{étant } a = R_1 + R_2, \\
\text{EFDXA.} \quad &- \quad b = R_1 + R_3, \\
\text{CXA,} \quad &- \quad c = R_2 + R_3.
\end{aligned}$$

De là on tire par addition et soustraction

$$R_1 = \frac{a + b - c}{2}; \quad R_2 = \frac{a + c - b}{2}; \quad R_3 = \frac{b + c - a}{2};$$

et en divisant R_3, par exemple, par la résistance kilométrique de la ligne AB, on obtient la distance demandée en kilomètres.

675. — Un défaut dû à un contact parfait entre deux lignes parallèles AB et CD étant supposé, comment trouve-t-on la distance du contact à la station A ?

RÉPONSE : — On mesure les résistances des circuits :

CXA, étant $p = R_1 + R_2$

Terre CXD Terre, — $q = R_1 + R_3 + T$

TAXDT, — $r = R_2 + R_3 + T,$

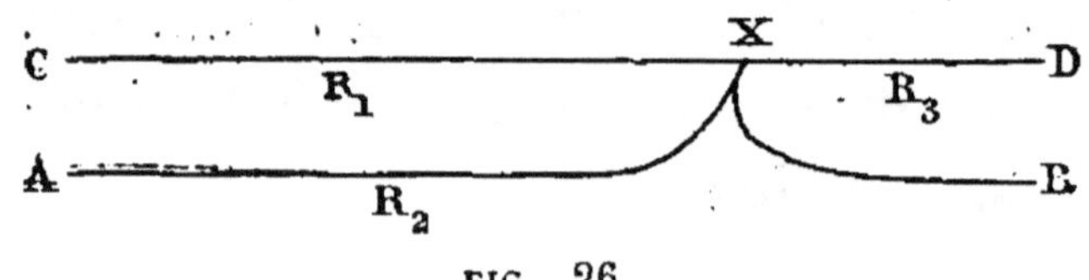

FIG. 26.

en employant les deux dernières fois la même communication avec la terre. Par soustraction des deux dernières équations on obtient :

$$q - r = R_1 - R_2$$

ce qui donne, combiné avec $p = R_1 + R_2$, les valeurs :

$$R_1 = \frac{p + q - r}{2}, \qquad R_2 = \frac{p - q + r}{2}.$$

Il faut encore diviser la résistance R_1 par la résistance kilométrique de la ligne CD pour avoir la distance demandée.

676. — Un câble de 26 kilomètres de longueur était placé dans une rivière ; il avait une résistance de 306,8 ohms ; ensuite d'une rupture du câble,

on ne trouvait plus que 75,3 ohms, à l'une des stations terminales. Quelle est la distance de la rupture à cette station?

Réponse : — Le câble étant rompu, son âme est en communication avec la terre sans qu'il y ait une résistance de défaut sensible. La résistance de 75,3 ohms est donc celle de l'une des parties du câble. Sa résistance par kilomètre étant 306,8 : 26 = 11,8 ohms, la longueur intacte, ou la distance cherchée doit être 75,3 : 11,8 = 6,38 kilomètres.

677. — Un câble ayant un défaut d'isolation, on demande la distance de ce défaut aux deux stations terminales. (Jamieson.)

Réponse : — On mesure à l'une des stations la résistance R_1 du câble, celui-ci étant isolé à l'autre station, et la résistance r_1 du câble, celui-ci étant mis à terre à la seconde station. En faisant les mesures analogues à la seconde station, on trouve R_2 et r_2. Si l est la résistance

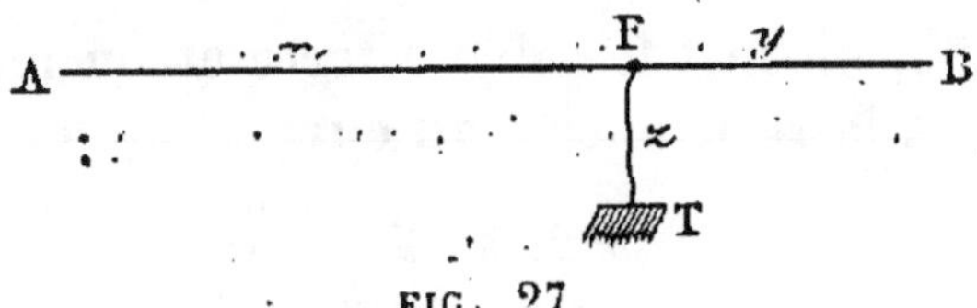

FIG. 27.

connue du câble entier et intact, si x et y sont les résistances de ses parties comprises entre le défaut et les stations, et si z est la résistance du défaut même, on aura les relations :

$$l = x + y ; \quad R_1 = x + z ; \quad r_1 = x + \frac{yz}{y + z} ;$$

$$R_2 = y + z ; \quad r_2 = y + \frac{xz}{x + z}$$

Par combinaison de la première et seconde et quatrième, on obtient :

$$z = \frac{R_1 + R_2 - l}{2} \;; \qquad x = \frac{R_1 - R_2 + l}{2} \;;$$

$$y = \frac{R_2 - R_1 + l}{2} \,.$$

La combinaison des équations un, trois et cinq donne :

$$x = \frac{r_1 \,(l - r_2)}{r_1 - r_2} \left\{ 1 - \sqrt{\frac{r_2 \,(l - r_1)}{r_1 \,(l - r_2)}} \right\} ,$$

$$y = \frac{r_2 \,(l - r_1)}{r_1 - r_2} \left\{ 1 - \sqrt{\frac{r_1 \,(l - r_2)}{r_2 \,(l - r_1)}} \right\}$$

678. — Un câble a un défaut d'isolation ; on demande la distance de ce défaut aux deux stations terminales en ne faisant des mesures de résistance qu'à l'une des stations.

RÉPONSE : — En isolant l'extrémité B de la terre, on mesure la résistance R en A ; on a :

$$R = x + z , \qquad \text{ou} \quad z = R - x.$$

Ensuite, on met le câble à terre et on mesure de nouveau en A la résistance r du circuit ; on a :

$$r = x + \frac{yz}{y + z} \,.$$

La résistance totale R' du câble étant supposée connue, on a :

$$R' = x + y , \qquad \text{ou} \quad y = R' - x.$$

En remplaçant les valeurs de y et de z dans l'expression pour r, on obtient :

$$r = x + \frac{(R' - x)\,(R - x)}{R + R' - 2x} ,$$

d'où $\qquad x = r - \sqrt{(R - r)\,(R' - r)}.$

679. — Un câble devenu défectueux avait initialement une résistance kilométrique de 2,63 ohms; il a eu une résistance totale de $R' = 470$ ohms, le défaut n'existant pas, et de $r = 163$ ohms le défaut (une terre partielle) existant. En mesurant sa résistance à la même station et en l'isolant à l'autre station, la résistance fut trouvée $R = 192$ ohms. A quelle distance de la première station le défaut se trouve-t-il?

RÉPONSE :

$$x = 163 - \sqrt{(192 - 163)(470 - 163)} = 68,64 \text{ ohms},$$

et $\qquad l = 68,64 : 2,63 = 26,1$ kilomètres.

680. — Un câble, dont la résistance totale était R', est devenu défectueux, mais une ligne intacte de résistance connue R'' est parallèle à la première. A quelle distance le défaut se trouve-t-il de l'une des stations? (Varley.)

RÉPONSE : — On réunit les extrémités B des deux câbles; AC et CD contiennent des résistances convenables r_1 et r_2; entre A et D on intercale un galvanomètre G; DH contient une résistance r par laquelle on établit l'équilibre dans le pont AD de l'embranchement Wheatstone. Le point C est mis à terre et cette branche contient la pile. Avec ces dispositions x désigne la résistance de ABFT et si y désigne la résistance HFT, on a les relations

$$\frac{r_1}{r_2} = \frac{x}{r + y}, \qquad \text{et} \quad R' + R'' = x + y,$$

d'où
$$y = \frac{(R' + R'')\, r_2 - r r_1}{r_1 + r_2}.$$

Il est possible de faire $r_1 = r_2$; dans ce cas on a plus simplement

$$y = \frac{R' + R'' - r}{2}.$$

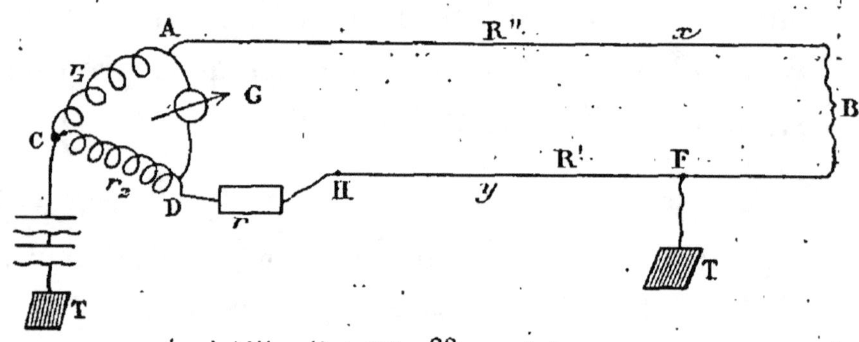

FIG. 28.

Seconde solution. Si les deux câbles AB et BD sont identiques, si donc $R' = R''$ et si l'on n'intercalé pas de résistance r entre DH, la résistance de ABF est égale à $2R' - y$. Dans ce cas le pont de Wheatstone fournit la relation.

$$\frac{r_1}{r_2} = \frac{2R' - y}{y}, \qquad\qquad \text{d'où}$$

$$y = \frac{2R'\, r_2}{r_1 + r_2}.$$

681. — De deux câbles parallèles, le câble non défectueux a une résistance $R' = 4\,669$ ohms et le défectueux a $R'' = 1\,854$ ohms. En disposant le pont de Wheatstone d'après la méthode de Varley on a dû intercaler une résistance $r = 5\,632$

ohms pour ramener le galvanomètre à zéro. A
quelle distance le défaut se trouve-t-il, si la résistance kilométrique est de 2,63 ohms.

RÉPONSE :
$$y = \frac{4669 + 1854 - 5632}{2} = 445,5 \text{ ohms};$$

et la distance cherchée est de

445,5 : 2,63 = 16,94 kilomètres.

682. — **Deux câbles identiques de longueur L
et de résistance R sont posés parrallèlement. Le
second a un défaut. Quelle est la distance de ce
défaut à la station A ?**

RÉPONSE : — AB et CD sont les deux câbles identiques ;

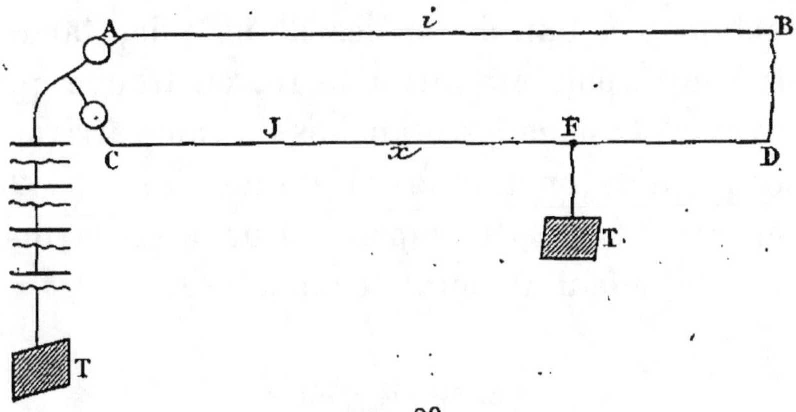

FIG. 29.

le second a son défaut en F à la distance x mètres de A.
Pour déterminer la valeur de x on réunit les extrémités
A et C d'une part et B avec D d'autre part ; dans la branche
CF près de C et dans la branche ABDF près de A on inter-

cale un ampèremètre, ou une boussole des tangentes. Le point de jonction de A avec C est relié à l'un des pôles d'une pile, dont l'autre pôle va à terre. Les ampèremètres indiqueront pour la branche CF un courant I et pour la branche ABDF le courant i. Ces intensités sont inversement proportionnelles aux résistances des circuits (voir n° 497), en outre, la résistance par mètre de câble est R : L ohm, donc :

$$i \; : \; I = x.\frac{R}{L} \; : \; (2\,L - x)\,\frac{R}{L},$$

d'où
$$x = \frac{2\,L\,i}{1 + i}.$$

683. — Deux câbles identiques et parallèles ont chacun une longueur de 16 kilomètres et l'un des deux a un défaut. En joignant les extrémités et faisant communiquer l'un de ces points de jonction A à l'un des pôles d'une pile, tandis que l'autre pôle est mis à terre, on trouve que les courants dans les branches de câble arrivant à ce point de jonction A ont les intensités $i = 1,23$ ampère et $I = 2,31$ ampères. Quelle est la distance du défaut au point de jonction A ?

Réponse :
$$x = 10\,424 \text{ mètres}.$$

LES UNITÉS ÉLECTRIQUES ADOPTÉES

ET LES DÉSIGNATIONS FIXÉES

PAR LE CONGRÈS INTERNATIONAL DES ÉLECTRICIENS
EN 1884 ET EN 1889

Toutes les quantités physiques peuvent être exprimées par les seules unités mécaniques de *longueur*, de *masse* et de *temps ;* on dit alors qué ces quantités sont exprimées en *unités absolues.*

Le congrès international des électriciens réunis à Paris en 1882, en 1884 et en 1889 a décidé que les unités de longueur, de masse et de temps doivent être le **centimètre** (cm.), le **gramme** (gr.), (c'est-à-dire la masse d'un corps pesant un gramme) et la **seconde** (sec.).

Voici les définitions des unités dérivées de ces unités fondamentales :

a. — **Unités mécaniques.**

L'*unité de vitesse* est la vitesse d'un mobile qui franchit la distance de 1 centimètre en une seconde.

19.

L'unité d'accélération est l'accélération d'un mobile dont la vitesse s'accroît de 1 centimètre en une seconde.

L'unité de force, la **dyne**, est la force qui communique l'unité d'accélération à la masse de 1 gramme.

L'unité de quantité de mouvement est la quantité de mouvement de la masse de 1 gramme qui a une vitesse de 1 centimètre.

L'unité de travail, ou l'*unité d'énergie*, un **erg** est le travail accompli par la force de 1 dyne déplaçant son point d'application de 1 centimètre dans sa propre direction.

L'unité de puissance est la puissance d'un moteur qui développe 1 erg en 1 seconde.

b. — Unités magnétiques.

L'unité de magnétisme est la quantité de magnétisme qui agit sur une égale quantité placée à 1 centimètre avec la force de 1 dyne.

L'unité de moment magnétique est le moment d'un aimant dont les pôles renferment l'unité de magnétisme et sont placés à la distance de 1 centimètre.

L'unité de champ magnétique est le champ magnétique dans lequel l'unité de magnétisme est soumis à la force de 1 dyne.

c. — **Unités électriques.**

1. DANS LE SYSTÈME DES UNITÉS ÉLECTROSTATIQUES
(U. E. S.)

L'unité de quantité d'électricité est la quantité d'électricité qui agit sur une quantité égale placée à **1** centimètre de distance avec la force de **1** dyne.

L'unité de potentiel est le potentiel donné par l'unité de quantité d'électricité à la distance de **1** centimètre.

L'unité de capacité est la capacité d'un condensateur dont les armatures seraient chargées chacune de l'unité d'électricité pour une différence de potentiel égale à l'unité.

2. DANS LE SYSTÈME DES UNITÉS ÉLECTROMAGNÉTIQUES
(U. E. M.)

L'unité de quantité d'électricité est la quantité d'électricité qui traverse en **1** seconde une section d'un conducteur parcouru par l'unité de courant.

L'unité de courant est l'intensité d'un courant qui, décrivant un arc de cercle de rayon **1** centimètre, est tel qu'un tronçon d'une longueur de **1** centimètre agit avec une force de **1** dyne sur l'unité de magnétisme placée au centre.

L'unité de potentiel ou *l'unité de force électromotrice* est celle qui communique l'unité d'énergie à l'unité de quantité d'électricité.

L'unité de résistance est la résistance d'un conducteur dans lequel l'unité de courant dépense (sous forme de chaleur) 1 erg dans 1 seconde.

L'unité de capacité est la capacité d'un condensateur dont les armatures seraient chargées chacune de l'unité d'électricité pour une différence de potentiel égale à l'unité.

d. — Unités pratiques de l'électricité.

Un *ohm* est l'unité pratique de résistance ; il est égal à 10^9 U. E. M. de résistance.

Un *volt* est l'unité pratique de force électromotrice ; il est égal à 10^8 U. E. M. de force électromotrice.

Un *ampère* est l'unité pratique de courant ou d'intensité ; il est égal à 10^{-1} U. E. M. d'intensité.

Un *coulomb* est l'unité pratique de quantité d'électricité ; il est égal à 10^{-1} U. E. M. de quantité. — Un ampère transporte un coulomb par seconde.

Un *farad* est l'unité pratique de capacité ; il est égal à 10^{-9} U. E. M. de capacité. — Le farad est la capacité d'un condensateur qu'un coulomb charge à une différence de potentiel égale à 1 volt.

Un *volt-ampère* ou un *watt* est l'unité pratique d'énergie électrique ; il est égal à 10^7 U. E. M. d'énergie.

L'unité de travail est le *joule*. Il est égal à 10^7 unités absolues de travail (erg). C'est l'énergie dépensée pendant une seconde par un ampère dans un ohm. Un joule est égal à un volt-coulomb.

L'unité de puissance est le *watt*. Il est égal à 10^7 unités absolues de puissance (erg par seconde). Le watt est égal à un joule par seconde, ou encore égal à un volt-ampère

Dans la pratique industrielle, on exprimera a puissance des machines en *kilowatts*, au lieu de l'exprimer en chevaux-vapeur.

e. — Unité de chaleur.

Une *calorie* est la quantité de chaleur qu'il faut donner à 1 gramme d'eau pure pour élever sa température de 1 degré centigrade.

LIVRES A CONSULTER :

Everett. *Unités et constantes physiques,* 1883.
Pionchon, J. *Systèmes de mesures usités en physique,* 1891.
Bertolini, G. *Le unità assolute,* 1891.
Colombo, G. Ferrini, R. *Manuale dell' elettricista,* 1891.

TABLE I. — *Unités mécaniques.*

IDÉE	DÉFINITION	DIMENSION	NOM de l'unité absolue	UNITÉ INDUSTRIELLE	
				Nom	Valeur en unités absolues
Longueur		L	cm.	mètre.	10^2
Masse		M	gr.-masse.	kilogramme.	10^3
Temps.		T	seconde.	minute, heure	—
Vitesse	longueur : temps.	LT^{-1}	—	—	—
Accélération	vitesse : temps.	LT^{-2}	—	—	—
Force	masse $\times$ accélération.	LMT^{-2}	dyne.	kilogramme.	981.10^3
Densité	masse : volume.	$L^{-3}M$	—	—	—
Poids spécifique	poids : volume.	$L^{-2}MT^{-2}$	—	—	—
Quantité de mouvement .	masse $\times$ vitesse.	LMT^{-1}	—	—	—
Travail	force $\times$ longueur.	L^2MT^{-2}	erg.	mètre kilogr.	981.10^5
Energie potentiélle. . .	masse $\times$ (vitesse)^2.			jonle.	10^7
Energie (ou puissance). .	travail : temps.	L^2MT^{-3}	erg par sec.	mkg. par sec.	981.10^5
				cheval-vap.	735.10^7
				watt.	10^7
				kilowatt.	10^{10}
Vitesse angulaire.	nombre : temps.	T^{-1}	—	—	—
Moment statique.	force $\times$ distance.	L^2MT^{-2}	—	—	—
Moment d'inertie.	masse $\times$ (distance)^2.	L^2M	—	—	—
Pression hydraulique . .	pression : surface.	$L^{-1}MT^{-2}$	—	—	—

TABLE II. — *Unités calorifiques.*

IDÉE	DÉFINITION	DIMENSION	NOM de l'unité absolue	UNITÉ INDUSTRIELLE	
				Nom	Valeur en unités absolues
Chaleur (quantité de). . .	travail.	L^2MT^{-2}	erg.	joule.	10^7
	masse $\times$ (vitesse)^2.	L^2MT^{-2}	erg.	calorie gr.	$4,18.10^7$
	»	»	erg.	calorie kilog.	$4,18.10^{10}$
Température.	chaleur : masse.	L^2T^{-2}	degré Celsius	degré Celsius	»
Chaleur spécifique. . . .	chaleur : (masse $\times$ température).	$L^0M^0T^0$	—	—	—
Coefficient de dilatation .	longueur : (longueur $\times$ température).	$L^{-2}T^2$	—	—	—
Coefficient de conductibi-lité intérieur.	[chaleur : température] $\times$ [long. : (surf. $\times$ temps)].	$L^{-1}MT^{-1}$	—	—	—
Coefficient de conductibi-lité extérieur.	coefficient intér. : long.	$L^{-2}MT^{-1}$	—	—	—
Vitesse de refroidissement	température : temps.	$L^{+1}T^{-3}$	$=$	—	—
Pouvoir émissif	chaleur : (surface $\times$ temps).	MT^{-3}	—	—	—

TABLE III. — *Unités électrostatiques.*

IDÉE	DÉFINITION	DIMENSION électrostatique	UNITÉ INDUSTRIELLE	
			Nom	Valeur en U. E. S.
Quantité d'électricité	$\sqrt{\text{force} \times (\text{distance})^2}$.	$L^{3/2}M^{1/2}T^{-1}$	coulomb.	3.10^9
Potentiel électrique	travail : quantité. / quantité : distance.	$L^{1/2}M^{1/2}T^{-1}$	volt.	$\dfrac{1}{3.10^8}$
Densité superficielle	quantité : surface.	$L^{-1/2}M^{1/2}T^{-1}$		
Force (mécanique)	(quantité)² : (distance)².	LMT^{-2}	kilogramme.	981.10^3 dynes
Champ électrique (intensité du).	force : quantité.	$L^{-1/2}M^{1/2}T^{-1}$		
Capacité	quantité : potentiel.	L	farad.	9.10^{11}
Capacité inductive spécifique	capacité : capacité.	L^0		
Intensité du courant	quantité : temps.	$L^{3/2}M^{1/2}T^{-2}$	ampère.	3.10^9
Densité du courant	intensité : surface.	$L^{-1/2}M^{1/2}T^{-2}$		
Résistance	potentiel : intensité.	$L^{-1}T$	ohm.	$\dfrac{1}{9.10^{11}}$
Résistance spécifique	(résist.× surface) : longueur	T	—	
Travail	intensité×potentiel×temps	L^2MT^{-2}	volt-coul. ou joule.	10^7 ergs
Energie potentielle	quantité×potentiel.	L^2MT^{-2}	volt-coul. ou joule.	10^7 ergs

Table IV. — *Unités magnétiques.*

IDÉE	DÉFINITION	DIMENSION électro-magnétique	Nom	Valeur en U. E. M.
Intensité du pôle	$\sqrt{\text{force} \times (\text{distance})^2}$.	$L^{3/2}M^{1/2}T^{-1}$	—	—
Masse magnétique			—	—
Moment magnétique	Intensité du pôle×longueur	$L^{5/2}M^{1/2}T^{-1}$	—	—
Potentiel magnétique	travail : masse magnétique.	$L^{1/2}M^{1/2}T^{-1}$	—	—
Force (mécanique)	masse magnétique : distance / (masse)² : (distance)².	LMT^{-2}	kilogramme.	981.10^3 dynes
Champ magnétique (intensité du)	intensité du pôle : (distance)²	$L^{-1/2}M^{1/2}T^{-1}$	—	—
Force magnét. (Maxwell)	force : masse magnétique.		—	—
Magnétisme spécifique	moment magnétique : poids	$L^{3/2}M^{-1/2}T$	—	—
Densité magnétique	masse magnétique : surface.	$L^{-1/2}M^{1/2}T^{-1}$	—	—
Intensité d'aimantation	moment magnét. : volume,		—	—
Susceptibilité magnét.	intensité d'aimantation : int. du champ.	$L^0M^0T^0$	—	—
Perméabilité magnétique			—	—
Coefficient d'aimantation			—	—

TABLE V. — *Unités électromagnétiques.*

IDÉE	DÉFINITION	DIMENSION en unités électromagnétiques	Nom	Valeur en U. E. M.
			UNITÉS INDUSTRIELLE	
Intensité du courant	(long.×force) : masse magn.	$L^{1/2}M^{1/2}T^{-1}$	ampère.	10^{-1}
Quantité d'électricité	courant × temps.	$L^{1/2}M^{1/2}$	coulomb.	10^{-1}
Force (mécanique)	(quantité)² : (distance)².	LMT^{-2}	kilogramme.	981.10^3 dynes
Potentiel	travail : quantité d'électricité	$L^{3/2}M^{1/2}T^{-2}$	volt.	10^8
Force électromotrice	long.×int. du champ magn. × distance : temps.			
Résistance	potentiel : courant.	LT^{-1}	ohm.	10^9
Résistance spécifique	résistance : résistance.	L^0T^0	—	—
Energie (ou puissance)	courant×potentiel.	L^2MT^{-3}	volt-ampère.	10^7 ergs p.sec.
	travail : temps.		watt.	10^7 ergs p.sec.
Travail	courant×potentiel×temps.	L^2MT^{-2}	volt-coul. ou joule.	10^7 ergs
Capacité	quantité : potentiel.	$L^{-1}T^2$	farad.	10^{-9}
Densité du courant	intensité du courant : surface	$L^{-3/2}M^{1/2}T^{-1}$	—	—
Capacité inductive spécifique	capacité : longueur.	$L^{-2}T^2$	—	—
Conductibilité	courant : potentiel.	$L^{-1}T$	—	—
Conductibilité spécifique	conductibilité : longueur.	$L^{-2}T$	—	—

TABLE VI. — *Rapport entre les U. E. S. et les U. E. M.*

UNITÉ DE	DIMENSION DANS LE SYSTÈME		RAPPORT
	électrostatique	électromagnétique	
Quantité	$L^{3/2}M^{1/2}T^{-1}$	$L^{1/2}M^{1/2}$	$LT^{-1} = v$
Intensité du courant	$L^{3/2}M^{1/2}T^{-2}$	$L^{1/2}M^{1/2}T^{-1}$	$LT^{-1} = v$
Potentiel	$L^{1/2}M^{1/2}T^{-1}$	$L^{3/2}M^{1/2}T^{-1}$	$L^{-1}T = \dfrac{1}{v}$
Capacité	L^{1}	$L^{-1}T^{2}$	$L^{2}T^{-2} = v^{2}$
Capacité inductive spécifique	$L^{0}T^{0}$	$L^{-2}T^{2}$	$L^{2}T^{-2} = v^{2}$
Résistance	$L^{-1}T$	LT^{-1}	$L^{-2}T^{2} = \dfrac{1}{v^{2}}$

TABLE VII. — *Constantes physiques.*

	POIDS SPÉCIFIQUE	TEMPÉRATURE D'ÉBULLITION	TEMPÉRATURE DE FUSION	CHALEUR SPÉCIFIQUE	CONDUCTIBILITÉ CALORIFIQUE
Argent	10,53	—	960°	0,0559	1,0960
Cuivre	8,92	—	1050	0,0933	0,8190
Etain	7,29	—	230	0,0559	0,1446
Fer	7,86	—	1600	0,1120	0,1665
Laiton	8,40-8,71	—	—	0,0860	0,15
Mercure	13,55	357,25°	— 38,5	0,0333	0,0148
Nickel	8,9	—	1450	0,1091	0,0811
Or	19,32	—	1100	0,0316	—
Platine	21,50	—	2000	0,0323	—
Plomb	11,37	1525	326	0,0310	0,0719
Zinc	7,15	920	412	0,0935	0,3056
Alliage d'Arcet	—	—	95	0,060	—
— de Lipowitz	—	—	60-65,5	—	—
— de Wood	—	—	65,5-70	—	—
Paraffine	0,82-0,93	350-430	38,56	0,5156	0,000141
Gutta-percha	0,98	—	—	—	—
Caoutchouc	0,93	—	—	—	0,000089
Cire	0,97	—	62	—	0,0000870
Alcool	0,796	66	—	0,6067	0,000487
Essence de thérébentine	0,887	159	—	0,4106	0,00026
Air	0,001293	—	—	0,2377	0,00005

TABLE VIII. — *Capacité inductive spécifique.*

(L'air $= 1$ à 0° c. et 760 mm.)

DIÉLECTRIQUE	K	DIÉLECTRIQUE	K
Mica	5,20	Gomme laque. . .	2,74
Flintglass	3,31	Soufre	2,58
Crownglas	3,243	Huile de ricin . .	4,610
Chatterton compo-		Pétrole.	2,089 à 2,795
sition.	2,547	Sulfure de car-	
Gutta-percha. . .	2,462	bone.	2,6091
Ebonite	2,284	Benzol	2,3377
Résine	2,55	Acide carbonique.	1,000356
Poix	1,80	Oxygène	0,999674
Paraffine	1,9936	Vide	0,9985
Alcool	27	Eau	80

TABLE IX. — *Force électromotrice des couples platine-(métal) dans l'acide sulfurique dilué.*

MÉTAL	F. É. M.	MÉTAL	F. É. M.
Potassium	173	Cuivre	35
Zinc amalgamé. .	103	Mercure	31
— pur	100	Or.	0
Etain.	66	Platine.	0
Fer.	61	Charbon	0

	Symbole.	Poids atomique.	Equivalent chimique.	Volume produit.	Poids de 1 cm³ en milligr.	Equivalent électrochimique ou dépôt en milligr. par coulomb.	Dépôt en gr. par ampère-heure.	Formule de combinaison correspondante
Aluminium.	Al	27,0	9,01	»	2600	0,0936	0,3370	$Al_2(SO_4)_3$.
Antimoine .	Sb	119,6	39,9	»	6710	0,4145	1,4922	$Sb\,Cl_3$.
Argent. . .	Ag	107,7	107,7	»	10530	1,1183	4,026	$Ag\,NO_3$.
Bismuth .	Bi	207,5	69,2	»	9800	0,7189	2,5880	$Bi\,(NO_3)_3$.
Cuivre. . .	Cu	63,2	31,6	»	8920	0,3283	1,1819	$Cu\,SO_4$.
Etain . . .	Sn	117,3	58,7	»	7290	0,6098	2,1953	$Sn\,Cl_2$.
			29,3	»		0,3049	1,0958	$Sn\,Cl_4$.
Fer	Fe	55,9	27,9	»	7860	0,2898	1,0433	$Fe\,SO_4$,— $Fe\,Cl_2$.
			18,6	»		0,1932	0,6955	$Fe_2(SO_4)_3$,—$FeCl_3$.
Mercure . .	Hg	199,8	199,8	»	13550	2,0757	7,4725	$Hg\,NO_3$.
			99,9	»		1,0378	3,7362	$Hg\,(NO_3)_2$.
Nickel . . .	Ni	58,6	29,3	»	8900	0,3044	1,0958	$NiSO_4$.
Or.	Au	196,2	65,4	»	19320	0,6794	2,4458	$Au\,Cl_3$.
Platine. . .	Pt	194,3	48,6	»	21500	0,5049	1,8176	$Pt\,Cl_4$.
Plomb. . .	Pb	206,4	103,2	»	11370	1,0721	3,8505	$Pb\,(NO_3)_2$.
Potassium .	K	39,0	39,0	»	870	0,4051	1,4584	KCl.
Sodium . .	Na	23,0	23,0	»	978	0,2390	0,8604	$Na\,Cl$.
Zinc	Zn	64,9	32,4	»	7150	0,3366	1,2118	$Zn\,SO_4$.
Hydrogène .	H	1,00	1,00	1	0,08952	0,01039	0,0374	
Oxygène . .	O	15,96	8,0	0,5	1,42908	0,0831	0,2992	
Gaz tonnant	H_2+O	—	—	1,5	0,53604	0,09349	0,3366	
Chlore . . .	Cl	35,4	35,4	1	3,16696	0,3678	1,3241	
Azote	N	14,0	(4,7)	1/3	1,25440	0,0488	0,1758	
Iode	I	126,5	126,5	1	4,948	1,3142	4,7311	
Brome . . .	Br	76,8	76,8	1	7,14115	0,7979	2,8724	

TABLE XI. — *Résistance absolue et Conductibilité relative des métaux.*

| | RÉSISTANCE | | | CONDUCTIBILITÉ |
	1 mc³. en U. E. M.	fil de 1ᵐ de long et 1ᵐᵐ épaisseur en ohm	fil de 1ᵐ de long et 1 gr. de poids en ohm	rapportée au mercure de 0 degré
Argent recuit	1521	0,01937	0,1544	63,80
— éfilé	1652	0,02103	0,1680	57,226
Cuivre recuit	1616	0,02057	0,1440	55,86
— éfilé	1652	0,02104	0,1469	52,207
— du commerce.	»	0,022 à 0,025	»	»
Or recuit	2081	0,02650	0,4080	44,06
— éfilé	2118	0,02697	0,4150	43,84
Aluminium recuit	2945	0,03751	0,0757	30,86
Zinc écroui	5689	0,07244	0,4067	16,64
Platine recuit	9158	0,1166	1,96	6.073
Fer	9825	0,1251	0,7654	9,685
— du commerce	»	0,13 à 0,14	»	»
Nickel	12600	0,1604	0,071	7,374
Etain écroui	13360	0,1701	0,9738	9,874
Plomb —	19850	0,2526	2,257	5,111
Antimoine écroui	35900	0,4571	2,411	2,053
Bismuth. —	132700	1,689	13,03	0,800
Mercure liquide	99060	1,2247	13,06	1,000
Maillechort	21170	0,2695	1,85	3,603
Charbon de cornue	500000	—	—	0,02

TABLE XII. — *Résistances électriques des isolateurs et des liquides.*

ISOLATEUR	1 cm³ en U. E. M.	LIQUIDE	1 cm³ en U. E. M.
Mica à 20°	$8,4.10^{22}$	Eau.	$7,18. 10^{10}$
Gutta-percha. . . .	$4.5.10^{23}$	» $+0,2°/_0 H_2SO_4$	$4,47. 10^{10}$
Gomme laque . . .	$9,0.10^{24}$	» 8,3 »	$3,32. 10^9$
Ebonite	$2,8.10^{23}$	» 20 »	$1,44. 10^9$
Paraffine.	$3,4.10^{23}$	» 35 »	$1,26. 10^9$
Graphite.	24 à $418. 10^5$	» $41°/_0$ »	$1,37. 10^9$
Charbon de cornue .	670.10^5	Zn So₄ + 23 Aq	$1,87. 10^{10}$
Selenium.	6.10^{13}	Cu So₄ + 45 Aq	$1,95. 10^{10}$
		N H O₃	$2,056. 10^9$
		Sol. de sel de mer sat.	$6,116. 10^9$

TABLE XIII. — *Constantes de quelques éléments.*

ÉLÉMENT	OBSERVATIONS	F. É. M. VOLT	RÉSIST. OHM
Clarke . . .	Zinc pur dans une pâte de Zn So₄ + Hg₂S; Hg; Pt. . .	1,457	—
Kittler . . .	Zinc amalgamé dans So₄ + Aq $(d=0,75)$; Cu So₄ $(d=1;2)$; Cu.	1,194	—
H. F. Weber.	Zinc amalgamé; sol. de Zn So₄ conc.; Cu So₄ conc.; Cu . .	1,080	—
Bunsen. . .	Hauteur 20 cent.	1,90	0,05-0,25
Thomson. .	12 dm^2 de surface.	1,06	0,20
Regnier . .	Modèle rectangulaire, diaphragme double.	1,50	0,075
Tommasi. .	Zn, SO₄ + Aq $(d=1,03)$, charbon, mélange nitrique. . .	1,77	0,20
Daniell. . .	Zn amalgamé dans So₄ + Aq $(d=1,18)$; Cu So₄; Cu. . .	1,079	0,61
Grove . . .		1,95	0,15
Leclanché .		1,48	1,5
Smée. . . .	Zinc amalgamé, So₄ + Aq, Pt.	0,59	0,10
Accumulat^r.	Pb₃O₄, So₄H₂, Pb So₄	2,0	0,002

TABLE XIV. — *Constantes pour le calcul des pièces de sûreté.*
(pour courants continus).

[Formule $I_{amp.} = A. \sqrt{\vec{d^3}}$ (pour d en mm).]

MÉTAL	A	MÉTAL	A
Aluminium....	67	Magnésium . . .	37,8
Argent	88,4	Nickel.	40,6
Cuivre	76	Platine	37
Fer	22,6	Plomb.	12,7
Laiton.	51,6		

TABLE XV.. — *Composante horizontale du magnétisme terrestre.*

(En U. E. M. cm. gr. sec. pour janvier 1880.)
Accroissement annuel environ 0,093.

LATITUDE NORD	LONGITUDE DE FERRE = 20°	25°	30°	35°	40°
45°	0,209	0,212	0,217	0,221	0,225
46	205	208	213	217	221
47	201	204	209	213	217
48	197	200	204	209	213
49	193	196	200	205	208
50	188	192	196	200	204
51	185	188	192	197	200
52	181	184	188	192	195
53	177	181	184	188	191
54	174	177	182	184	187
55	169	175	178	181	183

TABLE XVI. — *Déclinaison, inclinaison et intensité du magnétisme terrestre.*

	DÉCLINAI-SON	INCLINAI-SON	INTENSITÉ en unités absolues
Boothia Felix.	O	90° N	0,65
Londres	18°40′ O	67°40′ N	0,47
Saint-Pétersbourg. . . .	0°40′ O	70° N	0,48
Berlin	11°30′ O	64° N	0,48
Paris.	16°45′ O	66° N	0,47
Rome.	11°30′ O	60° N	0,45
New-York.	7°57′ O	72°12′ N	0,61
Méxique	7°55′ E	45°(?) N	0,48
Quito.	7°40′ E	25°(?) N	0,35
Saint-Hélène	26°25′ O	28° S	0,31
Le Cap	30°2′ O	56°30′ S	0,36
Sydney.	9°30′ E	62°45′ S	0,57
Hobarton	8°49′ E	71°5′ S	0,64
Tokio.	4°5′ O	50° N	0,45

TABLE DES MATIÈRES

ÉLECTRICITÉ STATIQUE

ÉLECTRICITÉ DYNAMIQUE

LES UNITÉS ÉLECTRIQUES ADOPTÉES

TABLES

ÉVREUX, IMPRIMERIE DE CHARLES HÉRISSEY